U0397199

Philosopher's Stone Series

立足当代科学前沿

彰显当代科技名家

绍介当代科学思潮

激扬科技创新精神

策 划

潘　涛　卜毓麟

上海出版资金项目
Shanghai Publishing Funds

当代科普名著

古怪的科学

如何解释幽灵、巫术、UFO 和其他超自然现象

迈克尔·怀特（Michael White）著

高天羽 译

上海科技教育出版社

图书在版编目（CIP）数据

古怪的科学：如何解释幽灵、巫术、UFO和其他超自然现象/.
（英）迈克尔·怀特著；高天羽译. —上海：上海科技教育出版
社，2017.8（2019.7重印）

（哲人石丛书. 当代科普名著系列）

书名原文：Weird science: an expert explains ghosts, voodoo,
the UFO conspiracy, and other paranormal phenomena

ISBN 978-7-5428-6577-9

Ⅰ.①古…　Ⅱ.①迈…　②高…　Ⅲ.①自然科学—普及读
物　Ⅳ.① N49

中国版本图书馆CIP数据核字（2017）第170215号

古人曾经相信闪电是众神发怒的证据,但现在我们知道它们不过是大气的放电现象。那么对于我们今天视为超自然的种种现象,是否也会有理性而科学的解释?

本书探讨了24个最热门也是最有争议的"无法解释"的现象,并对下面这些有趣的问题作出了回答:

外星人是否到过地球——并且绑架人类?

亚特兰蒂斯是否真的存在过?如果是,它如今又沉睡在哪里?

我们真有办法"创造"僵尸吗?

我们如何才能预见未来?

本书作者迈克尔·怀特以幽默的风格、畅达的文笔探索了这些现象背后可能的科学原理。他观察了超自然的奇异世界并证明,在正统科学的范围之内也会出现难以置信的现象。

迈克尔·怀特(Michael White)曾担任英国《GQ》杂志的科学编辑,还曾是牛津德欧沃布罗克中学的科学研究指导。他曾撰写过数百篇文章,主题包括科学前沿以及流行和古典音乐。他曾为发现频道的节目"不可能的科学"担任顾问,还创作过12部著作,包括霍金、达尔文、牛顿和阿西莫夫的畅销传记。

本书献给我相识最久也是情谊最深的朋友之一：

马克(Mark)

目
录

本书的写作得到了许多人的帮助,我特别要感谢其中的几位。谢谢泰蕾尔(Jaimie Tarrell)、贝利(Paul Bailey)和格里宾(John Gribbin)的建议;谢谢代理人汉密尔顿(Bill Hamilton)和费希尔(Sara Fisher),他们具有我所缺乏的商业头脑;谢谢我的编辑杰劳德(John Jarrold),他大概是我共事过的最友善的一位编辑了。最后还要感谢我妻子莉萨(Lisa),她为本书付出的心血比我还多,每当我想逃走去看电视,总是她将我约束在了文字处理机前。

致
谢

这是一本关于假设的书。

曾几何时，职业科学家和热心的业余爱好者一样，也对超自然现象心怀敬意，并且认真加以研究。大约到了20世纪初，这样的开放胸襟却消失了，原因有两个。其一，许多超自然现象实在玄妙费解，而物理学家、化学家和生物学家又实在太忙，没工夫再去细究它们。其二，科学在这个时候大获成功，以至于在许多人看来，超自然现象已经差不多可有可无了。与寻找幽灵或证明外星生物存在相比，核物理、脑外科和航天事业的进展同样激动人心，而且有着更为实在的商业和学术应用。

然而超自然现象依然玄妙。和100多年前相比，我们在传心术、心灵致动或透视的证明或证伪上毫无进展。与此同时，我们却积累了许多科学观念，能用来推出许多合理的假说——我在本书中要做的就是这一件事。

我对超自然现象一直很感兴趣。年少时，我曾一度对这些现象怀有强烈的热情，但后来又陷入深深的怀疑之中，每当听说这些现象总要冷嘲热讽一番。现在我自认为已经找到了一个平衡的观点，也养成了开放的胸襟。

和许多人一样，我也有幸亲身体验过超自然现象，而且和大多数有过这类体验的人相仿，我对于自己的体验也没有一个完满的解释。

1974年，我15岁，是一个满脑子都是科学的书呆子，在一所传统的英国私立学校读书。当时是暑假，我的几个朋友（名字就不提了，免得他们尴尬）试着玩起了灵应牌，他们用纸片和橙汁杯自己做了一块。但真正特别的不是他们的材料，而是他们的玩法：他们没有联络莫扎特（Mozart）或恺撒（Julius Caesar）大帝，而是立即和一个号称是外星人的东西开始了对话，那个外星人居住在土星

（在另一个平行宇宙，那里的土星是可以住人的），自称叫"艾伦·卡拉克7号"（Alan Kalak 7）。他告诉这些男孩：他是一个外星人委员会的会长，他们准备挑选地球上的12位年轻人，组成一个"未来少年团"——这群少年会在将来的某一天彻底改变地球的命运。

对于一群正为粉刺、板球和考试将近而烦恼的小毛孩来说，这真是一个激动人心的消息。而当最初的几名接触者在返校时随口告诉我说艾伦将我也选入了少年团时，我的心中更是掀起了巨大的波澜。

坐在灵应牌前等待是一种非常特别的体验，你既感到害怕，又心潮起伏。你的心头会产生一股巨大的压力，希望别在同龄人面前出丑。不过在20多年后的今天回想，只有一次通灵是令我格外印象深刻的，它促使我写下了这段文字。

我记得那好像是一个寒冷的下午，我们刚刚考完数学，我的一位朋友（也是冒险的发起者，我叫他"G"）邀我去通一次灵，这次只有我们两个与艾伦对话。

我们以前从没这么做过。我们平常都是三四个人一起通灵，所以总能说服自己是某一个人在移动玻璃，而这只是一场愚蠢的胡闹。

那天，G君不知从哪里找来了一张玻璃桌子，把纸片都放了上去。他摆出了简单的"是"、"否"及几个字母和数字。接着我们坐到桌子两边，把手指轻轻放到玻璃桌面上。

房间里蓦地十分安静，外面的声音都消失了，就好像录音机忽然给关掉了似的，只剩下我们两人粗重的呼吸声。接着G君说道："艾伦，你在吗？"

有那么一会儿，什么都没发生。我听见自己的手表滴答作响。除此之外，一片寂静，我们屏息凝神。

这太傻了，我心想。这样下去是什么都不会发生的，除非……除非G君一直暗暗在玻璃上使劲。然而，就在我心说我们在浪费宝贵的学习时间、应该就此罢手的时候，玻璃却动了起来。

起初这运动若有若无，接着玻璃晃了几晃，然后就毫不费力地在桌上滑动起来。

　　我惊得哑口无言，我以前也见过这个景象，但那都是有一群人围坐桌边的时候。我看着G君的手指，发现它几乎悬浮在玻璃上方，根本没有碰到。我又看了看自己的手指。是我在无意间用力吗？不，当然不是。我的手指也几乎没有接触玻璃。

　　G君问了艾伦几个问题，都是关于未来少年团和它的成员的。玻璃滑动着拼出了首字母，回答了"是"或"否"，但我却并未在意。我太震惊了，脑子一片空白。

　　事后，我和G君坐下来谈论刚才的事情。我早就觉得他和我一样没有作弊，经过这次对话，我更加确定了——他也和我一样震惊，一样兴奋。

　　我多想再说说未来少年团的伟大成就，说说这次接触的重大意义，说说艾伦·卡拉克7号和他的友人真的是来自平行宇宙的一个外星人委员会，可惜我并不能说这些话。中学毕业之后，我和G君就分道扬镳了，渐渐地，学位、女人和事业占据了我们的生活，盖过了那次所谓的外星人接触。我们在后来的校园时光里也参加过别的冒险，遇到过别的神秘事件，但是哪一次都不能和那次相比。从1974年至今，地球并没有变好，而是陷入了更糟的境地。然而，那天下午的记忆却使我不能忘怀，在我后来讲求实证和怀疑的日子里，它始终为我滋养着一股热情，使我终生受用。

　　直到今天，我依然不知道1974年的那天下午发生了什么。我并不打算相信我们真的和外星人取得了联系，或者有淘气的精灵造访了我们，我也不想说是我们淳朴的心灵发出了心灵致动。同样地，要说那天出现了某种我们永远无法理解的神秘力量，那同样是站不住脚的遁词。

　　实际的情况，是我不知道那件事和其他神秘事件是如何发生的。但是正因为不知道，我才始终保留了一份好奇，我相信只要坚持探索，总有一天会明白的。

迈克尔·怀特

1998年12月于伦敦

第一章

天外来客

一切足够先进的技术，初看都与魔法无异。

——克拉克（Arthur C. Clarke）

超自然学说当中有一个十分强大的观念，那就是外星人时时光顾我们的地球，他们中的一些还常常绑架人类。这个观念不单是超自然节目制作人想象的产物，它还深植于地球上的许多文化之中，几乎是一种老生常谈了。成片成片的森林在斧锯下消失，化作无数书籍和杂志探讨这个话题。一个完整的神话已经建构起来，包罗了外星人造访地球的方方面面。迄今为止，唯一缺乏的就是无可辩驳的过硬证据。

与天外来客有关的信源当中，最活跃的就是互联网。如果想了解这方面的最新消息，不妨去网上一个名叫"alt. alien. visitors"的新闻组看看。这里的话题无奇不有：有人碰见了来自昴星团的传心术者，有人见到了天狼星来的爬虫类，有人邂逅了美丽的金星人，还有许多人见到了无处不在的"小灰人"。

这些在天外来客爱好者中流传的材料水平惊人，俨然已经成为了一个繁荣的小型产业。西方世界的每个大城市都有书报摊在出售这类杂志,它们的内容早已不再是对绑架对象的乏味采访,而是进化到了对外星飞船推进系统的详细介绍和对外星人解剖结构的复杂研究。

许多这类材料都可以追溯到所谓的"罗斯韦尔事件"。按照外星人发烧友的说法,1947年曾有一个不明飞行物在美国新墨西哥州的罗斯韦尔坠落,政府曾秘密调查此事,却始终没有向公众透露任何消息。发烧友们还坚称,美国当局已经对飞行物和其残骸中发现的外星人尸体开展了实验,而实验室就设在内华达州沙漠中的一个绝密地点,称为"51区"。据说那里流出的某些信息证明了他们的说法。

关于外星人的来历也有好几种猜想。一些发烧友认识到星际航行是不可能的,于是在失望中提出了这些飞碟的另两个源头:一个是地球内部,一个是"其他维度"。所谓的空心地球说已经流传了一段时间,但始终不过是一个幻想。相比之下,"其他维度"的说法就比较有趣了,虽然也同样模糊不清。那些"维度"究竟指什么呢?

超自然鼓吹者常会引用这类他们自己也不太理解的名词,他们还总想把这些模糊的概念和真正可信的科学研究拉上关系,使问题变得更加复杂。按照他们的说法,因为物理学家常说宇宙有10个或26个维度,所以他们的理论就是有依据的了。然而他们错了。当代物理学家常常挂在嘴边的"额外维度",来自物理学中一个叫做"弦论"的奇特分支。这些维度并不是什么浩瀚的"平行宇宙",而是只存在于量子力学探讨的普朗克长度(10^{-33}厘米)上。既然外星智慧生物能坐着庞大的飞船造访地球,那他们就不太可能在这样渺小的空间中栖身。

因此,这一章里我不会探讨这样的奇谈怪论,我只会探讨外星人是否可能来自太阳系外的其他行星,以及他们是否可能运用已知的物理定律做到这一点。

要在恒星之间航行,就要解决距离、时间和动力这三个问题。恒星之间的距离远得超乎想象,所以要做星际航行,时间相应地也会很漫长。任何机械系统想要突破这个限制,都需要具有不切实际的巨大动力。

这个问题始于爱因斯坦（Einstein）的狭义相对论，这个理论是他1905年在伯尔尼专利局工作时发表的。它从两条尽人皆知、牢固确立的科学原理出发，却得出了科学史上少有的奇怪结论。

第一条原理来自牛顿（Isaac Newton）的研究。牛顿在17世纪80年代证明，对任意两个以恒定的相对速度运动的观察者来说，物理定律都是相同的。第二条原理产生得较晚，它认为在真空当中，光的速度是恒定不变的。这个速度用字母 c 表示，数值略大于每小时10亿千米。无论观察者本身是什么速度，光速**始终**是这个数值。

常识认为，如果飞船甲以 $0.75c$ 的速度朝某个方向飞行，飞船乙也以 $0.75c$ 的速度与它相向而行，那么两艘飞船的相对速度就应该是 $1.5c$。但事实并非如此。按照爱因斯坦的那组公式，在两艘飞船的船员看来，对面那艘飞船发出的光线，速度不是 $1.5c$，而是略小于 c（严格地说是 $0.96c$）。

这就产生了一个惊人的推论：如果 c 是恒定绝对的，那么时间和空间就只能是相对的了。换句话说，要让甲乙两艘飞船的船员看到光线以恒定的速度照射过来，不受飞船本身速度的影响，他们就必须以不同的标准度量时间——因此，他们自身飞得越快，时间就变得越慢。不仅如此，对于运动速度不同的观察者来说，距离的长短也会不同。同样一段距离，运动速度越快，它就变得越短。比如，1米的长度是多少将取决于观察者的速度，观察者的运动速度越快，它就越短。最后，随着观察者运动速度的加快，他的质量也会变大。将这一切推到极致，就会得出这样的结论：如果一个观察者以光速飞行，它将会体验到三件事——他的时间会放慢到零，身体会缩短到零，质量则会增加到无穷大！

说到这里，星际航行的发烧友肯定要抗议了，但可惜的是，这并不是一个疯狂教授的臆想。爱因斯坦的狭义相对论自1905年问世以来，已经得到了数千个实验的证实。我们之所以在日常生活中不曾观察到这些现象，是因为我们运动得实在太慢了。一架航天飞机在不久之前的经历证明了这种效应在低速运动中是何等的微弱。当时它正以大约每秒 8 千米的速度轻快地飞行,机上的时钟的确比地球上的钟表走得慢了,但两者相差不到千万分之一秒。欧洲核子研究中心(CERN)在瑞士的日内瓦附近有一台巨型粒子加速器,常常将亚原子粒子加速到接近光速,这些粒子的质量也的确有所增加,增加的幅度正好符合爱因斯坦的计算所预测的值。

这么说来,任何有形的物体都不能以光速运动,就是一条无法辩驳的定理,是我们宇宙中的一个基本事实。因此,一个技术先进的文明想要飞越恒星间的茫茫宇宙,只有两个办法:一是放慢速度,尽量使爱因斯坦理论所预言的那些难题不要出现太多,最后经过漫长的航行到达目的地。二是设法绕过这一理论。

我们先来看看亚光速飞行的选项。

凡尔纳(Jules Verne)在《从地球到月球》(*From the Earth to the Moon*)(1865 年出版)中提出了从佛罗里达的一个约 274 米深的深坑中发射一枚登月火箭的想法。从那以后,科学家和科幻作者就想出了各种巧妙的推进系统来辅助星际航行,其中包括聚变引擎、反物质引擎、利用虫洞性质和空间扭曲机制的飞船。

所有传统的太空推进系统(我指的是不使用扭曲和虫洞之类的空间本身奇异特性的引擎系统)都必须遵循牛顿第三运动定律:"对于任何作用力,都必定有大小相同、方向相反的反作用力。"在这一点上,一艘宇宙飞船和一架喷气式飞机并没有什么两样——物质从尾部喷出,使其向前飞行,原理十分简单,困难的是喷出物质的规模。

人类至今研发的太空飞行器都是用化学能推进的。飞船携带的能量主要用来克服地球引力,使飞船达到逃逸速度——只有达到这个速度,"土星 5 号"运载火箭、航天飞机和阿里亚纳火箭才能将货物送入轨道。阿波罗飞船在飞向月球的途中,它的一切操作都取决于那些较小的引擎和推进器,靠它们从喷气口喷出热气,并调整飞船的航线。如果没有这些装备,登月舱就会完全受地球大气之外的引力支配了。

比化学能引擎高一级的是用核裂变驱动飞船的引擎。这是核反应堆和早期原子弹的能量之源。当不稳定的大型原子核衰变或者裂变，它们就会释放能量。这个能量的数值取决于裂变物质的质量，它可以用有史以来最著名的一条公式计算出来：$E = mc^2$，其中 m 表示物质的质量，c 表示光速。

这虽然是我们迄今掌握的最强大的能源，却仍不能带领我们飞向恒星。即使在我们这个小小太阳系的内部，要从一颗行星飞到另外一颗，都需要携带质量巨大的裂变物质，这样就没有多少空间留给船员或货物了。

还有一种更加巨大的核能，来自称为"核聚变"的过程。1989 年，两位科学家弗莱施曼（Martin Fleischmann）和庞斯（Stanley Pons）宣布发明了一种叫做"冷聚变"（cold fusion）的技术，据说只要一对电极加上一瓶普通的化学物质就能实现，科学界为此短暂地兴奋了一阵。可惜的是，他们的实验没有在其他人手上重复出来，兴奋随之消退，科学界的希望也回到了常规的聚变方法——那也正是为太阳或其他恒星提供动力的机制。在实验室里，研究者将氘和氚（都是氢原子的重同位素）之类的小型原子核聚合，从中制造出巨大的能量。*

过去 50 年来，科学家一直在开发可行的核聚变方法。聚变比裂变清洁，因为它不必使用危险的放射性元素。在裂变中，放射性的铀－238 在现代快中子增值反应堆中转化成钚－239，这两种同位素的危险性都将持续数十万年，而聚变就没有这个危险，产生的能量也远远超过裂变。这些都是聚变系统的优点，至于它的缺点，我们现在知道的有盛放和效率的问题：为了产生聚变，必须达到 1000 万度的高温（接近太阳核心的温度），这样才能使带正电的原子核克服静电排斥，强迫它们融合在一起。融合后的物质是一团热量超高的等离子体，不能用任何有形的容器盛放。而且到今天为止，促成聚变所需的能量还是要远

---

* 重同位素指的是原子核中的中子数目超乎寻常。氢原子最常见的形式在原子核中只有一个质子，没有中子。它的第一种重同位素是氘，有一个质子和一个中子；它最重的同位素是氚，有一个质子和两个中子。

远超过聚变产生的能量,也就是说这类系统的效率暂时还是负值。

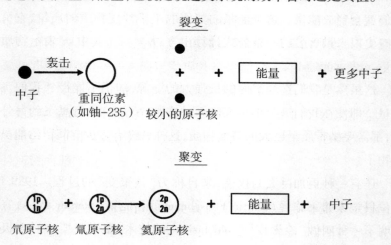

图 1.1

尽管如此,科学家还是希望能解决这两个问题,因为在他们看来,随着地球的能源危机不断迫近,聚变是最有可能化解危机的手段。假设有另一个只比我们先进几十年的文明,那么它几乎肯定已经开发出了聚变能;如果再先进一步,该文明就能在飞船上使用聚变引擎了。但可惜的是,这种能源仍然不可能用来在恒星之间旅行,因为即使速度只达到光速的一小部分,所需的聚变材料也将不堪重负。计算可知,要将一艘飞船加速到光速的十分之一,需要的燃料质量要相当于飞船质量的 15 倍。

另一个方案是所谓的"聚变冲压式喷气发动机"(fusion ramjet)。星际空间不是一片彻底的真空,恒星和行星之间的太空中存在氢原子,虽然这些氢原子分布十分稀疏。我们可以设计一种带有巨大勺子的飞船,它可以在飞行中收集氢原子作为聚变材料。这个方案面对的最大困难是:太空中能够收集的物质太少。不过只要飞船移动得够快,这个问题就自然能够解决。届时,它会像一头在海洋中吸入浮游生物的巨大哺乳动物,或一个在小雨中快速奔跑以至于浑身淋湿的人。

终有一天，当我们将宇航员送上太阳系中的其他行星时，我们几乎肯定会使用某种形式的核聚变能。这是一个可行的体系，因为让飞船在行星之间以 10 万千米的时速飞行还是比较简单的；以这个速度飞行，三星期左右就能到达火星。然而行星间的距离和恒星间的距离是无法相提并论的。即使用聚变能达到 10 万千米的时速，也要经过一千代人的时间才能飞到最近的恒星。就算是这个微不足道的速度，要维持这样漫长的时间，所需的燃料也会多得完全不切实际。

除聚变之外，还有人建议用几种传统的物理学方法将飞船加速到光速的一部分。其中之一是用核爆炸驱动飞船前进。

有人设计了这样一部理论上的飞行器，起名"俄里翁号"（Orion），他们设想将一组热核弹头在飞行器的后方逐个引爆，每 3 秒引爆一枚。爆炸产生的炽热等离子体会对一块"推进板"产生压力，并推动飞船前进。可惜这个办法也不可行：要将飞船加速到光速的 3%，就需要大约 30 万枚一吨重的核弹。

这个设想的一个变种是"代达罗斯计划"（Project Daedalus），由英国行星际航行学会（British Interplanetary Society）在 20 世纪 70 年代提出。这个系统需要一艘和"俄里翁号"相似的飞船，它由 250 枚核弹驱动，每秒爆炸一枚。它们能将飞船加速到光速的 12%，即每小时 1.3 亿千米。但是和"俄里翁号"一样，它同样需要质量极大的燃料，因此无法实现。

和上面的计划相比，更有希望成功的是使用一类被称为"反物质"的奇异材料。

我们这个宇宙中的一切物质都是由原子构成的，这些原子又由所谓的亚原子粒子组成，其中包括在原子核中共存的质子和中子，以及环绕在原子核外的电子。人类在 20 世纪初就已经掌握了这些知识，这多亏了卢瑟福（Ernest Rutherford）、查德威克（James Chadwick）和普朗克（Max Planck）等一众先驱的研究。那个时代还有一位开天辟地的物理学家，狄拉克（Paul Dirac），他在 1929 年预言，所有已知的亚原子粒子都可能有其对应粒子,它们的性质正好与这些粒子相反。* 后人将这些粒子称为"反粒子"。

质子带正电荷,那么在一个反原子中,就会有一个质量与质子相同,但携带负电荷的反质子。又比如一个反电子,也就是现在所说的"正电子",就会携带正电荷,并且它像电子围绕原子核运动一样,围绕反原子核运动。对于我们这些设计星际引擎的人来说,更重要的一点是,当物质和反物质彼此接触时,它们会立刻湮没,并且产生能量。

在狄拉克的时代,反物质还只是理论上的概念,是他在将量子力学、电磁学和相对论中的数学组合之后,从那一条条公式中推导出来的东西。在当时,反物质的存在还无法证明,它在自然界中是无法找到的,因为它一与物质接触就会立即消失。但是今天,我们已经可以在粒子加速器中制造少量的反物质了。

为了制造一个反质子,研究者将"正常"质子放进加速器中旋转,它们由加速器的强大磁场加速到大约光速的一半,然后与金属的原子核撞击。撞击会产生一对对粒子和反粒子,以及 X 射线和各种形式的能量。接着再将反质子与质子分离,以免它们互相接触并湮没。

要将反物质用作推进剂,我们就需要操纵一次物质和反物质的湮没,并使用从中产生的热量来驱动我们的飞船。这样一个系统的简单方案已经有人在设计了。设计者计划向一个装满氢原子的空心钨块发射少量反物质,这些粒子会立即湮没,产生的能量会将钨块加热。接着再将冷的氢原子注入这个装置的中心,使它的温度迅速升高到 3000 开,并从引擎中喷出。

反物质驱动有一个巨大的优势,就是只用很少的燃料就能将飞船加速到很快。它也有一个巨大的不足,就是很难获得可供使用的原料。目前在全世界的粒子加速器中,投入 100 万份的能量,只有 60 份能够生成反物质。这也是反物质的市价十分昂贵的一个原因——每克的售

---

* 当时的科学家还只知道质子和电子,中子是三年后的 1932 年发现的。

价达到了 10 000 000 000 000 000（1 万万亿）美元。

除此之外,如何盛放反物质也是一个问题。就像核聚变产生的温度超高的等离子一样,反物质也需要特制的磁场存放系统,这样才能防止它们在应用之前就先和容器中的物质产生反应。

不过,这两个困难都无法阻止先进文明对反物质的利用。纵观人类的历史,我们就能得到一个乐观的经验:1919 年,卢瑟福才发现了某些原子可以在轰击下解体;但是之后仅过了短短 26 年,这个发现就演变成了在广岛和长崎爆炸的原子弹。

以人类目前的技术,制造反物质还昂贵得不切实际,但是在未来二三十年内,情况就会改变。当我们想到其他星球上可能存在更先进的社会时,这样的时间就更是短得微不足道了。

反物质推进系统的构想使我们燃起了希望:在恒星之间航行毕竟还是可能的。然而,即使一个先进文明掌握了这项技术的全部内涵,他们也依然无法绕开宇宙的基本定律,永远会受到光速的局限。

对于恒星际航行者来说,这意味着他们要么以接近光速的速度飞行(如果要殖民或访问许多行星,这还是太慢了),并且适应其后果,要么以更慢的速度航行,用更长的时间飞出自身所处的太阳系。

假设有外星人从 50 光年开外的家乡飞向地球,他们的速度是 0.95 c(光速的 95%),那么这次旅行将会单程耗费 52.5 年——这个时间是对家乡的人民而言。由于狭义相对论的效应(速度越快,相对时间越短),在飞船的成员看来,这 52.5 年的时光其实只有 14.8 年。

但这个时间依然长得不切实际。即便假设外星人的寿命超过人类,接近 15 年的太空飞行还是太久了。要克服这个难题,他们或许可以停止活动,甚至冰冻休眠,但除此之外还有别的障碍:这些远行超过一个世纪的船员,当他们最终返回母星的时候,也许会发现家乡的政治格局都变了。派遣他们启航的机构可能已经不复存在,他们的家人也都已死去或非常老迈了。一切曾经熟悉的事物都无可避免地变了。试想人类曾在 1900 年派出这样一支队伍,飞船在 2000 年归来。届时,那些船员只老去了不到 30 岁,然而在他们看来,这个世界肯定已经面目全非了。

我们也可以像那些 UFO 发烧友一样,设想星际旅行不过是宇宙中的常态,并且外星人已经结成了一个联盟组织或是行星政府。但是即便如此,进行低于光速的航行也依然不可行。首先,任何形式的指令都不可能在这样漫长的距离和时间中保存并传达。其次,任何事业的投资者都希望在合理的时间内见到回报——至少是在投资者的有生之年。这一点想必是放之宇宙而皆准的原则。那么谁又会为这样漫长的飞行投资呢? 起码不会是任何我们可以想象的政府。

这样看来,亚光速旅行就只剩下一种可能了:太空方舟(Ark)。这是几代科幻作者和太空分析者热衷的话题,也是唯一具有些许可行性的星际旅行方案。

根据这个方案,外星人要建造一艘大型飞船,并且一代一代地在船上生活,整个飞行时间可能持续成百上千年。虽然这需要一艘能够容纳众多船员和乘客并保证他们能生活千年的巨型飞船,但它的速度却不必特别快。如果一次任务计划的时间是 1000 年,那么飞越 50 光年的距离只需达到光速的 5% 就可以了(即每小时 5000 万千米)。然而抛开设计和建造这样一艘飞船的技术难题不谈,这个计划还包含着一些更加现实的缺点。

首先,我们再来说说时间的问题。一个文明愿意资助这样一次飞行,唯一可能的原因就是为了躲避劫难。只有发生了如《圣经》所说的洪水一般的灾难,人们才会建造如《圣经》所说的那般规模的方舟,然后将母星上的全部或部分人口塞进一艘飞船,启程寻找新的家园。我们至今没有遇到过这样的殖民团体,因此大可以假定,媒体广泛报道的那些天外来客并不属于这个类别。不过,即使外星人资助的是一次规模较小的航行,船员和乘客总数只有数千,这些人又将如何承受漫长飞行中的心理折磨呢?

最初登上这条方舟的几代人不可能活着见到新的家园,他们只能寄希望于自己的遥远后代能够到达一颗遥远的行星。我们可以想象，愿意采取这样一个计划的外星人，他们的心理构成一定是和我们很不一样的。他们的思考方式或许更接近蜜蜂和蚂蚁，有着献身群体、不求私利的本能。这样一个计划也许对这种外星人可行，但是对于其他物种就有严重的局限了。

最后，对于太空方舟还有一条最有力的反驳，就是所谓的"速度指数曲线"（speed exponential curve）。以我们自身的技术发展为例，可以看出一个文明所能达到的速度会随着时间呈指数式上升。在人类社会发展的最初 10 万年里，我们能够达到的最快速度大约是每小时 20 千米——这是一位猎手冲刺的速度。到了大约 4000 年前，因为驯服了马匹，这个速度提高到了原来的两倍还多。到了 19 世纪晚期，由于火车和汽车的发明，这个速度再次倍增。之后的 50 年中相继出现了飞机、喷气式飞机和宇宙飞船，每一种发明都将这个速度又提高了三四倍。按照这个趋势，我们应该能在 2070 年达到光速的 1%，在 2140 年达到光速的 5%。

就方舟旅行而言，这意味着当方舟到达目的地时，会发现它早已被后来出发的同类殖民了。这些后人虽然启程较晚，但在飞行上耗费的时间却只有方舟的几分之一。

方舟设想的一个变体是长期殖民。物理学家迪普勒（Frank Tipler）就认为，一个先进种族会在宇宙中作"行星跃迁"（planet-hop）。他的灵感来自散布于太平洋各处的南海岛民，他们就曾在各个岛屿之间跳跃迁徙，并先后在一座座岛屿上扎根。从这个模型出发，他认为需要考虑的有两个时间因素，一个是在恒星之间航行的时间（称为"t_1"），一个是在某一颗行星上建立殖民地并准备下一次跃迁的时间（t_2）。保守估计，航行的时间大约在 1000 年到 10 000 年之间，而殖民和扎根的时间应该在 100 代之内。

使用这个策略，只需要很短的时间就能将银河系完全殖民了，因为殖民地的增长是指数式的。

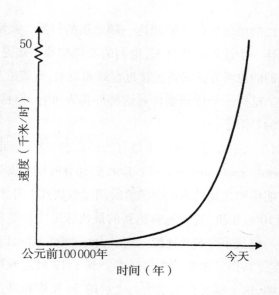

图 1.2

假设航行和殖民耗费的平均时间为 20 000 年（即 $t_1 + t_2 = 20 000$），再假设一个银河系中平均有 10 亿颗宜居行星,那么在不到 100 万年的时间里,这些行星就将全部被殖民。

也许地球就曾是这样一个殖民地,后来不知道为什么,它发展得并不景气,于是殖民"浪潮"继续推进,将我们留在了这里。如果真的如此,那就说明我们这个银河系中的一切类人生物都来自同一颗母星,那是人类最初的家园。我们也可以假设,这样的殖民过程将会发端于我们的未来,而地球将会成为智人最初的,或许也是独一无二的家园。

从上面的分析来看,星际航行的前景是颇为黯淡的。所有方法不是太慢就是太贵,或者又慢又贵。最有希望的方案是开发反物质引擎,使得较短的航程可以在船员能够接受的时间内完成,不过这一来就不可能制订任何有组织的计划,船员也无法从"家乡"接收命令,或者与家乡沟通了。如果这些就是穿越宇宙的全部方法,那么结论就是外星人不可能访问我们,而且无论一个文明进化到什么地步,它都只能做到非常有限的星际航行。幸运的是,或许还有别的方法可以绕过这些障

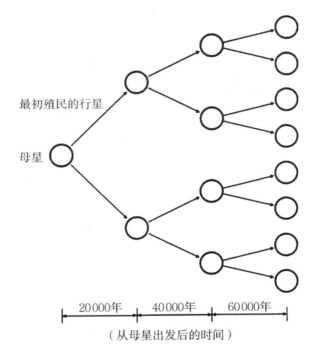

最初殖民的行星

母星

| 20 000年 | 40 000年 | 60 000年 |

（从母星出发后的时间）

图 1.3

碍；人类可以利用我所谓的"另类物理学"（exotic physics）的概念——
这些概念并未打破我们所理解的物理定律，而是在定律中钻了一些空
子。

第一个另类物理学的概念是虫洞（wormhole）。和反物质一样，虫
洞也是对物理学中的数学开展巧妙推演的结果，这一次的数学是爱因
斯坦的广义相对论。

科学家早就知道，当一颗恒星用尽了燃料，就会走向死亡，而它的
具体死法取决于它的质量。如果它的质量大约三倍于太阳的质量或者
更大，它就会向内收缩，同时发出一串冲击波，引起猛烈爆炸。那将是
自宇宙大爆炸以来最猛烈的事件，从中可能会诞生一颗超新星。由于
恒星的质量实在太大，即使经过了这样一次爆炸，这颗超新星的中心还
是会留下一些物质，并且再度收缩。这一次，它会缩成一块密度极大的

哲人石丛书

Philosopher's Stone Series

物质,巨大的引力压倒了将亚原子粒子和夸克*捆绑在一起的力,使整颗恒星变成了一口沸腾着基本物质和能量的热锅。这就是一个"黑洞"了,之所以叫这个名字,是因为它的质量和密度都大到了极点,就算有光的速度也无法逃脱它的引力场。**

科学界常常会发生这样的现象:先是数学告诉我们应该存在某某物质、它的性质又是如何,然后才有人真的发现了这种物质。虽然黑洞的存在还没有最后证实,但是目前看来,它们存在于宇宙中的可能性是很大的,而且某些天体很可能就是黑洞。找到虫洞的概率要小一些,但是物理学定律同样没有排除它们存在的可能。

1916年,爱因斯坦发表了广义相对论,那是对他的狭义相对论的扩充。狭义相对论较为局限,只讨论运动速度不变的观察者。爱因斯坦想要知道,加速物体又会如何?他想象了一部自由下坠的电梯,电梯壁上的一个孔洞有一道光线照入。在电梯中的人看来,这束光线是沿直线前进的,然而在电梯外的人来看,光线却沿曲线前进。爱因斯坦认为,光线之所以弯曲,是因为电梯正在加速,他接着指出,由于引力也是一种加速,所以光线也会被它弯曲。

在爱因斯坦之前,物理学家都将宇宙看作三维的,并将时间看作一个额外的因素。而在广义相对论中,时间是与长度、宽度和深度相同的一个维度;宇宙实际包含四维,它们并称为"时空"。

要想象或观察一个四维宇宙,唯一的方法是将它用三维的形式表现出来。先想象一块展平的橡胶膜,然后在它的中央放置一个重球,这时重球周围的橡胶会产生形变,就像在恒星这样的大质量物体周围,时空也会扭曲一样。此时再将一枚弹珠在橡胶膜上滚到重球附近,它的轨迹就会呈一条曲线,光线在恒星附近的行为也是如此。而黑洞的质量极大、引力极强,它使得空间剧烈扭曲,并在内部产生了一个称为

---

* 夸克是物质最基本的形式,质子、中子和电子都由它构成。
** 作为比较,航天飞机的速度要达到每秒11.18千米才能摆脱地球引力。而光的速度,要记住,是每秒30万千米。

"奇点"（singularity）的东西。在这个点上，时空变得极度弯曲，一切物理定律尽数失效。根据几位科学家的观点[包括最先提出它的两位物理学家，加州理工学院的索恩（Kip Thorne）和莫里斯（Michael Morris）]，虫洞就是两个奇点"找到"彼此并相互连通的结果。

虫洞对星际航行者的作用可以用下图表示。时空因其弯曲本性而产生了一条捷径，使得旅行者在旅途中不必再走传统路线。

这显然是一个诱人的设想，能够一举消除接近光速的旅行者面临的所有难题。然而各位应该已经料到，这个方案也自有它的问题。

首先，虫洞还是一个纯粹的猜想。宇宙中的已知定律并未禁止它们的存在，却也没有保证它们的存在。而且它们即使存在，也很可能是相当稀少的。

第二个问题，在启用虫洞之前，我们无法知道它连通的是宇宙的哪两个部分。而且即使它们可以使用，也只能提供非常有限的服务，只能从起点出发到达固定的终点。这有点好比是有一条公路连接了伦敦和某个神秘地点，它不与别的公路交叉，中途也没有岔路。

抛开这个缺点不提，我们还必须考虑这是一条怎样的通路。从我们对黑洞的认识可以推断，一个"天然"的虫洞是很难通行的。黑洞的内部很可能是全宇宙最不友善的地方，强大的引力会撕碎落入其中的任何物质，将它化作一盆基本粒子和能量的汤汁。就算你经受得住这些引力，一旦落入了黑洞，你也绝对无法再出去。因此，将位于宇宙不同地点的黑洞用虫洞连接起来的办法看来并不实际。唯一可行的方案是在宇宙的某处找到允许通行的特种黑洞，但这样的黑洞可能很难找到。

有一种天体或许可以用来规避这个困难，那就是白洞（white hole）。这些天体和黑洞正好相反，它们不吸收物质和能量，而是将一切物质和能量排放出去，可以说是"宇宙的喷泉"。如果有一个黑洞和一个白洞相互连通，它们就可能构成一条单向的虫洞，由此解决进入黑洞之后就无法逃脱的问题。可惜的是，详尽的数学分析显示了这样一

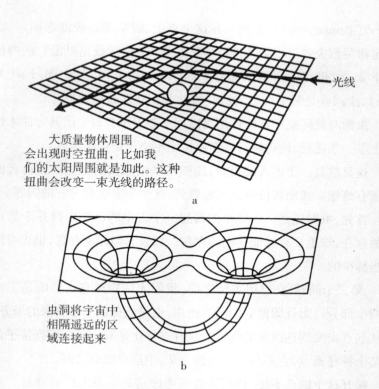

光线

大质量物体周围
会出现时空扭曲，比如我
们的太阳周围就是如此。这种
扭曲会改变一束光线的路径。

a

虫洞将宇宙中
相隔遥远的区
域连接起来

b

图1.4

个系统是不稳定的，白洞会迅速衰变，使得航行计划落空。

还剩一个办法——人造虫洞。

自从索恩和莫里斯在1987年的一期《美国物理杂志》(*American Journal of Physics*)上提出虫洞以来，全世界的数百名理论物理学家已经对这个概念开展了研究。他们的结论是：要构建一条可以通航的虫洞，该虫洞就必须达到一系列严格的标准。比如，虫洞的建造显然必须遵守广义相对论，而且它内部的引力"潮汐力"也必须维持在最低限度。这些条件还规定了虫洞必须具备的形状，以及建造它所需的物质质量。更加困难的是，数学还指出，为了建造虫洞，必须使用所谓的"异常物质"(exotic matter)，这些物质具有质量为负的奇异属性。

虽然虫洞的拥护者们认定这样荒唐的念头可以在物理定律的允许

范围之内实现,但是大多数科学家都否定了这个想法。如果科学家是正确的,那么无论一个文明先进到了什么程度,虫洞都永远无法造出。即使科学家错了,而那些虫洞的支持者们对了,那个先进文明也必须先找到异常物质并操纵它们,然后才能建造并且使用虫洞。

如果说虫洞实在显得不切实际,那我们还有一个方案可以规避星际航行中的光速限制。这个方案因为电视剧《星际迷航》(Star Trek)而广为人知,那就是曲速引擎(warp drive)。

自20世纪40年代起,科幻作家一直在讨论诸如"空间扭曲"和"超空间"的概念,但虽然许多作家本身就是科学家,他们却很少对这类概念作详尽阐释。在他们看来,要规避亚光速飞行的不便之处同时又不违背物理学的各种定律,曲速引擎是唯一可行的方法。然而究竟什么才是曲速飞行,它又如何实现呢?

曲速飞行也可以称为"冲浪",因为这项技术的原理是操纵时空本身,使飞船如同在时空的"波浪"上航行。这样的飞船能够改变时空本身,使船身后方的时空扩展而前方的时空收缩。也就是说,虽然飞船本身的速度较为缓慢,它却能将出发点向后"推"到远处,将目的地"拉"到眼前。

图 1.5

这听起来像在作弊,但它的确是广义相对论允许的一种可能。其中最大的困难同样是能量供应问题。要使这个方案可行,时空就必须显著扭曲,如果扭曲幅度太小,那它多半还比不上亚光速飞行的速度。

对太阳的观测表明,它的质量就扭曲了时空,但也仅仅使光线偏转了千分之一度。一艘飞船若要利用时空本身的扩张和收缩,它对时空连续体的扭曲就必须远远超出这个程度。从某些方面说,它的行为要有一点像是一个微型黑洞。从这一点出发计算能量需求,就会得出和前面相似的沮丧结果:要制造体积相当于一艘典型飞船(比如一只直径50米的飞碟)的黑洞,我们需要将大约5万个地球的质量塞进这样狭小的一块空间。换算成能量,这相当于太阳终其一生输出的能量的总和。

我们可以从这些观点中得出什么结论呢?结论就是一切形式的恒星际亚光速航行现阶段都无法取得有意义的成果,而旨在规避光速屏障的方案又会引出巨大的技术难题。

外星智慧生物很可能已经掌握了产生巨大能量的方法,并由此扭曲了时空或制造出了可以通航的虫洞。要做到这些,他们的技术就必须领先我们数千年。但是考虑到恒星的年龄以及不同行星上的相对演化速度,这一点还是可能发生的。

怀疑者常常将星际航行的种种难处作为依据,证明外星人不可能到过地球。然而这个论证未免狭隘,也否定了其他文明发展得比我们更早更快的可能。不过相比之下,伪科学的解释更是荒谬得多——外星发烧友们提出了各种关于不明飞行物和外星人造访的伪科学理论,它们充斥着当下的互联网和书报摊。

有一个现象很有意思:对于UFO的描述往往与当时的文艺作品相契合。20世纪初,对外星飞船的描述常常和飞艇十分相似,而发烧友津津乐道的飞行器也和威尔斯(H. G. Wells)＊的描写并无不同。到了今天,UFO似乎都换上了类似"企业号"＊＊星舰使用的曲速引擎。不过

＊ 威尔斯(1866—1946),英国科幻小说家,著有《时间机器》《星际战争》等。——译者
＊＊ 企业号,科幻剧《星际迷航》中的飞船。——译者

话说回来,每年的 UFO 目击报告都成百上千,即使其中只有一例是真实的,那也足以说明外星生命的确造访过地球。

显然,如果一个文明生存得足够久,它终究会凭借技术做到物理定律许可的一切。但这也不是说我们就经常会受到一群群外星人的访问,其中的一些还和地球上的某某机构结盟,意图颠覆我们的社会。虽然每年都有数千名正常人声称自己被外星人绑架,但这些声明都实在漏洞百出。

我们将在第十三章中看到,对这类绑架案有两种最常见的解释:一、外星人对人类有研究的兴趣;二、外星人在做遗传学实验。这类解释的问题在于:如果一个种族先进到了能够操纵时空、横跨银河,那他们就根本没有必要在活人身上开展实际的研究,或者亲自提取人类的遗传物质了。且不论一个先进种族多半会觉得这种做法违背道德,单就被绑架者的描述来看,那些外星人的手法都是极其原始的,更像是过分活跃却又不够发达的人类想象的产物。

我希望将来有一天,我们的文明会设计并制造出某种形式的星际旅行引擎,我也确信已经有文明做到了这一点。也许外星种族确实访问过一颗叫做地球的渺小行星,也许他们到今天还时不时地路过我们;然而鼓吹外星军队要入侵地球,或者那些身高不足一米、眼睛巨大的小灰人要颠覆人类社会,这至少也是可疑的论调。这种论调的言下之意是人类有某种特殊之处,如果你相信其他行星上也有生命,就不应该有这样的想法。从这个角度看,一些 UFO 发烧友的信念和其他宗教组织的自大妄想并没有什么不同。

第 二 章

宇宙中有其他生物吗?

孤独啊孤独,我独自一人

在那辽阔无际的海面!

——柯尔律治(Samuel Taylor Coleridge)

虽然现在还造不出星际飞船,但我们依然可以望着群星思索:在这无穷的宇宙里,我们是唯一的吗? 还是说宇宙像地球一样,其实充满了生命? 自从人类的思维能够超出切身的物质需求以来,这就一直是这个物种面临的最重大的问题。并且时至今日,我们也只是在缓慢地接近答案。

科学家知道,有一颗行星上是肯定存在生命的——地球。然而这只是一个孤证,不能由此推出在地球上孕育生命的一连串事件到底是独一无二的,还是极其普遍的。我们还需要更多证据。再加上恒星之间的距离遥远得难以想象,所以直到今日,在我们有能力飞出母星的大气并建造各种机器来观察太空的最深处后,我们才有了得出结论的希望。

在 20 世纪的大部分时间里,我们都知道太阳系的别处存在生命的可能性是很低的。距离太阳最近的两颗行星是水星和金星,其中水星有着极端的温度，它的表面部分是火焰的地狱，部分则是冰冻的废土；而金星表面的温度大约为 800 开。在第三颗行星地球外侧就是火星，人们一度认为它是太阳系内最有可能孕育生命的地外行星。一直到 1877 年，还有一位天文学家斯基亚帕雷利（Giovanni Schiaparelli）宣布自己在火星表面观察到了纵横交错的网络，这引起了一片兴奋。他将这些网络称为"canali"，意思是"渠道"，在英文里却误译成了"运河"。随着流言的传播，全世界的天文学家都开始在火星上发现越来越复杂的"运河"系统了。可惜的是，虽然这条新闻启发威尔斯写出了《星际战争》（*The War of the Worlds*），但火星上其实并没有什么运河——从地球上看到的网络只是火星表面的自然色差而已。

20 世纪 70 年代的"海盗号"探测器没有在火星上发现生命迹象，连一个微生物都没有找到。虽然有热心人指出火星表面的自然条件可能在古代有利于地球上的动植物，但现在依然没有证据表明火星本身曾经出现过生命。

比火星更远的是两个气体巨星——木星和土星，它们的大气充斥着有毒气体，在强大磁场的作用下翻腾不息。比起在这里寻找生命，更有希望的是太阳系中最大的两颗卫星——围绕土星运行的"泰坦"（Titan，又称"土卫六"）和木星最大的卫星"盖尼米德"（Ganymede，又称"木卫三"）。"旅行者"探测器在飞临泰坦表面时发现了一些物质，科学家认为那是有机分子。然而泰坦的表面温度约为 -150°，有毒的大气中也少有氧气，在这样的环境中，这些分子发展成生物的概率是极低的。到今天，木星的卫星"欧罗巴"（Europa，又称"木卫二"）又成了新的焦点，科学家认为它的地表下有水，这大大增加了发现生命的概率。不过我们要对这颗卫星再作深入研究，才能确定它是否真的孕育着地外生命。

在太阳系外围的几颗行星，天王星、海王星和冥王星*，我们同样

---

* 冥王星已于 2006 年被降格为矮星。——译者

不可能找到科学家所谓的"碳基生命形式",因为那里也有气温太低、空气太毒的问题,要不就是像天王星那样,整个行星都被一片由火山活动加热到高温的海水覆盖,海水上方则是有毒的空气。

要找到生命,尤其是我们能够识别的生命,就不能将自己的头脑、望远镜和探测器禁锢在这个狭小的太阳系中,而要将目光投向遥远的群星。不过这样一来,我们就又要面对距离的问题了。以日常生活的标准来看,我们的太阳系是浩瀚的,从一头到另一头的距离约为120亿千米;然而当我们思考和其他恒星周围的其他行星上的生物交流时,太阳系就成了一个微不足道的斑点了。

离太阳系最近的恒星是比邻星,距地球4.2光年。我们从第一章已经知道,这是一个骇人的距离。光的速度略高于每秒30万千米,要到达那颗恒星,光要飞行4.2年。这相当于用30万乘以一个小时中的秒数(3600)乘以一天中的小时数(24)乘以一年中的天数(365)再乘以4.2,算出的结果接近4×10^{13}千米(4后面加13个0,也就是40万亿千米)。这大致相当于阿波罗飞船往月球飞行一亿次。以阿波罗飞船的速度(约40 000千米每小时),飞到这个最近的邻居家大约要10万年。

因此,除非能用技术提高飞行速度,否则我们就只有三件事可做了:(1)用诸如无线电波之类的光速信号与外星人联系,(2)等待他们联系我们,(3)用各种望远镜观察其他恒星周围的行星,尽量了解它们的情况。

那么,除我们自己之外,其他行星上存在智慧生物的概率又有多大呢?

对于这个问题,科学界有着截然不同的看法。有人认为宇宙中充满生物,比如天文学家、SETI(地外智慧生物搜寻)计划的创始人德雷克(Frank Drake),还有已故的科学家兼作家萨根(Carl Sagan)。另一个阵营是作家兼评论家、《千年计划》(*Millennial Project*)的作者萨维奇(Marshall Savage),以及物理学家迪普勒,他们认为我们在宇宙中是彻底孤独的。

　　这个问题之所以没有确切的答案,甚至连马马虎虎、模棱两可的答案都没有,是因为我们还不清楚其中包含了哪些变量、这些变量又是如何相互关联的。比如,要是时间够长,出现 DNA 分子的概率有多大?又有多少恒星拥有行星?即便有复杂的大分子物质,演化成生物的概率又有多大?我们知道这些事件都已经至少发生了一次,但它们究竟是只发生了一次,还是已经重复了数十亿次?

　　为了将研究量化,寻找地外智慧生物的先驱德雷克在 1961 年提出了一个公式,它在今天已经广为人知,称为"德雷克公式"。对天文学家来说,这个简洁的公式是一件十分有力的工具,只是它的每一个变量可取的数值范围都很大,而且至今没有人知道究竟应该填什么数值进去。在天文学家、生物学家和遗传学家的联手努力下,这些数值的范围逐渐缩小,已经可以算出一些初步的答案了。

　　该公式如下:

$$N = R \times f_p \times n_e \times f_l \times f_i \times f_c \times L$$

　　虽然看起来复杂,但这其实和你的开支一样容易计算。字母 N 表示我们的银河系中有着交流意愿的文明的数目。等号右边的每一个符号都表示回答"地球以外有生命吗"这个问题时需要考虑的因素。(每一个因素都应独立考察,比如 f_p 的数值和 L、f_l 或任何其他因素无关。)当这些变量全都填上了数字,我们就会得到一个 N 值。那么这些因素都表示什么意思呢?

　　首先,R 表示形成恒星的平均速度。人们常以为宇宙在大爆炸中诞生之后就一直如此,不再变化了。事实并非如此。目前的主流理论认为,宇宙正在膨胀,也时刻有恒星和行星诞生和消亡。科学家使用诸如哈勃空间望远镜这样的设备,已经能够看见这个创生的过程了。现在看来,银河系的某些角落比其他部分更加多产。虽然和遥远的过去相比,恒星的诞生速度已经放慢了许多,但是根据天文学家的保守估计,每年仍有大约 10 颗新的恒星在我们的银河系中形成。因此,R 这个变量的数值已经大致有了公论:10。

f_p 表示那些可以携带行星系统的"良好"（good）恒星的比例。所谓"良好"，天文学家指的是恒星周围适合产生并维持类地行星。这是一个颇为复杂的要求。某颗恒星若要称得上良好，它的年龄就必须处在特定的范围之内。如果太老，它的燃料就必不充足，发出的辐射也不利于碳基生物的诞生和维持。反过来，要是一颗恒星太年轻，那它的周边或许还来不及出现行星，也来不及形成生命演化的一套机制。

更重要的是，能够维持生命并演化出文明的行星，是不可能围绕脉冲星或类星体运行的，因为这两类天体发出的辐射会破坏生物有机体。那些无法在很长的时间内保持稳定的恒星，同样无法产生这样的行星。

最后，还有许多恒星属于双星系统——也就是说，两颗恒星围绕彼此运转。虽然这样的系统没有杜绝行星的形成，但是和单星相比，双星系统也是不太可能形成太阳系这样的行星系的。

当初德雷克提出他的公式时，f_p 的数值还只能靠猜测，但是最近的天文学研究已经开始框定这个数值的范围了。在 20 世纪 60 年代早期，德雷克认为 f_p 应该在 0.5 左右，也就是说，银河系中应该有一半数目的恒星可能形成行星。但是后来，随着观测技术的进步和新数据的收集，我们才知道这个数字实在乐观过头了。

单单用今天的技术，天文学家已经不能像观察太阳系中的行星那样观察别处的行星了——因为我们知道，它们的距离实在太远了。研究者估计，要在距地球 50 光年的范围内观看一颗行星上的云朵和岸线，就需要一架体积堪比月球的望远镜。而且这还不是唯一的问题。试想从几百千米之外观察一只萤火虫，而那只萤火虫又停在一只探照灯的边缘，探照灯的光芒会完全盖过萤火虫的微光。同样的道理，行星的光芒不过来自反射，在亮度上是完全无法与它的恒星相提并论的。

你可能会想，单单因为这两个问题，我们就无法了解太阳之外的其他恒星是否拥有行星了，更不用说其他可能出现的问题。幸好，我们还有别的方法知道恒星周围是否有行星在运动。

我们目前最精确的技术是观察恒星的"摆动"（wobble）。试想奥运赛场上的一名链球运动员。当他在场地上旋转、准备将球掷出时,这位体重可观的运动员对链和球施加着强大的牵引力。然而链球虽轻(大约 7 千克),却也对体重或许 20 倍于它的运动员施加着牵引力。只要有合适的仪器,就能将这个牵引力或者"摆动"测量出来。同样的道理,一颗公转的行星也会对其母恒星施加牵引,虽然造成的影响要比母恒星对它的牵引小得多。自然,行星越大,效果就越明显。

这是一项非常精细的技术,要测量一颗恒星的摆动是很难的,有人比喻说,这相当于用地球上的一架望远镜观看一个人在月球上挥手。但是在过去两年,瑞士日内瓦的天文学家已经对这项技术加以改进,并能成功应用了。他们第一次用它确认了一颗地外行星的存在。

1995 年 10 月,有人在佛罗伦萨的一场会议上宣布在飞马座 51 的周围发现了一颗行星,这个消息震惊了天文学界,也登上了报纸头条。这颗行星(飞马座 51b)的质量下限是木星的一半(木星是太阳系中最大的行星,其质量约比地球大 300 倍),和飞马座 51 的距离约为 800 万千米。

虽然大多数天文学家都认为像木星这样的气体巨星不可能孕育碳基生命,但他们同时也猜想,一个包含类地行星的行星系中至少是需要一颗类木行星的,而且它和那颗母恒星的距离,应该要比那些较冷的固体行星更远。这是因为气体巨星就像真空吸尘器,能将闯进行星系的小行星、彗星和流星统统吸走。它们由此保护着内圈的类地行星,使它们的环境更加稳定,并使得生命能够形成、文明能够发展。然而飞马座 51b 却并不处于合适的位置:它离母恒星太近,运行速度也太快,仅 4 个地球日就公转一周(水星需要约 88 个地球日)。但它毕竟是一颗行星,它的发现掀起了一场革命,使我们对宇宙的认识完全改观了。我们现在知道,太阳系绝对不是独一无二的。

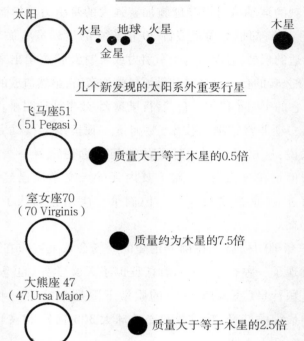

图 2.1

行星比较					
	地球	木星	飞马座 51b	室女座 70b	大熊座 47b
质量	0.003	1.00	≥0.5	7.5	≥2.5
直径	0.09	1.00	0.3－0.30	0.3－1.00	0.3－1.1
和恒星的距离	1.00	5.20	0.05	0.43	2.1
日间温度(℃)	15	－150	1000	85	－80

发现飞马座 51b 之后的几个月里,人类又发现了更多地外行星。1996 年 1 月发现了另外两颗行星,分别位于室女座 70 和大熊座 47 的周围。它们和地球的距离都在 35 光年左右,都属于类木行星,但它们与各自恒星的距离都太近了。在那之后,又有十来颗行星在不同的恒

那么,这些发现对于f_p的数值又有什么影响呢?研究者利用"摆动"技术寻找携带行星的恒星,迄今已有十多年的时间,类似太阳的恒星也观察过几百颗了。在上文提到的发现之前,没有一颗恒星给出了肯定的结果,天文学家原本已经开始绝望,认为再也找不到合适的对象了。因此,近年来的这些发现虽然大大鼓舞了天文学家,却也显示出他们之前的猜测太乐观了,这同时说明了给德雷克公式赋值是何等的艰难。f_p的估值本来是0.5,现在换成了更加保守的0.1,也就是说,每10颗恒星里有一颗能够产生并且维持一个行星系统。*

接下来的变量是n_e,也就是每颗恒星周围类地行星的数目。对于这个变量,我们的经验同样十分有限。我们这个太阳系其实只有一颗类地行星。火星也许有过比较温和的大气,但是今天,它的表面温度已经降到了−50℃(223K)到0℃(273K)之间,它的空气也十分稀薄(气压约为地球的1/100),人类一定要带上氧气设备才能在火星的表面工作或是行走。金星是另一个极端,它的大气几乎完全由二氧化碳构成,温室效应极其严重,表面温度因此超过了水星。

让我们再保守一次,以我们的太阳系为参照,将n_e定为1。

公式中的f_l指的是可能产生生命的类地行星的比例,在给这个变量赋值时,我们才算真正进入了完全无法预知的领域。

首先,生命是什么?这乍一看是个很容易回答的问题,但是生物学家很快就指出,那些公认的标准其实都是可以商榷的。生物会生长和移动,但晶体也会生长,它们不断用简单的单元制造出规则的形状,就像生物运用细胞所做的那样。至于移动,水和其他任何一种液体都会流淌、移动。生物使用能量,但是电脑、火车和火箭也都使用能量。也许一个较好的定义是生物能够**控制**能量。

---

* 附带说一句,这种技术只能发现体积较大的行星,而且行星系统必然包含气体巨星的理论也可能是错误的,也就是说,f_p的实际数字可能高于0.1。

我们还可以说,只有生物才会处理和储存信息,然而这正是电脑的唯一功能。将来是否会开发出具有智能的复杂电脑,这还是一个热议的话题,但是我用来撰写本书的台式电脑,却肯定是不能算作生物的。那么我们还可以用什么标准来界定生物呢? 能够繁殖后代才算? 但是火焰也会繁殖。也许最好的定义是这样:生物能够繁殖,并将遗传物质和性状传递给后代。

在本书中,我很想对我们能够与之轻松交流的智能生命形式作出一个总结。也许,在这个几乎无穷大的宇宙中存在着无数种奇异的生物,但我们和他们取得联系或与之交流的概率,却低于我们遇上某种能够交流的生物的概率。甚至有可能,我们已经和这些生物相遇了,却因为某些原因而没有意识到对方的存在。因此,要寻找"我们所知的生命",我们要考虑的就是能够交流的碳基生物。可为什么非得是碳基的呢?

根据物理定律以及从中派生的化学和生物学定律,碳是唯一能够形成复杂分子(称为"有机分子")的元素。如果那些外星生物属于"我们所知的生命",他们就必然像我们一样,只能在同样狭窄的温度、压力和辐射范围之内生存,唯有如此,我们才可能与他们交流。而在这个范围之内,唯一能够形成有机分子,并且构成细胞、组织和血肉的元素就是碳了。碳有一种独一无二的本领,能和大量元素(比如氮、氧和氢)形成牢固的原子键,,此外它也能和其他碳原子形成多种化学键。因此它能形成许多种分子,其中一些包含了数千个原子。除了碳,没有一种元素拥有这样大的本领。

一颗行星要成为碳基生命的家园,它就必须在形成之初就具备特定的环境条件和物质,随着时间的推移,它还必须发展出另外一些恰好合适的条件和物质。只有这样,生命才能诞生并且蓬勃发展。

怀疑者认为,这些条件是不太可能在宇宙中重复出现的,因此在地球之外的星球上演化出生命的概率很小。但是有越来越多的证据正在否定这个观点。

1953 年，正当克里克（Francis Crick）和沃森（James Watson）在剑桥大学阐明 DNA 的结构时，另外两名科学家也在探索地球早期的生物化学环境，他们是芝加哥大学的米勒（Stanley Miller）和尤里（Harold Urey）。当时的科学家已经知道，生命是大约 40 亿年前在地球上出现的，当时的地球大气，最主要的成分是氨气、水和甲烷。米勒和尤里将这几种物质放进一个烧瓶混合，然后对它们释放了一股电流。这样电击了几天之后，他们在烧瓶底部发现了一层红褐色的沉积物。他们对这瓶"原始汤"（primeval soup）作了分析，发现其中含有氨基酸——那是一种有机分子，也是构成地球上所有生物的基本单元。

进一步的实验显示，许多对生命至关重要的分子都可以这样制造出来。两人又在烧瓶中加入了一种火山气体中含有的简单分子氰化氢（HCN），结果烧瓶中出现了许多对于蛋白质和 DNA 的形成具有关键作用的复杂分子。虽然这些分子离结构庞大的 DNA（脱氧核糖核酸）及 RNA（核糖核酸）还有很远的距离（这两个复杂分子都能编码蛋白质的生产和细胞的日常运作），但是米勒和尤里依然推测，地球大气可以在短短几年之内酝酿出一锅"原汤"，其中包含形成生命所需的分子。之后不久，米勒又宣布这些分子可能在短短的一万年中就变得相当复杂，并进而制造出活的细胞。米勒完全不相信反对者宣称地球在宇宙中独一无二的断言，基于自己的实验，他确信只要有合适的环境条件和化学物质，生命就可以在任何行星上出现。

最后，有化石证据显示，当地球上刚刚有一线生机的时候，生命就出现了。1980 年，有人在澳大利亚的沙漠中发现了一种名叫"叠层石"的生物化石，它又叫"活石"（living rocks），是地球上最简单，很可能也是最古老的生命形式，距今已有超过 35 亿年的历史。我们知道，适合生命的环境条件是直到 40 亿年前才形成的，看来在那之后只过了几亿年时间，地球上就有了最简单的生命形式。这虽然无法证明其他星球上也会演化出生命，但它表明了只要环境适宜，生命的出现并非难事。

地外生命的著名支持者萨根写道:"目前的证据有力地表明,只要适合的条件加上10亿年的演化时间,生命必将起源。在适合的行星上出现生命,这似乎已经写进了宇宙的化学规律之中。"[1]他这里说的规律是指自组织原理(principle of self-organization)。

近年有人提出,某些物理和化学系统会自动从相对简单的状态跃升到更加复杂有序的状态。还有人主张这个自组织原理是一种反熵效应,也许通过某种神秘的途径,它本身也和生命产生了关联。所谓熵,就是一个系统的"无序程度"。在自然界中,熵总是不断增加的——一个苹果放在水果摊上就会逐渐腐烂,细胞慢慢解体,原本"整洁有序"的新鲜苹果终究会分解成一堆烂糊。有人认为,自组织原理能够逆转宇宙中熵值不断增长的自然趋势。这样看来,生命从一群复杂有机分子中产生的概率也就大大增加了。

按照德雷克的说法,"只要是生命可以出现的地方,它就会出现。"[2]他给变量f_l设定的数值是1,也就是说,一颗行星只要具备合适的条件,就有百分之百的可能会出现生命。他的支持者包括诺贝尔化学奖得主卡尔文(Melvin Calvin)和萨根等人,他们都认为在一颗合适的行星上,生命出现的概率要高于不出现的概率。[3]而在那些不相信地外生命的人看来,f_l的数值是德雷克公式中最重要的一个变量。他们给这个变量赋值为0,并由此算出N为0——宇宙中除了地球之外没有生命。f_l的真实数值大概不外是1或者0了,为了能够讨论下去,我就把它算作是1吧。

接着我们再来看看f_i。这个变量表示像地球这样的行星上出现智慧生物的概率。当我们开始思索这个变量时,照例需要给它下一个定义。这一次的问题是:到底什么才算是智慧生物?

许多人会主张海豚和鲸都是智力极高的动物,当初要是在陆地上演化,很可能发展出自己的文明。它们不仅能和本物种的成员交流,而且有报道指出它们还能和人类进行高智力水平的互动。甚至有人尝试过解读它们与同类交流时的那一串串复杂的嗒嗒声和吱吱声。*

从另一个角度说,蚂蚁和蜜蜂的行为也表现出了某种智能。当它们聚集成群,每一个个体就成为了一个大社会中的小单元,共同构成了一个有机的整体。但无论如何,人类总算是智慧生物,不妨乐观一些,将 f_i 取作 1。

倒数第二个变量 f_c 表示愿意与我们交流的智能物种的比例,它的数值同样只能凭主观猜测。为了运用这个变量,我们必须对它的赋值过程作出一些限定。首先必须假设,一个智能种族肯定会用某种电磁辐射来和宇宙交流互动。多数科学家都认为,一个不使用任何电磁辐射的物种是不能称作"智能"的。一个外星智能物种或许会使用电磁波谱的偏远区段,也许他们的恒星发出的是别样的光芒,使他们能够看见红外光或紫外光。也许他们生活的环境十分极端,就像某些深海动物那样不怎么需要视觉,但无论是怎样极端的环境,他们都必然会使用某种形式的电磁辐射。若非如此,这个外星种族就不属于"我们所知的生命"了。

地球文明运用着各种辐射,从无线电、电视信号到 X 射线,再到超声波和微波。因此,任何不弱于我们的外星文明,也很可能会在他们的技术范围之内运用相似的电磁波,他们甚至可能发明了类似电视和广播的东西。他们也许不像我们,没有在近几十年中用电视之类的娱乐设备向太空泄漏信号,但是只要他们对沟通怀有积极的兴趣,就应该能造出机器来接收并解读太空传来的信号。

这又引出了这些外星智慧生物的社会结构和心理结构的问题:他们就一定想和我们交流吗? 我们在无意间发向宇宙的信号,也许正暴露了我们非常不堪的一面,这是一个严重的问题。过去 50 年中,我们向宇宙播送了大量电视信号,其中既有最暴力的好莱坞电影,也有关于

---

* 说来有趣,这些尝试都只取得了十分有限的成功。对于那些想要联络遥远外星文明的人来说,这是一个有益的教训:即便我们终于同外星人取得了联系,两个种族就真能互相理解了吗?

战争、饥荒和酷刑的新闻报道。我们确实也编造了一些刻意美化的信息来发给我们的星际友邻,然而和那些电视信号相比,它们实在是九牛一毛。诚然,这些信号中的许多都太微弱,无法抵达远方的恒星,但这么说或许又低估了外星接收设备的灵敏程度。电视信号和其他电磁辐射一样是以光速运行的。可以想象,某个50光年之外的外星文明或许正在笑话我们的古怪行为;又或许他们正在用板条钉死家门,好不让我们摧毁他们的社区。

那么我们应该给这个 f_c 赋予什么数值呢?从一方面看,任何文明最终都能学会用电磁辐射在远距离接收并且传送信号,然而其中又有多少是愿意和我们联络的呢?或许宇宙中正有许多种族在繁忙地互相交流着,却唯独将我们排除在外;又或许那些外星文明只是喜欢独处,无论他们有没有收到警告。将这些因素综合考量,我的保守估计是,愿意与我们交流的文明占到总数的一两成, f_c 的数值可取为0.1。

最后就要说到 L 了,它代表的是一个文明的寿命(以地球年计算)。要确定它是多少,我们同样需要面临一个复杂的排列问题。对于 L 的数值,我们必须大胆猜测,因为我们考虑的是一个假想种族的假想社会。不过和其他变量一样,这也有一个现成的例子可以参考——我们自己。

有一个现象说来很有意思:我们发明大规模杀伤性武器的时候,大约就是我们用电磁波信号向宇宙表露自身的时候。由此看来,许多外星种族可能在和邻居取得联络的同时就把自己毁灭了。

自从德雷克在1961年首次提出公式,科学家便已经就 L 的数值开展了许多辩论。在过去35年中,政坛和社会上的主导精神发生了剧变。"冷战"结束了,但是核弹灭世的威胁仍然真实,虽然世界形势已经缓和,人类的杀戮本性却丝毫没有改变。也许,人类轻易发动战争的本性和我们争取进步的动力之间有着难以分割的联系。也许,驱使我们与别人交流的本能和我们的攻击行为有着同样的源头。如果真的如此,那么其他物种或许也是一样的,这甚至可能是一条普遍的自然规律。因此，许多文明在能够开展星际交流的同时毁灭了自己，这也可以算作是一种可能的情况了。

还有其他几种情况能使建立在单颗行星上的文明走向毁灭。我们在第十九章中将会看到，直到今天，科学家才开始认识到地球受到彗星或小行星撞击的风险。他们认为地球在 6500 万年前就遭遇过一次毁灭性的小行星撞击事件，这次撞击使地球的生态系统发生突变，恐龙就此灭绝。另据记载，单单 20 世纪就发生过好几次近地面撞击事件。1908 年，西伯利亚的通古斯爆炸摧毁了数百平方千米森林，研究认为事件的起因就是一枚陨石在地表上空几千米处发生了爆炸。* 这场爆炸如果在一个大城市的上空发生，就会造成数百万人死亡。假如有体积比通古斯陨石略大几倍的天体冲撞地球，结果就不仅是摧毁更大的面积这么简单了，撞击会扬起一条覆盖整个大地的尘毯，使地表的生物全部灭绝。即使这个天体落进海里，掀起的海啸也会有几乎同等的破坏力。

另外还有行星资源的问题。地球上的资源已被人类过度开采，凭我们的手段，就足以严重破坏地球用来维持生态平衡的机制了。别的文明或许也已经落入了这条歧途，他们甚至可能走得更远，已经将自己的环境彻底毁坏。生育减少、艾滋病、超级细菌和核恐怖主义，这些都会成为毁灭文明的力量。

我们从中可以得到一个结论：外星文明可能在发展到一两千年的时候毁灭，然而一旦渡过了这个关口，他们就能继续存在数十万年了。许多文明可能已经通过了一条随时可能毁灭自己的"危险地带"，只要走出这条地带，他们就会发展成极度先进的文明，届时到别的恒星旅行、殖民都不在话下。

极端一点说，L 的数值还取决于几个天文学因素。如果我们假设

---

* 也有 UFO 发烧友提出了另一个理论，说这次事件是一艘外星飞船在地球大气层中爆炸造成的。

哲人石丛书

Philosopher's Stone Series

生命可能在许多颗行星上出现,而且那些生命形式都能进化成文明的智慧生物,那么他们在各自行星上出现的时间就是一个关键的考量因素了。

科学家认为,宇宙的年龄大约是140亿年。太阳是宇宙中一颗平淡无奇的恒星,大致位于银河系一条旋臂中段。而银河系本身也只是一个"普通"的星系,除它之外还有大约1000亿个其他星系。从天文学和地质学的角度来看,地球都是一颗平凡的行星,这里在40亿年之前出现了生命,也就是宇宙大爆炸之后的100亿年。很有可能,在我们的地球诞生之前,许多行星围绕着运行的古老恒星就已冷却了。天文学家已经观察到了一些远古恒星的死亡,它们的历史要比太阳悠久得多。假如这些恒星周围的某些行星上孕育过生命和文明,那么这些文明或者早已进入星际漫游,或者早已毁灭。

为了给 L 确定一个合理的数值,我们必须假定成功的文明在寿命上呈正态分布。如果某颗特定行星上的 L 是2000年,那么上面的种族或许已经毁灭了自身,不必多加理会。如果 L 的数值可能比2000大得多,宇宙中可能有寿命长达数亿年的文明,它们也许至今还存在着。同样会有一些行星孕育着非常年轻的文明,迄今不过两三千年的历史。大多数存活到今天,并能对外交流的文明,都应该位于这两个极端之间的某处。

德雷克和同事给 L 确定的数值是100000年。这个数字看起来相当随意,但是无论如何,如果我们将所有超过两千年这道分水岭的文明计算进去,德雷克公式就会得出一个很大的 N 值,也就是会有许多想和我们联络的先进文明。

根据我们刚才的赋值,$R = 10$,$f_p = 0.1$,$n_e = 1$,$f_l = 1$,$f_i = 1$,$f_c = 0.1$,$L = $ 一个大数。将这些数值代入德雷克公式,就能得出一个非常简单的结论:

$N = 10 \times 0.1 \times 1 \times 1 \times 1 \times 0.1 \times$ 一个大数

其中的10和0.1相互抵消,剩下 $1 \times 1 \times 1 \times 1 \times 0.1 \times$ 一个大数,等

于 0.1 × 一个大数。

如果我们将 L(一个文明的平均寿命)确定为 100 000,那就能算出仅仅在我们这个银河系里,就有一万个具有交流意愿的发达文明(别忘了,我们的银河系只是宇宙中的一千亿分之一)。德雷克认为 L 要比我们的推测大得多,因此他算出的 N 也会相应增大。在有的发烧友看来,N 可能是千万级甚至亿级的。这听起来也许有些夸张,但是只要想到我们的银河系拥有 1000 亿颗恒星,那么即使有一亿个愿意交流的发达文明,也只不过是这个数字的千分之一而已。

那么,我们和这些文明产生交流的概率又有多大呢? 到今天为止,所有和外星人取得联络的尝试都彻底失败了,但这并不是因为我们不够努力。第一项旨在倾听外星人对话(或者独白)的严肃科学研究是 1959 年发表在《自然》(*Nature*)杂志上的一篇论文,作者是意大利天文学家科科尼(Giuseppe Cocconi)和美国物理学家莫里森(Philip Morrison)。两人指出,如果外星人想要别的物种联系自己,他们自然会使联系变得尽量容易。意思是说,外星智慧生物会播送一个全宇宙都能理解的信号,它的波段也应该是射电望远镜可以传送和接收的。科科尼和莫里森选中了 1.420 GHz 作为标准,因为 1.420 GHz 是氢元素的共振频率,而氢元素是迄今所知的宇宙中最常见的元素。他们认为,一个发明了射电技术的外星智慧物种肯定会知道这个事实,也肯定会明白信号的接收者也知道这个事实。

于是立刻有热心人开始扫描天空,并将自己的射电望远镜调到了这个频率。第一个 SETI 项目刚刚运行时,领导者正是德雷克本人,他 1960 年在美国西弗吉尼亚州的格林班克组建了一支队伍。后来俄亥俄州的一个巨型射电望远镜中心(诨名"大耳朵")又开展了一个 SETI 项目,领导人是天文学家狄克逊(Bob Dixon),直到今天,他还一直在搜索天空。

今天,全世界同时运作着好几个 SETI 项目,美国国家航空航天局(NASA)在 1992 年建立了一个每年拨款 1000 万美元的项目,采用的策略和这个领域的先行者们有所不同。德雷克等人关注的是 1.420 GHz 的频率和 50 光年范围内精选出的一组恒星。而 NASA 决心在宽广的频谱上扫描所有可能的恒星。可惜的是,我们已经无法知道这个计划能否得出确切的结果了,因为项目刚刚开展一年多,它的资金就因为几位国会议员的干预而中断了,因为在他们看来,国会这是在出钱纵容一批寻找 UFO 的疯子。一位著名议员在新闻中这样说道:

> 外太空当然有飞碟和先进文明,但是我们不必花几百万美元寻找这些外星无赖。只要花 75 美分,在当地的超级市场里买一份小报就行了。从东岸到西岸,每一间超市的收银台边上都能找到这些狡猾动物存在的决定性证据。[4]

这种无知的态度对于我们寻找地外生命的严肃事业毫无帮助,好在社会上还是有开明之士的。比如《ET》和《第三类接触》(Close Encounters of the Third Kind)的制作人斯皮尔伯格(Steven Spielberg)就在美国东岸资助了一个项目,以他的身份再合适不过了。其他富裕的热心人也将资金投入了世界各地的搜寻计划。NASA 虽然终止了原先的那个 SETI 项目,但后来又有私人出资救活了它。1995 年,"凤凰计划"(Project Phoenix)启动,这是一个全球合作项目,动用世界上最大的几台射电望远镜扫描宇宙,关注从 1 Hz 到 3000 Hz 的频率范围,因为这个范围正是许多天然共振和发射(包括氢原子)的区间。NASA 开发了频谱分析仪,在选定的范围之内搜索宽广的频率。他们还编写了软件,旨在滤去噪音和其他干扰信号。

然而,虽然有金钱的投入和先进的技术,在经过 40 年的寻找之后,人类依然没有找到"小绿人"(1920 年前后的通俗科幻作品中十分风行的外星生物形象)存在的确切证据。1967 年的一场虚惊显示了天文学家的寻找是何等艰难。

当时,剑桥大学的一名博士生乔斯林·贝尔(Jocelyn Bell)探测到了来自太空深处的一个稳定而有规律的信号,它在电磁波谱中的位置正处于学者们认为最有可能接收到联络信号的区间。贝尔将结果报告给了导师休伊什(Anthony Hewish),两人都认为此事暂不宜公开,而是应该先对信号作一番详细调查。他们一个一个地排除了地下和天上的所有信号源,最后意识到,这个信号应该来自某个奇异的天体,是它在太空深处发射着周期几乎固定的脉冲。他们后来发现这个天体是一颗中子星,又叫脉冲星。那是一颗死亡恒星的残骸,恒星在其自身引力的作用下剧烈坍缩,电子被压到了原子核内部,与原子核中的质子融合成了中子。这种极其致密的物质以极其精确的周期发出脉冲,科学家认为它们是宇宙中最精准的钟表。

在贝尔和休伊什的发现之后,又有科学家探测到了其他有规律的信号,它们不像脉冲星或其他天体那样持续,而是只出现了一次。在过去10年间,哈佛大学的霍罗威茨(Michael Horowitz)教授领导的团队报告了37个这样的信号,全都在地球周围25光年的范围之内。但是因为这些信号并未重复,所以并不能算作是某个外星种族在联系我们。它们当然可能是从某些我们也许永远不会知道的特定事件中泄漏出来的,因为科学家要准确地分析某个信号,这个信号就必须是重复、强烈而有规则的。

搜寻仍在继续。由于近年来发现了其他恒星周围也有行星,那些刻薄的怀疑者获得的关注已经变少了,比如那位觉得资助SETI毫无价值的国会议员。如果其他行星上真有生命(多半是有的),那我们就有可能在将来的某一天和他们取得联络。如果有千分之一的恒星有着孕育生命的行星,那么在地球之外50光年的范围之内,就至少应该有一颗这样的恒星。也许是我们发送信号时弄错了频率,或者将仪器对准了错误的区域,所以才没有发现这样一个文明。也有可能是我们运气不佳,邻近的那个种族不想被打搅,或者是他们发明了一套和我们完全不同的技术,以至于双方无法交流。还有可能是某些遥远行星发出的信号还来不及到达地球。

外星生命的怀疑者常常引用所谓"费米佯谬"（Fermi's Paradox）。著名的意大利物理学家费米（Enrico Fermi）在 1950 年提到，如果真有外星人，他们早该来了。然而这不仅是一个略显繁复的观点，还从侧面透露出了些许傲慢——它假定发现外星生命是一件简单的小事，或者我们的地位实在显要，使外星人都要急着赶来联络。

无论联系外星生命的科学家得到什么结果，他们的发现都会对我们的社会、我们的心态产生巨大影响。就像物理学家戴维斯（Paul Davies）所说的那样：

有一件事是毫无疑问的：即使我们发现的只是一个简单的外星微生物，只要能证明它是在地球生命之外独立演化而成的，那也会使我们的世界观和我们的社会发生巨变，就像哥白尼（Copernicus）和达尔文（Darwin）当年掀起的革命一样。[5]

这个说法无疑是正确的，而如果能证明外星智慧生物曾经造访过我们，或者仍在造访我们，对社会和人心的影响就更加巨大了。那将是人类历史上最轰动的新闻，也许，它就在不远处等着我们呢。

第三章

心灵的眼睛

自然情感的流露,使人们更加亲近。

—— 莎士比亚(William Shakespeare),

《脱爱勒斯与克莱西达》(*Troilus and Cressida*)

人和人的心灵可以直接交流,这个观念大概和文明本身一样古老。而有限的心灵感应,或许在文明诞生之前就已经产生了。过去 100 年间,人们开展过无数实验,想要确定这个现象,解释它的原理。实验设计得越来越严密,几乎杜绝了一切造假的可能,然而在科学界看来,这类实验仍不过是精心设计的花招而已。

科学家之所以怀疑传心术,是因为这是一种费解而**可疑**的现象:每当有怀疑者在场,它就常常不能发挥作用;对它开展实验,结果也往往不符合实验者的预期。在不相信的人看来,这是典型的"不可证伪的假说",也就是没有可能找到推翻它的证据。比如我宣称,我的猫咪索菲(Sophie)其实是宇宙的创造者,它在 5 年前创造了自己,在那之前宇宙是不存在的。你或许会说你还记得 6 年之前的情况,但我会接着反驳说,这个念头是索菲在创造宇宙的时候放进你头脑中的,它还给你植入了各种记忆和图像,使你相信自己在创世之前就存在了。对于这个假说,单用逻辑和推理是绝对无法推翻的——这就是一个无法证伪的假说。

除此之外,许多超自然现象还有其他可疑的地方。科学的核心准则之一是可重复性。假如一位科学家宣布他观察到了一种物理现象,并用实验度量了它的效果,那么只有当这个效果能在相同条件下被别的科学家重复出来时,科学界才会接受他的说法。如果实验无法重复,那么最初的证据就会受到严重怀疑。第一章写到的冷聚变就是一个例子,全世界科学家已经按照理论提出者的步骤精确重复了实验,却没有得出相同的结果,于是他们渐渐明白了最初的实验一定出了差错。这个态度决定了科学家对于传心术和其他许多超自然现象的看法,这也是很正确的。不过,要明白传心术的工作方式,我们还是要暂且放下怀疑,看看它可能的原理。

所谓的"传心术"究竟是什么意思?科幻作品描绘的传心术是一个人能观看另一个人的内心并随意读取他的想法,有的还能操纵别人的思维,使他们做出违背自己意志的举动。不过这只是传心术的极端形式。实际上,我们每个人可能都会一点传心术,但凭借的不是超自然的力量,而是格外敏锐的知觉。

心理学家阿尔科克(James Alcock)描述过一个场景,从中展示了我们的这个技能:"我站在一家影院门口,排队买爆米花。我当时无所事事,却突然回想起了从前和一位同事的兄弟的一场对话……片刻之后我回头观望,只见约莫10米之外,赫然站着我想到的那个人。"[1]

遇到这类事件,我们的第一反应是惊讶,并觉得自己可能获得了一次超自然体验。然而这样想就是本末倒置了。在这个事件中,阿尔科克在开始回想同事的兄弟**之前**就在无意中看见了他。这是心理学中的一个著名现象,虽然它本身也曾在很长的时间里受到心理学家的嘲笑。这个效应称为"后向掩蔽"(backward masking),已经在实验室中得到了证实。

如果一名被试观看一幅图像大约十分之一秒,他能够回忆起图像中的一些内容;可如果他在这幅图像闪现之后又看见了另一幅持续时间较长的图像,他就会将第一幅图像忘记。不过,当被试描述第二幅图像时,他仍会受到第一幅图像的影响。比如先向被试展现一个男人的照片,时长十分之一秒,接着再给他看另一个男人举着一把刀子的照片,之后被试在描述这个挥刀的男人时,就会受到第一幅阈下图像(subliminal image)的影响。

对大多数人来说,这种经历是相当罕见的,因此他们才会误以为这是超自然现象。科学家还研究了另外一些心智技能,研究结果能够解释另一种自然现象,这种现象或许可以称作"超感知觉"(ultrasensory perception),简称 USP。

我们对肢体语言或非语言交流都已经相当熟悉了,但很少有人会有意识地运用它们。别人的面部表情、头部运动、身体的姿势、说话的语调,甚至身上的气味,都在向我们发送阈下信号,而我们对这些信号的分析也往往是无意识的。当对方表露情绪,他们头面部的动作会透露出最多的信息,解读这些信息是我们的本能。政客和演员受过特殊训练,能捕捉更加细微的信号,他们能将人人拥有的潜意识技能加以放大,并为自己所用。

所谓超感知觉其实并没有超出我们的五种感官,只是它不同于有意识的心灵在完全觉醒的状态下对信息的处理。它会在我们不知道的情况下将图像过滤之后存入脑中的其他区域。这些图像往往要过一阵子才会得到分析。还有的时候,我们的天然感官会显得格外敏锐,连我们自己也觉得吃惊。

不久前,又有报纸杂志报道了称为"鸡尾酒会综合征"(cocktail party syndrome)的现象,再次引起了一阵兴奋。"鸡尾酒会综合征"是一个流行词语,专门表述人对自己名字的敏感:在一个嘈杂的鸡尾酒会或一片喧嚣的环境中,一旦有人说起我们的名字我们就能听见,即使说话人只是在房间的另一侧窃窃私语。

鸡尾酒会综合征不过是一种生存机制，形成于人类的早期生活。如果听见自己的名字，那就说明有人在召唤我们。这可能是朋友在提醒我们有侵略者接近，或是有敌人在尝试确认我们的身份，也可能是有人在传达对我们有利的信息，提醒我们不要错过好东西。我们之所以能在无意中注意到自己并未留意观察的事物，原因是我们的大脑中有一套过滤系统。如果我们对感官捕捉的所有信息一视同仁，那就无法集中精神处理那些对生活重要的信息了。我们的大脑编写了特定的程序，能够区分什么重要、什么不重要，并据此给各种感觉排列等级。

现代人类很可能已经不像我们的祖先那样善于分析阈下消息了。由于文化的建立，我们得以将某些技能发展到极高的水平，对另一些技能却不再磨练，使它们渐渐成为了多余。

有人认为，口头语言在50 000至75 000年前出现之前，人类祖先是用手势和其他肢体语言交流的。口头语言之所以发展起来并且取代了肢体语言，有一个原因是显而易见的，那就是它解放了双手，交流时也无须和对方见面了。如果一位猎手在返回部落的途中被野兽困住，他就能一边攀上树枝躲避野兽，一边大声向部落求救，这是肢体语言所没有的便利。可惜的是，虽然我们也保留了一些理解肢体语言的能力，也能感受一些气味传达的信息，但是大多数人类文化都没有在语言和非语言的道路上双线发展，当我们学会了语言的复杂精巧，我们也随之丢失了非语言的原始本能。

不过，虽然我们注意不到，这些技能却依然是存在的。将这些技能投入运用，就能展现出十分高超的本领了，而在大多数人眼里，这样的本领就相当于超自然的异能。试想有人发现了自己通过无意识官能沟通的天然才能，并通过特殊的训练将它提升到了奥运选手的水平，那么在大众看来，这样的人就无异于天才的传心术者了。

阿西莫夫（Isaac Asimov）在气势宏伟的"基地三部曲"中塑造的第二基地居民，就具有这样的才能。阿西莫夫不相信任何神秘的思维传感，在小说中也不需要它们。他构想的是一个与世隔绝的群体，其中的成员因为天赋技能受到选拔,并在训练中学习发挥人类感官的全部潜力。他们学会了解读别人最细微的动作,包括不自觉的肌肉运动。他们能够分析每一个语调的变化,还能在远处闻到人体的气息并理解其中的含义。不出所料,在没有受过训练的普通人看来,这些学员自然显得如同超人,仿佛拥有超自然的能力。

这个设定完全处于正统科学的范围之内,它不涉及超自然力量,而只是将人天生的能力发挥到了极致。在这个意义上,这和克里斯蒂(Linford Christie)*或球王贝利(Pele)通过训练成为伟大运动员的过程并无不同。

实际上,我们甚至不必引用这些罕见的例子。只要想想品酒师的味蕾、盲人在阅读盲文时的手脑协作,以及音乐家的绝对音高,你就会明白"超感知觉"是怎么回事了。

还有一种可能,就是当人体处于反常的环境之中,当各种信号的范围都比平时更广泛时,我们的感官就会启动连我们自己也不知道的功能。宇航员在20世纪60年代早期首次进入太空时,他们报告自己看见了奇异的闪光。有人解释说这是因为他们看见了地球上无法看见的图像,他们的眼睛探测到了这些图像,大脑却不知该如何解读。

有些相对简单的动物也会表现出一些看似超自然的本领来。比如角鲨就是如此,它们的猎物比目鱼喜欢躲在海床的沙子里,角鲨却能感受到猎物肌肉的细微运动。又比如某些鳗鱼会在身体周围布一张"网",那是一种电磁场,仿佛是一部小型雷达,能感应附近的其他动物。这些都不是什么超自然的能力,而是这些动物在各自的演化道路上获得的本领。

人类社会中还多少保留了一些这样的本领。巴拿马孤悬海上的圣布拉斯岛上居住着库马印第安人(Cuma Indian),据说他们就能靠气味判断彼此的心情。他们见面时会抓一把对方的腋窝,然后闻一闻手掌。

---

* 英国短跑名将。——译者

我们的礼仪比较卫生,握一握手就行了。但是发达国家的居民也对气味有着不自知的敏感,这也会在无意间影响我们对于他人的感情。

每个人的关节和肌肉中都长着传感器,用来判断我们在三维空间中的位置。另一些传感器位于内耳,用来传达关于重力和运动的信息。我们体内还有其他几种精确的系统,负责调解体温、监督化学物质水平,并控制我们高度复杂的新陈代谢活动。也许只要对这些系统仔细研究,就足以解释大部分传心术体验了。

这些感觉和传心术之间只有程度的分别。一切形式的超感知觉,从区分紧密相连的气息和滋味,到记住一幅只闪现了十分之一秒的图形,都是可以测量的反应。如果传心术真的存在,并且是一种不同于天然能力的异常现象,那它就只可能有两种运作方式:它要么依赖某种我们熟悉的信息传输系统(最有可能是电磁波谱上的某一段)并将它运用到了极致,要么采取某种完全未知的信息传输形式。如果是前者,那么我们没有监测到它的原因,就是我们的仪器还没有调到合适的区间或者不够灵敏。如果是后者,那我们就可能永远制造不出合适的机器来捕捉或测量它的效应了,至少在理解了这种另类的信息传输方式之前是不可能的。马可尼(Marconi)要先知道存在无线电波才能发明收音机。如果他在不知道原理的情况下制造出了一台收音机,那么发现假设中的无线电波可就机会渺茫了。

人脑中蕴含大约100亿个神经元(即神经细胞),每一个都可能和其他细胞有着千丝万缕的联系,人脑因此是人类所知的最复杂的机器。每个神经元的行为都相当于电脑中的一个二进制门,或者开启,或者关闭,我们的思想、情绪、决策和灵感由此形成,并且在一张巨大的网络中传输。神经元之间是靠轴突连接的,然而轴突和其他神经元却并不直接接触。神经信号沿轴突传递,然后跨过一道称为"突触间隙"(synaptic gap)的沟壑到达下一个神经元。这个神经脉冲的电压大约是120毫伏特,它由化学物质产生。轴突会发出带电离子,这些离子填满突触,由此在两个相邻的神经元之间建立连接。

　　有人指出,如果传心术真的可能存在,那么思维传输的原理就至少要在这个层面上解释。在形成思维的无数个单独步骤中间,一定有哪一步发生了某种泄漏,而传心术者又不知怎地捕捉到了这种泄漏,并将它转换成了一幅有意义的图像。

　　这有一点像是用电话监听装置来偷听某人的电话,但两者还是有一个非常重要的差别——人脑的复杂程度要比电话系统大好几个数量级。电话监听的原理很简单:从一根较粗的电话线中提取信号,或者用一部远程接收机截获两人之间的对话即可。按照这个比喻,传心术者(相当于心灵电话的监听者)也会截获两个神经元之间的一个脉冲,但光这么做当然是没有用的,因为即便是最简单的想法或指令,也需要成千上万个神经元的协作才能传达。一次简单的"神经元监听"是几乎得不到任何有用情报的。

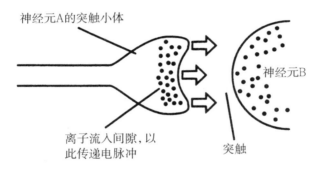

图 3.1

　　或许传心术者能够同时监听好几个神经元,然而即便如此,解码也是很困难的。人脑中在任何时刻都有数万亿个神经脉冲纵横飞驰,传心术者的接收设备要如何将它们全部解读出来呢? 他也许只想了解被感应者对某个话题的想法,却受到了无数信号的干扰:这一个在命令身体释放酶,那一个在指挥手指挠挠腿,还有一个在告诉膀胱先忍一忍。

　　沿用刚才那个电话监听的比喻,传心术者监听的是人类能够想象的最复杂的一部电话交换机,他要同时提取出数千万场互相关联的对话,然后将它们串连起来形成一条首尾连贯的消息。当然了,人脑的不同部位担负的功能不同,如果传心术者能只监听特定的区域,那么这项任务或许会变得稍微简单一些。

有些心灵学家提出了另外一种解释,他们认为在神经脉冲的传输过程中,人脑会释放一种叫做"思子"(psitron)的粒子。他们声称这些粒子会在脑中大量释放,但目前还没有人检测到它们。这个理论的鼓吹者说,这是因为思子没有质量,也没有能量。

虽然这听起来十分可笑,但是类似的虚无缥缈的粒子却不是没有先例的。在量子力学的早期发展中,诺贝尔物理学奖得主泡利(Wolfgang Pauli)同样预测了一种没有电荷,也几乎没有质量的粒子,他称之为"中微子"。1956年,科学家果然观察到了这种中微子。

心理学家荣格(Carl Jung)和泡利合写过一本探索超自然现象的书,书名叫《自然与心灵的解析》(*Interpretation of Nature and Psyche*)。[2]书中主张对传心术采取开明的态度:也许当我们触及已知物理学的神秘边缘,传心术就可以得到解释了。荣格甚至提出:"由原子组成的微观世界展示出了某些特征,它们和心灵世界的密切关系已经给物理学家留下了深刻印象。在我看来,这至少说明了心灵过程是可以在另一种媒介中'重构'的,而重构的场所就是物质的微观物理学。"

然而这实在是一则模糊的声明。在心灵现象和物理现象之间假想出这样一道联系是很容易的,但这并不能解释那些关键的事实。在中微子和这种假想的思子之间有一个重要区别,那就是前者能够完全融入已知的粒子家族,它在其中扮演明确的角色,而且在被发现之前,量子力学就用严格的数学公式预测了它的存在。为了解释某一种现象,任何人都可以想象出一种粒子,给它起个合适的名字,并宣布它就是某个无法证明的过程的基本原理。有信徒甚至宣称,心灵的力量之所以在怀疑者面前无法施展,是因为怀疑者的意愿压制了这些粒子的行为。这是一个典型的无法证伪的假说。

研究者始终没有检测到思子,但这也不能说明它们就不存在。有可能人脑的活动的确会产生一些副产品,比如某种场或共振,甚至是一股粒子。但是除非我们能找到它们并理解其性质,否则这些东西就只能被当作纯粹的假设。

人脑的确会产生可以测量的电位,它们和脑的不同状态有关。当卡顿(Richard Caton)在 1875 年发现这些电位时,它们也点燃了某些人心中的希望,他们认为科学已经在无意中揭示了传心术的原理。可惜现实并没有那么神奇。

卡顿在人脑中发现了四种节律,对应于脑的不同状态。这些波动是由脑电活动产生的,表现为振荡的电流。* 它们可以用脑电图描记器(EEG)检测出来,这种机器能够捕捉头皮上电极记录的电脉冲,并将它们放大,接着将信号在一张图纸上显示出来。

研究者将这四种不同的脑波放到频带上,并计算出了它们每秒的周期数,单位是赫兹。当人脑处于休息和放松状态时,它就会产生阿尔法波(α波),频率在 8—14 赫之间。贝塔波(β波)对应的是活动状态,在人脑工作、思考问题、指挥行走或跑步之类的动作时产生。贝塔波的频率在 13—30 赫之间。脑波谱的另一端是德尔塔波(δ波),是人脑在睡眠时产生的。它的尖峰很分散,在 1—4 赫之间振荡。最后是西塔波(θ波),在人脑处于深度睡眠或恍惚状态时出现,频率在 4—7 赫之间。

20 世纪 70 年代,公众对脑波产生了广泛兴趣。市场上涌现出大量设备,都号称能立刻产生阿尔法波。其实瑜伽和禅定的修炼者早就知道,人的脑波是可以由自己控制的。这也使大众认识到了所谓"第四种意识状态",那是一种深度放松或冥想的状态,对应的是脑中产生的西塔波。

---

* 脑波节律不能和生物节律混淆,鼓吹者认为它和脑波有着相当不同的来源(见第七章)。

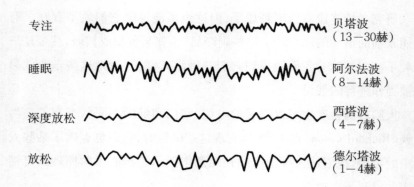

专注　　　　　　　　　　　　　　　　　　　　　贝塔波
　　　　　　　　　　　　　　　　　　　　　　　（13—30赫）

睡眠　　　　　　　　　　　　　　　　　　　　　阿尔法波
　　　　　　　　　　　　　　　　　　　　　　　（8—14赫）

深度放松　　　　　　　　　　　　　　　　　　　西塔波
　　　　　　　　　　　　　　　　　　　　　　　（4—7赫）

放松　　　　　　　　　　　　　　　　　　　　　德尔塔波
　　　　　　　　　　　　　　　　　　　　　　　（1—4赫）

图3.2

脑波研究虽然促进了医学的进步,却并没有揭示传心术的根源。EEG 在精神病的治疗中广泛运用,尤其是应用于治疗那些脑波模式受到破坏的癫痫病人。这些在大脑皮层(脑的最外层,只有几毫米厚)中探测到的电脉冲反映的是脑的整体状态,不能为了从中读出特定的思想甚至情绪而将它们拆解开来。

不过有的研究者却声称,当研究对象运用传心术时,他们的某些脑波节律会变得格外明显。这些研究者在传心术测试中观察被试的脑电图,结果显示在思维传输的过程中总是伴有阿尔法波。但这是一个误导人的结果,因为阿尔法波在放松状态下最明显,而在实验室里,传心术也大多是在被试放松的时候成功的。

撇开用粒子或电波来解释传心术的做法,也有心灵学家主张传心术是一种整体效应,是个人对一张由全人类的意识组成的网络作出的反应。量子力学的创立者之一薛定谔(Erwin Schrödinger)也许就这么想过,因为他曾说:"当我说'我',我指的是'我'这个字最宽泛的意思,也就是曾经说过或感受过'我'的每一个有意识的心灵;根据自然律,我就是控制'原子运动'的人。"

所谓的"人类网络"(human network)——或一张包罗所有生物的网络——究竟是如何运作的? 这一点还没人明白。有研究者试过澄清这个概念,或者将它与生物学和心理学中的一些原理相联系,然而这种做法只是招来了更大的争议,有时还造成了更大的混淆。

荣格区分了两种形式的无意识,一种是个体无意识,一种是他所谓的"集体无意识"。[3]他认为那是一套全人类共有的意象,而且代代遗传。他把这些意象称作"原型",认为其中的每一个都象征着人类想象的深层内容,包括为人子女的原型、为人父母的原型、死亡的原型等等。

在善于左右人心的人手中,原型会变成强大的工具。比如纳粹党徒 20 世纪 30 年代在纽伦堡的游行,就是通过操弄原型来摆布人心深处的恐惧和希望。小说家、音乐家和画家也常常在作品中注入原型,但他们往往是无意为之。甚至有人指出,任何艺术形式想要成功,艺术家都必须运用原型和受众产生联系。托尔金(Tolkien)的《指环王》(*The Lord of the Rings*)和电影《星球大战》(*Star Wars*)的巨大成功都是例子,这些作品从头至尾都在运用原型,充满了正邪对战和"智慧老人"〔甘道夫(Gandalf)和欧比旺·克诺比(Obi-wan Kenobi)〕之类的意象。同样,电视剧《X 档案》(*X-Files*)也常常运用"陌生怪人"的意象,将人类共有的恐惧和焦虑发挥到了极致。

一个与之相关的概念是"形成式因果"(formative causation),这是英国生物学家谢尔德雷克(Rupert Sheldrake)在 1981 年的著作《生命新科学》(*A New Science of Life*)中首先提出并推广的。[4]简单地说,谢尔德雷克提出各种系统都能"学习",也就是说,一件事已经做过,就比较容易重复。他将其中的原理称为"形态共振"(morphic resonance)。

这乍看来是一个相当模糊的概念,谢尔德雷克也因此受到了全世界各领域正统科学家的猛烈抨击。过去 15 年,他始终在开展实验,照他的说法,实验结果全都证实了这个概念。

谢尔德雷克的证据之一是对语言模式的研究。他请一位日本诗人给他发去了三句相似的句子。其中一句是没有意义的字串,一句是刚刚写成的新诗,还有一句是连日本的学童都知道的著名传统诗句。他把这三句句子拿给一群不懂日文的西方人看,结果所有被试都觉得那句传统诗句比另外两句容易背诵。

他的结论是传统诗句通过形态共振植入了人类的意识。除此之外,他还做了许多别的测试,有的涉及生物,还有的涉及没有生命的物质,比如生长的晶体。测试结果使他和支持者相信,一切事物都会和同类产生共振,即所谓"同性共振"。也就是说,人类之间存在一张交互作用的网络;而在其他物种和没有生命的物体周围也有一片类似的"场",影响着它们的行为。但是这个问题反过来论证也能成立。还是用那个日本诗的例子好了:会不会正是因为那句古诗便于记忆,所以才流传了下来,并为学童所熟悉的呢? 某些功能之所以会随着重复而变得容易,也许正是因为有人天生喜欢运用这些功能,并且避免了那些他们不喜欢的任务?

如果形态共振或者集体无意识真的存在,它们或许就能指出心灵交流的一些另类途径了。有关传心术的传统观点认为,它是通过伪物理学的途径发挥作用的,比如某种粒子组成的射线。但真实的情况或许要微妙得多。在某种意义上,任何一位艺术家都可能依靠原型或形态共振穿越时间和空间的屏障,由此与受众做传心术式的沟通。也许某些特殊的人(或动物)对这类共振尤其敏感,并且能以远远超出我们日常经验的复杂手段摆弄原型。

无论传心术的体验后面隐藏着怎样的原理,心灵学家都必须遵照科学的传统,并以科学的手段证明心灵现象。只有这样,他们才有希望说服满腹怀疑的科学界,才能真正把传心术给说清楚——如果真有传心术的话。

对超自然现象的研究在 19 世纪就开始了,但是它的真正发展却始于美国心灵学家莱因(Joseph Rhine),他在 1934 年的著作《超感知觉》(*Extrasensory Perception*)中总结了自己的发现。莱因在美国北卡罗来纳州的杜克大学工作,是他首先在研究中使用了"齐讷卡片"(Zener Cards)。这种卡片由齐讷(Karl Zener)发明,一套分 5 种花色,分别是圆圈、方块、星星、加号和 3 条波浪线。

实验中,研究者拿起最上面的一张卡片,试着将上面的信息传输给

"读者",也就是被试,以测试对方能否认出卡片上的图形。按照概率,被试单靠猜测就能答对 20%,但是在有的实验中,被试的正确率却显著高于这个数字。比如有一位被试在 1800 次回答中说对了 588 次,准确率达到 32%。这粗看似乎并不比平均值高出多少,但是以概率计算,纯粹靠猜测取得这个成绩的可能性却是微乎其微的。莱因后来对实验作了修改,每答对一次就奖励被试 100 美元,结果被试接连答对了 25 次,净收获 2500 美元。出现这个结果的概率不到 3000 万亿分之一。[5]

莱因的实验登上了新闻头条,其他研究者也纷纷效仿,他们很快伪造了一系列臭名昭著的虚假实验,使心灵学名誉扫地。在那之后,心灵学家又大费心思设计了一些无法作假的实验,想借此证明那些在他们看来真实而且可以测量的现象。

齐讷卡片

图 3.3

当今的相关实验依靠的是随机数字发生器,它们会产生完全没有规律的数字(有点像是每周日晚上转动的彩票机)。在心灵学家看来,这些实验比早先的齐讷卡片更加可靠,但是自诩为"心灵警察"(psi-cops)的怀疑者仍旧不以为然,这迫使研究者将实验设计推向了更加精确的高度。

最新的实验项目是称为"全域"(Ganzfeld)或者"空域"(blank-field)的研究。被试在一个与外界隔绝的大箱子里接受感觉剥夺实验,他们的眼睛上盖着乒乓球,耳机里播放白噪音。有人把这个体验比作是盯着一团无形的雾气。大约15分钟以后,大多数被试都体验到了入睡表象(hypnagogic image),也就是在即将入睡之际看见的图像。实验中另有一名发送者,一般是被试的朋友或近亲,他在一个隔音的房间中努力向被试发送一个意象,那一般是一段一分钟的影像,或是一幅静态的图形。

这项研究正在世界各地的好几家研究中心开展,包括爱丁堡大学在1985年成立的一家研究中心,它的经费来自诺贝尔文学奖得主凯斯特勒(Arthur Koestler)的遗赠,凯斯特勒也是超自然现象的忠实信徒。到今天为止,这些实验中还没有出现任何决定性的证据能够支持关于传心术的传统观点。像莱因在20世纪30年代的研究一样,今天的这些团队也发现有少数被试取得了远远超出正常概率范围的惊人成绩。可惜的是,这些结果通常是不可复制的,因而以正统科学的眼光来看,这无论如何都不能算是结论。

从20世纪开展的大量实验中可以得出一个十分引人注目的推论,那就是许多因素似乎都可以强化传心术的能力。前面提到有一名男子在金钱奖励的刺激之下连续答对了25次,这只是一个平常的例子。研究者还想知道,如果抑制被试的其他感觉,他们的传心术能力是否会更加容易出现——这也是为什么要在全域实验中将被试隔离的原因。而在这些实验的基础上,研究者又开始探索睡眠和传心术的关系。研究再次显示,在少数实验中,当被试的其他感觉受到抑制时,他们的确表现出了比较明显的传心术能力,这些结果相当可观,但同样无法复制。

一位研究者正确地指出："即使心灵的力量真的存在,日常经验也证明了它们在大多数人身上都是很微弱的。"[6]

其他异常情况也可能影响传心术能力。研究发现,智力有缺陷的儿童在传心术测试中得分更高。有一组实验中的一位被试被称为"剑桥男孩"。他有先天性身体和智力缺陷。每当母亲在场时,他的表现就会大大超过平均水平。[7]

研究者是这样解释的:如果传心术真的存在,那它也许就对那些无法正常交流,或者其他感觉受到抑制的人更有用处。坊间还有许多未经证实的传闻,比如某某人在性命交关的时刻施展了传心术之类。心灵学家将这些例子称为"由需求决定的"感应,或者是"危难传心术"(crisis telepathy)。但是在正统科学看来,这些都是可疑的事例。

有些研究者提出这种传心术可能具有生存价值,甚至可能是遗传上占有优势的一种性状。他们主张,人类因为有了其他较易开发和使用的能力而将传心术埋没了,但是有少数人仍旧保存着这种能力,一到危急关头就会施展出来。

据说其他物种也有会传心术的。20世纪70年代,苏联的心灵学家就尝试在实验室里展示这种效应。他们将一群新生的小兔从母兔身边夺走,然后在规定的时间将小兔杀死。母兔的脑袋连着EEG以记录其脑波的形状。根据官方报道,在小兔被杀的同时,母兔的脑部显示了剧烈的电波反应。可惜这个实验的消息是从苏联泄漏出来的,外间很难证实,西方的研究者到今天也没有重复过这项研究。

与此同时,怀疑者始终在朝传心术现象大泼冷水。他们常常质问:为什么传心术者不用它们的能力赢得彩票、或者到赌马场上去大赚一笔呢?他们还想知道,为什么一到了实验室里,那些自称具有传心术的人就都神秘地失去了这项才能?

传心术的问题在于,100年来的研究始终没有得出符合科研标准的证据。而同样在这100年中,科学却接连创造奇迹,它治疗了一种又一种顽疾,还将人类送上了月球。

1988年,对传心术十分怀疑的美国国家科学研究委员会在一些实验中发现了他们无法解释的"有问题的异常"。换句话说,这些实验中发生了不能只用概率解释的成功事件。此外,虽然缺乏证据,许多人却依然相信传心术。在一场调查中,有67%的受访者说他们体验过超感知觉。

心理学家注意到,"被试保持深信不疑的心态,或许是取得良好结果的关键"。[8] 但这肯定只是冰山一角。眼下这类实验越来越多,传心术的支持者们也宣称其中出现了某些结果,但这些结果还没有令人满意的科学解释;然而,仅凭这个就断言传心术只是想象,却也不是科学的态度。也许我们只是不知道它的原理罢了。

第四章

移山倒海

哦，人心，人心中耸立着高山；

还有可怕的悬崖，陡峭垂直，幽深莫测。

——霍普金斯（Gerard Manley Hopkins）

　　传心术实在只是心灵力量的冰山一角。如果我们将传心术看作是"心灵和心灵沟通"，那么心灵直接和物理世界、和物质互动的概率又有多大呢？

　　心灵致动（psychokinesis）的定义是："人类单靠意志而不借助任何已知的物理力影响其他人或事物的能力。"[1] 传心术可以看作是两个心灵的"场"或"力"之间的交流，心灵致动则是精神与物质的互动，是一种境界更高的心灵力量。在怀疑者看来，这自然完全是异想天开，但是对心灵学家来说，这只是比司空见惯的传心术更进了一步而已。

　　关于心灵致动的实验甚至比思维传输还多。它的真假取决于你对那些证据的判断。你可以认为它毫无疑问是一种真实的自然过程，也可以认为近100年来的所有测试和实验都是虚假的，或者可以用别的原因来解释。

　　最早对心灵致动概念做严肃量化研究的是心灵学家莱因。20 世纪 30 年代早期,他在尝试确定传心术的同时也开展了心灵致动实验。选择这个课题是因为有一个年轻赌徒告诉他说,自己能只凭意念影响骰子掷出的点数。莱茵立刻招募了几十名被试,开展了数千次测试,企图得出一个具有统计学意义的结论,以证明意念是否真能对骰子产生影响。

　　他的实验要求被试用意念使两只骰子的点数之和超过 7。和传心术的实验一样,他和同事也发现大多数人掷出的点数都和概率算出的相差无几。但是偶尔,他也会遇见个把被试掷出不合寻常的点数。有极少数几次,他甚至发现一名被试的点数和平均值之间出现了巨大偏差,而这种偏差偶然发生的概率只有百万分之一。

　　在有一组实验中,莱因开展了 6744 次测试。按照概率,其中应该只有 2810 次的点数超过 7。然而有一位被试却有 3110 次超过了这个点数,计算可知,这种情况每 10 亿次才会发生一次。

　　莱因的实验方法几乎立刻受到了批评。和他的传心术实验一样,他也花费许多心思修补测试中的漏洞,杜绝欺诈或无意识影响的可能。在将近 30 年的努力之后,他得出了这样的结论:"人心中确实蕴含一股力量,能够对实际的物质产生直接作用。"[2]

　　在莱因的初步探索之后,全世界有数百支团队开展了其他形式的心灵致动测试。20 世纪 70 年代,得克萨斯州圣安东尼奥的意识科学基金会(Mind Science Foundation)的施密特(Helmut Schmidt)领导了一项研究,将莱因的骰子换成了一台盖革计数器。盖革计数器的读数完全来自放射性,而放射性来自原子核的分解或者叫"衰变"。这个衰变过程是完全随机的,因此能像心灵学家希望的那样完全杜绝作弊的可能。

　　施密特要被试尝试改变盖革计数器的输出——那通常是屏幕上的一串闪光,或者示波器上的一列波动。到 20 世纪 80 年代又有研究者想出了这种方法的变体,那就是用电流产生白噪音模式。

有一位心灵学界的权威至今仍在研究心灵致动,他就是扬(Robert Jahn)。扬是位于新泽西的普林斯顿大学的一位工程学教授,他先是发明了白噪音实验,后来又试用了几台他所谓的"随机事件生成器"——那是一种能够显示随机图形或数字序列的机器,相当于一连投掷数千次硬币。这种生成器配备了一组安全装置,能感应温度变化、外部磁场的影响以及倾斜或压迫之类的物理干扰。

信奉正统科学的同事常常对他冷嘲热讽,有时还公开表达敌意,但扬不为所动。在过去 15 年里,他招募了 100 多名被试,开展了数百万次测试,为的就是看看其中是否有超越概率的事件。他的研究至今还没有定论。他将实验结果汇总并作了统计分析,的确在其中发现了一些心灵致动的迹象。据他的判断,实验结果和纯粹概率之间出现了大约 0.1% 的偏差,也就是说平均 1000 次测试中,有一次会出现和预测产生显著差异的结果。

如果你觉得这一切都不可信,那么扬的实验中还有一些更令人困扰的结果。在许多实验里,他都要求被试远离实验室里的随机事件生成器。有的被试甚至尝试从非洲和英国开展念动。令人困惑的是,扬发现他们的成功率并没有因为距离的增加而降低。

在另一组实验中,他要求被试在测试开始之前的几天就施展心灵致动,结果发现成功率同样没有变化。其他研究者也发现了这个异常现象。施密特设计了另外一组测试,他将随机事件生成器关闭,将它的"实况"输出替换成了前一天记录的信号,但是他没有把这个替换告诉被试。结果发现,实验的结果依然比平时要好。

心灵致动的拥护者们为此提出了一个非常奇怪的解释。他们很快发明了一个术语,叫"追溯式心灵致动"(retroactive psychokinesis),说是被试将自己的念头发送到了一天之前并更改了随机事件生成器的输出。

令人吃惊的是,许多心灵学家居然接受了这个解释。而怀疑者则认为这根本是胡说八道,只能证明心灵学的整个理论和实践都存在明显的漏洞。不过,争论双方可能都没有想到一个更加平凡的解释:如果被试看到的是第一天的输出,改变的却是第二天的结果,那或许就是他们的心灵和回放设备之间产生了互动。如果心灵致动真的存在,那么它既然能够左右随机事件生成器的输出,就应该也能控制一部机器产生虚假输出吧。毕竟,那部回放装置不外是某种磁带录音机或数码设备,和其他物质系统一样,也会受到心灵致动的影响。

好了,如果抛开强烈的怀疑和盲目的相信这两种极端观点,我们又能从数量庞大的心灵致动实验中得出怎样的结论呢?

拥护者抓住实验中那些罕见的异常结果,说确实有异常发生,这必定就是心灵致动的证据。然而他们似乎没有留意到一件事:那些显著偏离概率的结果是非常罕见的,更多的情况是对概率略微有些偏离,这也许是因为随机事件生成器受到了某种微弱的力的影响,也可能是某种其他方面的异常所致。

这种异常有可能是零星的磁场或电流。近来发现,居住在电缆附近的一些居民有时会感到身体不适、情绪消沉。有人认为这就是人脑靠近强大电流的缘故。一切电脉冲都会伴生磁场,国家电力系统的输电线周围会产生磁场,人脑中的电信号也会产生磁场,只是强度要小得多。当两者接近,就可能相互作用,因为某种未知的机理,这些作用就引起了身体和情绪上的波动。同样的道理,在实验场所一定距离之外的磁场也可能对实验器械造成轻微的扰动。另一个可能的干扰源是其他设备泄漏的电流,这些设备可能就在实验室里,也可能在实验楼外。研究者想出了一个办法来消除这类异常:他们将实验设备和被试放进一个名为"法拉第笼"(Farady cage)的特殊容器,以隔断外界电磁场的干扰。

心灵学家观察到的那些微弱效应也可能是由自然界中的其他因素造成的。我们生活的地球是一枚巨大的磁体。和多数行星一样,它的磁场也会因为地壳下方数百千米的岩浆活动而振荡。此外,大气层外的振荡也会对它形成干扰。比如,太阳表面那些名为"黑子"的低温区域就能干扰太阳的强大磁场,并进而影响地球的磁场。这样的磁力扰动很可能影响电子器械,也可能影响每一个人的脑部在发生电活动时以及神经脉冲不断通过身体时所产生的磁场。

其他需要考虑的因素包括冷暖空气,以及微型地震之类的地质扰动。虽然这些因素都小到难以察觉,但是它们也足够对心灵致动实验形成干扰了。

这些反对意见可能听起来有些吹毛求疵,但是心灵学要想得到科学界的严肃对待,就必须遵守正统科学的研究规范。许多心灵致动和超自然现象的批评者指出,从事这类研究的人要么手法粗糙,要么态度外行,所以才会得出那些惊人反常的结果。

从20世纪30年代以来已经开展的数百万次心灵致动实验中,我们只能得出一个合理的结论:即使这些实验证明了人脑真会产生某种效应,那效应也是相当微弱的。因为微弱,所以也很难测量。心灵学家将这种效应称作是"微心灵致动"(micro-PK),有越来越多的证据表明这种效应确实是存在的。

20世纪70年代中期,心理学家格拉斯(Gene Glass)想出了一种革命性的方法来验证心灵学的实验结果,称为"元分析"(meta analysis)。他意识到研究心灵致动的难处在于心灵致动的效应太微弱,往往只比纯粹概率多出0.1%,因此要展现真实的超自然活动造成的反常现象,就需要收集大量的实验结果才行。而且效果越是微弱就需要越多结果。

这就好比是调节收音机时花费的精力:如果信号较强,比如在英格兰南部接收英国广播公司(BBC)的广播,就很容易收到节目。可要是接收的是某个海盗电台或独立电台的微弱信号,你就需要多花一些时间了。这番调节的工夫就相当于开展大量测试。

格拉斯的想法是将长时间内所有测试中的数据汇总起来。但问题在于,自20世纪30年代以来,各类测试之间已经有了很大的不同。有的实验研究的是心灵致动对掷出的骰子或木块的影响,还有的追踪的是变化的灯光,也有的用盖革计数器记录不稳定的同位素的随机衰变。好在格拉斯最终发现:使用合适的数学方法,还是可以将这些分散测试的结果合并在一起的。这样一来,心灵学家就能获得比原来大得多的样本了——那是数十名研究者在大约 60 年中得到的数千万个结果的汇总。

将元分析用于心灵致动实验有一个极好的范例,那就是普林斯顿大学心理系的雷丁(Dean Radin)和普林斯顿工程异常研究项目的纳尔逊(Roger Nelson)合作的一项研究。两人并没有亲自开展实验,而是追查了 150 多份报告,这些报告总结了近 600 项分散的研究,外加 235 项对照研究,它们出自 68 位研究者的工作,每一位研究的都是意识对微电子系统的影响,都曾要求被试用意念干扰电子随机事件生成器的运行。

结果令两人吃惊:他们发现那些偏离正常模式的结果只有 $1/10^{35}$ 的随机发生概率。

我再申明一次:这个结果并不说明心灵致动就一定是真实的现象;但它的确说明,在可见的和传统的途径之外,还有某一个因素或某一组因素在改变物质的行为。至于那因素究竟是人类的意识、太阳黑子的活动、微型地震还是温热气流,那就不是这项分析所能回答的了。

有人坚信元分析中显示的偏差是出于人为原因,而这个原因就是微心灵致动,并且这种现象是随时都在我们周围发生的。他们主张,许多我们认为是巧合的事件,其实都是由这股力量造成的:当我们掉落一本书而它正好翻到了我们想看的那一页;当我们拉开文件柜而手指正好搭在了想找的那份文件上;当我们看都不看就把篮球投进了篮筐里——微心灵致动的鼓吹者称,这些都表明了有潜意识的力量在影响物质的行为。他们还提出这类现象在当事人不故意为之的时候最易发生——当我们将心思集中在完全不同的事情上时,心灵致动就会产生最好的效果。

我们都经历过事事顺利或者事事不顺的时候,人生中总是有好日子和坏日子。我们都体会过初学者的运气:那时候无论怎么随意,事情都不会出错。相信微心灵致动的人说,那些正是微心灵致动最强大的时候,而那时的我们又偏偏是最漫不经心的。

纽约圣约翰大学的心理学家斯坦福(Rex Stanford)对常见的心灵致动实验作了一个有趣的修改,希望借此展示微心灵致动的效果:他要求被试在一个上了锁的房间里完成一连串非常乏味的任务,而隔壁就放着一台随机数字生成器。他没有告诉被试的是,只有当生成器产生了一串在正常情况下两三天才会出现一次的数字时,他们才可以放下手头的任务并离开房间。结果真有那么几次,一些被试待了不到45分钟就离开了房间。

有人对微心灵致动提出了一种质疑:微心灵致动产生的力和宏观心灵致动产生的力是一样的。如果有什么系统能使我们在潜意识中左右书本的掉落,或者在桌球、足球和板球比赛中影响球的运行,那么它和我们用意念移动大型物体的必定是同一个系统。两者在相同的尺度上发挥作用,依靠的也多半是相同的波形、粒子束或其他难以解释的力。科学家关心的问题不是这些力是偶尔出现还是经常出现,而是它们究竟会不会出现。有一个基本的事实使得心灵致动这个概念始终显得自相矛盾:一方面,研究者并没有检测到任何心灵的力量;另一方面,鼓吹心灵致动的人却要我们相信心灵能与物质产生相互作用——我在本章开头提到的"异想天开"指的就是这个。

为了说明这个矛盾,我们要来考察一下心灵致动的物理学:心灵致动中运用的是什么能量? 它所需的力量和人脑能够产生的力量是否相容?

我们来假想一个实验,其中要求一位自称有心灵致动能力的被试只用内心的力量移动桌上的一件物品。假设这件物品重100克,也就是相当于一把勺子或一副眼镜的重量。被试的任务是将物体加速到每秒10厘米,并使它维持这一速度几秒的时间。如果再算上一个小小的摩擦力,则被试需要消耗的能量大约是 1×10^{-4} 焦(即万分之一焦)。

这个数字并不算大,它大致相当于百万分之一克糖中储存的能量。然而即使是这点能量,我们也很难相信它可以用某种至今都无法用传统手段检测的力量制造出来。我们来计算一下其中的数字。

我们在上一章看到,人脑中存在电场和磁场。我们假设神经元的电脉冲就是产生念力并推动物体的源头。这个力场只能和物质世界产生非常微弱的互动,因为任何现有的仪器都无法将它检测出来。我们可以大胆一些,假设这股电脉冲的力量有千分之一离开了头颅,穿越了空间,作用于物体,把它加速到了每秒 10 厘米,并使这个速度维持了三秒。脑中的神经元产生的电压大约是 100 毫伏,人脑要发出这股推动物体的能量,就需要制造一股超过 0.25 安的电流。这股电流有多大呢? 只要比它的一半稍大一些(即 0.15 安)的电流通过心脏,就会致人死亡。

还有一种不那么惊人但同样有趣的心灵致动,它表现了心灵和物质相互作用的另一种形式。这种能力称为"念写"(thoughtography),也就是在不使用化学物质的前提下,在照相纸或底片上产生图像。20 世纪 50 年代,心灵学家艾森巴德(Jule Eisenbud)研究了这种能力的一个特殊例子。她的研究对象名叫西里欧斯(Ted Serios),此人看一眼照相机就能使底片上产生图像。他成为了名噪一时的人物,还出版了一本名叫《特德·西里欧斯的世界》(The World of Ted Serios)的书。他从没被人发现作弊,但后来还是引起了怀疑,因为有人发现他每次表演时手里总是抓着一部微小的装置。他不肯让别人分析这部装置,但是没有了它就无法念写,他号称那能帮助他集中精神。

这种形式的心灵致动似乎又是一个以心灵之力改变物理世界的例子。它的原理也许是某种电磁波改变了照相纸的化学结构或者底片上覆盖的物质。在正常情况下,特定波长的光线会将能量传递到照相纸或底片的物质上,接着破坏原子间的化学键、促成化学元素重组,最终生成一张相片。如果西里欧斯或其他念写者真能创造一幅图像,他们采用的就一定是相似的原理。也许是他们脑中产生的微弱力场能够放大并集中在特定的波长范围之内，从而以某种方式复制阳光的作用。

从本章开始，我一直在讨论的现象都可以称作是"边缘式心灵致动效应"（peripheral PK effects），也就是微心灵致动的作用。然而在20世纪70年代，世人忽然见识到了大尺度的心灵致动能力，它由胶片记录下来，并播送到了全世界的电视机上。盖勒（Uri Geller）登场了。

盖勒对超自然现象的贡献在支持者和反对者中都激起了强烈反响。在有些人眼里，他是一名富有才华的异能者；而在另一些人看来，他只是一个玩杂耍的，一个故作神秘的骗子。他走进大众视野已将近25年，其间多次转变了职业方向，不过近些年他已经很少活动，与1973年在英国初次登台时的曝光和轰动已经不可同日而语了。

当年颇有几位科学家把盖勒很当一回事，他们投入了精力和资源研究他的说法，还尝试在实验室里复制他的异能。比如伦敦大学国王学院的数学教授泰勒（John Taylor）就不顾一些同事的嘲笑和学院的反对，对盖勒的特异功能开展了定量研究。起初他对盖勒在测试条件下的表现很感兴趣，但很快他就发现，这些测试的结果和电磁学产生了不可调和的矛盾，他要么拒绝接受这些现象，要么承认科学的基础原理是错误的。他选择了前者。

他后来总结道："当科学与超自然产生对峙时，就会出现'要么电磁学，要么没解释'的局面。对各种超自然现象我们要仔细研究，看看它们能否用电磁学解释。"[3]

泰勒在国王学院开展了几个月的测试，最初开放包容的他，到后来却指责盖勒是个骗子。他在1976年的著作《超级心灵》（Superminds）中这样写道：

盖勒似乎给现代科学家们出了一道难题。他们要是不能在正统科学知识的框架内对他表演的种种现象作出令人满意的解释，旁人就会觉得科学是有严重缺陷的。而在有些人看来，无论现在还是将来，科学家都不可能作出这样的解释，所以盖勒现象与科学真理是互不相容的，理性的价值和科学的世界观也都只是错觉。难道说非理性的大门会就此打开，使我们陷入一个出没着以太体、外星访客和幽灵鬼魂的世界？理性会被迷信彻底取代吗？

公正地说，盖勒的一些表演确实精彩。从最早在1972年参加斯坦福研究所的研究以来，他已经先后接受了全世界十几支研究队伍的测试，并因此成为了世界名人。在那之后，他又周游世界，在日本、法国、英国和美国的实验室里接受了分析。他曾在摄像机前使物体凭空出现，使机械停止，当然也曾将许多种餐具弄弯——他不仅在摄像机前这么做，还在电视实况转播中对着大量观众表演。

盖勒说，他自己也不完全明白他的能力是从哪里来的，但是他确信自己的作为属于超自然的范畴。总之，他或许是唯一知道真相的人，因为如果他是个骗子，他也肯定不会承认。

研究者埃利森（Arthur Ellison）曾经这样描述过他：

出于某些奇怪的理由，盖勒有着一套独特的世界观，它和大学里讲授的那些关于材料强度的知识是不太一样的。他相信，只要将一只勺子在食指和拇指之间轻轻捻动，根本不需要费力压迫，勺子就自然会变弯。有时候还真的如此……我就见过盖勒摆弄一把弹子锁……他只轻轻一摸，锁头就掉了下来……在盖勒的世界观里，弹子锁并不是绝对牢固的。[4]

在一次测试中，研究者将一只重一克的砝码放在一架灵敏的天平上，然后将天平用一只玻璃罩子罩住。边上另有一台图表记录仪，砝码的重量在记录仪上呈一根直线。研究者要盖勒用超自然的手段更改记录仪的输出。在半小时的测试中，盖勒使记录仪变化了两次，每次持续五分之一秒。第一次变化相当于使砝码增加了1.5克质量，第二次增加了2克。

在另一次测试中,他又显著更改了一只盖革计数器的读数,这只计数器装在一只密闭容器里,放在实验室的另一个角落。后来在研究者的允许下,他拿起容器,聚精会神,这时计数机的滴滴声越来越快,最后连成了一片。当他放下容器,响声也随之停止。

从某个角度来说,盖勒至少是一名优秀的表演者,而这也是他成功的原因之一。他不仅展示了那些精彩的异能,还很乐意表演弄弯勺子之类的噱头。在 20 世纪 70 年代早期,这个举动激发了许多观众的想象。当年他在英国电视上首次露面,并在摄像机前弄弯各种勺子,一夜之间便引起了轰动。节目刚刚结束,全国各地的男女老少就纷纷跑进厨房去开抽屉。

即使到了今天,在盖勒首次登台 25 年之后,科学家仍不知道他是如何施展那些手段的。魔术师兰迪(James Randi)激烈地批评盖勒,他曾公开宣称弄弯勺子不过是杂耍而已,他还用魔术手法复制了盖勒的表演,效果相当逼真。其他人则采取了科学分析的方法,研究了处于争论焦点的那件物品——勺子。

法国的一支研究队伍用电子显微镜拍下了实验前后的勺子照片。他们先检测了勺子的金属晶体结构,测量了它的重量和规格,接着把它交给心灵致动者掰弯,然后又检测了一遍。检测结果并无异常,只发现了在弯曲部位周围有局部硬化,就像是巨大的外部压力作用在一小块区域上产生的效果。由于在实验中没有观察到明显的外部压力,研究者只能认为这个力是"内部产生"的。[5]

从其他测试中可知,当弯曲发生时,构成勺子的金属在弯曲部位变得和口香糖一般黏稠。有趣的是,这个效果也可以用腐蚀性的化学物品制造出来,但那肯定会造成重量减少,或腐蚀金属表面,然而这两种现象都没有在这些心灵致动测试中出现。

那么勺子弯曲的原理究竟是什么? 如果不是魔术师的把戏,它又是怎么发生的呢?

就像泰勒指出的那样,科学的解释是有限的,要是不能用电磁学解释，就无法解释。假如盖勒和其他弯曲勺子的人能将电磁波注入勺子，他们需要制造怎样的能量呢？

所谓金属，就是原子排列成的一种整齐的晶格结构。晶格的形状和性质取决于金属的种类。简单起见，我们可以认为勺子完全是由铁构成的，于是我们要研究的就是铁原子晶格是如何被心灵致动或其他手法扭曲的。* 为此，我们需要参考以正常手段扭曲金属铁时需要的能量——这种手段就是加热。

铁在 1808K（约 1500℃）时熔化，不过我们当然不是要把勺子熔掉，只要使它软化到能够弯曲就行了。比较合适的考察对象是金属的"熔解热"，也就是将固态铁转化成液态铁，同时破坏铁的金属晶格所需的能量。我们假设一把勺子的质量是 100 克，其中发生扭曲的部分也许是 20%，因此我们只要考虑改变 20 克铁所需的能量即可。

显然，我们并不需要计算使铁由固态变成液态所需的全部能量，只要能达到一些研究者观察到的"口香糖"式的黏稠状态就可以了。我们保守一些，假设达到这个状态的能量只需熔化勺子的十分之一。计算可得，要达到 20 克铁的熔解热的十分之一，需要的能量在 600 焦左右。

我们之前看到，在平滑表面上移动一个 100 克的物品，需要的能量只有这个数字的一小部分（万分之一焦）。要单靠神经元的电位产生 600 焦能量，盖勒的脑就需要通过 150 安的电流——这个电流已经足够驱动重型电子器械了。

对于弄弯勺子和其他一切心灵致动行为的实证分析，结果都不太乐观，但这也是意料之中的事——本来就是异想天开嘛。单就我们知道并理解的那些力来说，是不可能用思维产生能量并操纵物质的；至少不可能用思维的可以测量的外在表现形式，也就是脑中的电流来操纵。那么剩下的就只有超越物理学和其他自然科学的力量来解释了。

---

* 现在的勺子一般都用不锈钢制成，它其实比纯铁更加强韧、耐热和耐压。

到了这种时候,心灵学家就常常会借用物理学边缘的一些概念,比如量子力学,但这些概念同样无法提供理想的解释,而且它们还常常遭到滥用。量子力学本身就是物理学的一个奇怪分支,因此也容易被一些奇怪的理论所引用。*

心灵致动研究的一个显著特征是:和传心术一样,心灵致动的效果也不受距离的限制。比如扬在普林斯顿大学开展的实验,被试在距实验室几千千米之外的地方都能更改随机事件生成器的读数,而且耗费的精力并不比坐在生成器之外几米更多。

而在物理学中,几乎所有已知的力都遵守平方反比律。也就是说,力会随着距离的增加而减小,减小的幅度可以由距离的平方算出。比如牛顿在 1687 年出版的《自然哲学的数学原理》(*Principia Mathematica*)这部名著中指出,引力的作用就遵守平方反比律。

根据牛顿的推演,如果行星甲在某个距离围绕太阳公转,它就会受到太阳施加的引力的作用。而如果质量相同的行星乙在两倍的距离围绕太阳公转,那么它受到的太阳引力的大小就只有行星甲所受引力大小的四分之一(2 的平方的倒数)。若再有行星丙在三倍的距离围绕太阳公转,它所受引力的大小就只有行星甲所受引力大小的九分之一了(3 的平方的倒数)。

所有已知的力都遵守这个平方反比律,但心灵致动的支持者却说,有一些其他的能量传输形式是不必遵守这条规律的。他们最常举的例子是无线电信号的强度不会随着距离的增加而减弱多少,他们还用无线电波来类比"思维波"。

这个说法的前半部分是正确的。如果无线电波是由强大的发射装置产生的,并且用所谓的信号优化系统来调节,那它们的强度确实可以到了远处也不大幅减弱。然而这是一个不恰当的比喻:无线电信号传

---

* 我的看法是量子力学和心灵致动或传心术没有什么关系,但它或许可以解释未卜先知和同步性现象,见第六章的详细讨论。

递的是信息,而信息是不能移动物体或弯曲勺子的。要做到这两件事,一定要有力的参与才行,而所有已知的力都遵守平方反比律。即使心灵致动是借助电磁辐射发挥作用(无线电信号也是电磁辐射的一种),那这种辐射又是电磁波谱中的哪一段呢?和第三章讨论的传心术一样,心灵致动可能运用的是电磁波谱的两个极端,然而研究者已经彻底搜索了这两个区域,并没有发现任何心灵波的迹象。

如果心灵致动源于某种真实的精神能量,或者是通过某种目前未知的力发挥作用,那么唯一的结论就是这种力和我们迄今在宇宙中观察到的任何力都截然不同。这个结论对于心灵致动的超自然解释或许是加强,又或许是减弱,具体就要视你的立场而定了。在怀疑者看来,这不过是证明了他们的怀疑:既然心灵致动不能用电磁波解释,那它就一定是骗术或者戏法。而在支持者看来,这恰好证明了心灵致动是不受普通的物理定律支配的,也不能用人类的电子仪器测量,它超越了凡人的能力和理解。也许心灵致动确实是某种奇异的量子力学效应的副产品,如果真的如此,那么对它原理的解释可能就要等到遥远的将来了。

第五章

体内燃起的火

比利系着漂亮的新带穗,

掉进火里烧成了灰;

虽然屋里现在冷飕飕,

我却不敢拨弄他的骨头。

——格雷厄姆(Harry Graham)

"人体自燃"(spontaneous human combustion,简称SHC)最早的例子出现在17世纪早期,当时有一个名叫希钦(John Hitchen)的木匠和妻女在一场雷暴中一同丧生。当邻居从瓦砾中找到他的遗体时,他们惊讶地发现他的体内正冒着火焰,而周围却没有燃烧的迹象。他的遗体持续燃烧了三天,直到完全化成灰烬。

当然了,这类报告年代久远,肯定是不可靠的。而且说来有趣的是,一直到20世纪之前,所有人体自燃的受害者都被写成了酒鬼,即便事实未必如此。从第一例人体自燃开始,医学界对这个现象的公开说法始终没有多少变化,都说是受害者使用火焰不当或饮酒无度造成的。但是除此之外,也有许多证据表明这个罕见而骇人的现象还有别的原因。验尸官在验尸的时候,即使一切证据均指向人体自燃,而且有许多相似的案例作为参照,他也不会将自燃列为死因。也许是因为罕见,人体自燃至今被视作超自然的现象、幻想的产物。

不过,最著名的一例人体自燃倒的确是幻想的产物——它出自狄更斯(Charles Dickens)的丰富想象,在他1853年出版的小说《荒凉山庄》(*Bleak House*)中,有一个人物克罗克(Krook)就是这样死的。但是后来,却真的发生了几桩令人费解的人体自燃事件,其中的一些更是有数十名目击者,那些有趣的医学细节也得到了怀疑派专家和超自然研究者的分析。据报道,1986年,威尼斯牧师卢埃格尔(Franz Lueger)在一群集会的信徒面前起火爆炸,当时他正在饱含激情地布道。1990年的洛杉矶,埃尔南德斯(Angela Hernandez)在加州大学洛杉矶分校的一张手术台上爆炸。英国也发生过一起详细记录的人体自燃事件:1985年,在柴郡的霍尔顿学院,一名17岁学生在朋友面前忽然起火,在医院中抢救15天后死去。

表面上看,许多人体自燃事件都很好解释:受害者和明火或可燃液体经常接触,导致身体起火。有大量受害者都是流浪汉,深入调查也显示他们都沉迷于酒精。不过,和许多归为“超自然”的现象一样,也有相当比例的人体自燃事件完全不符合这样的标准解释。而且有些人体自燃现象也很难用现成的医学知识解释明白。要把它们解释清楚,可能需要放下一些传统观念,重新思考人体在极端条件下能够发挥的潜能。

我们先来研究一下和人体自燃有关的几种异常现象。

人体自燃事件中有一个最显著的现象。那就是在几乎所有事件中,遇难者的身体都燃起了猛烈的大火,然而周围的一切却几乎不受影响。许多遇难者的身体从躯干向外燃烧,但是火焰却不触及四肢。有的遗体烧成了灰烬,但遇难者的手指却几乎没有烧灼的痕迹,在少数情况下,甚至有整条手臂或腿都完整保留的现象。遇难者的衣服鞋子常常毫无损伤,附近的物体上也没有焦痕。

第二个令人吃惊的现象是，遇难者着火的部位，包括肋骨、骨盆和脊椎，都常常烧成了灰烬。这一点是相当罕见的，因为将人类的骨骼烧成灰需要很高的温度——超过 1000℃。火葬场的焚化炉能够加热到 950℃，但即便如此，火化后的骨骼也要经过挤压才能粉碎。

所以要解释人体自燃，就必须解释造成如此破坏的高温，并说明遇难者是如何从体内燃起这样一把大火的。

起先有人对人体自燃提出了一种正式的解释，说绝大多数自燃事件中都出现了外部的火焰或热源，然而这个说法相当可疑。的确，在许多自燃事件中，附近是都有热源存在，但并非所有的事件都是如此。而且在许多事件中，虽然事发地附近有火焰和火炉，但它们当时并未点燃。最好的例子就是 1985 年在霍尔顿学院身亡的学生菲茨西蒙（Jacqueline Fitzsimon）了，她是在走出烹饪教室下楼的途中起火的。她的导师卡森（Robert Carson）坚称所有煤气炉都在学生离开教室前的一小时就已关闭，后来英国内政部的化学家菲利普·琼斯（Philip Jones）也用实验证明，一件焖烧的厨师服是不可能燃起大火的。[1]

怀疑者不仅提出了事发地必有热源的主张，他们还猜想遇难者曾在火上跌倒，或者昏迷后靠在了某个热源上。接着就发生了所谓的"灯芯效应"（wick effect），遇难者的身体像蜡烛一样从内向外缓缓燃烧。

英国广播公司在 1989 年播放了一部名为《人体自燃调查》（*A Case of Spontaneous Human Combustion*）的纪录片，火灾安全工程师德赖斯代尔（Dougal Drysdale）博士在其中描述了这种效应。

"从一个方面看，人体的结构就像是一根蜡烛，只是内外翻转了而已。"他在片中说道，"蜡烛的中间是芯，外面是脂肪。当灯芯点燃，蜡烛开始熔化。接着外面的液体流到中间助燃。人的身体也包含了许多脂肪，当脂肪起火熔化就会流到外面的衣服上，而衣服就相当于灯芯，会使脂肪继续燃烧。"他接着用一块包裹着布的动物脂肪演示了这个现象。

　　但是后来却有人指出这次演示是伪造的:电视台使用了延时拍摄,使那块脂肪好像毫不费力就燃起了熊熊大火。即使撇开这个批评,这次演示也没有解释关于人体自燃的一个最重要事实:人体或许在某个方面的确像根蜡烛,但是在其他重要的方面,两者却有很大的不同。首先,这部纪录片没有告诉观众实验中使用的是哪种脂肪;其次,大多数肥胖者的体内都含有大量水分,而非纯粹的脂肪。另外还有关键的一点:片中对温度的问题避而不谈,也没有认真解释这个灯芯效应到底会产生多高的温度,又是否能烧化人体的骨骼。

　　如果灯芯效应无助于解释大部分人体自燃事件(无论它们是否由近旁的热源造成),那我们还有更好的解释吗?

　　也许更有成效的方法是对许多人体自燃事件中的火焰做一番研究。虽然不同的事件有不同的现象,但有一个因素是相同的,那就是自燃者身上都冒出了蓝色的火焰。另一个出人意料的现象是浇水对灭火没有多少作用,在有几例事件中甚至使火烧得更旺了。

　　出现蓝色火焰说明现场有甲烷气体,那是天然气的主要成分。牲畜的消化道内常会积聚甲烷,造成胃部鼓胀,有时需要兽医开一道口子才能释放气压。有人指出类似的事情也可能在人类身上发生:甲烷在肠胃中形成气泡,正常情况都可自行释放;但是在个别情况下,这些气泡接触到高温热源,从而造成了爆炸性后果。

　　更奇怪的是火焰遇水更旺的现象。这样的火焰往往和镁元素或钛元素有关。最好的例子就是飞机失火不能用水浇灭,因为客机和军机的框架中都含有大量镁和钛。镁燃烧时会产生非常剧烈的高温火焰,遇水则释放氢气,而氢气本身又是一种极易燃烧的气体。镁也是人体中的一种微量金属。

　　然而这些因素都不能解释人体自燃是如何发生的。人体中的确含有镁,但含量很少。它也许能作为"引线"燃起火苗,但是要接着燃烧,就需要依靠人体内更加常见的物质了,比如甲烷。但是直到今天,还没有人能够证明这样的机制。

我们的体内无时无刻不发生着化学反应，它们种类繁多，且异常复杂。人体是一部精妙的机器，它先从食物吸收能量，然后发挥各种特殊和普通的功能（有的有意识的参与，有的没有），在提取了食物中的一切可用能量之后，再将残渣排出体外。无论是移动一条腿、创造一个想法，还是呼吸一口空气，人体的功能都可以归结为生物化学过程。虽然这些过程涉及一系列复杂的生化机制，但每一种机制都可以分解成一套由简单反应构成的连环。

19世纪的研究者发现，化学反应要么是放热过程（即产生热量），要么是吸热过程（从环境中吸收热量）。而生化过程也不过是涉及生物分子（即生物体内的大型有机分子）的化学反应，这些反应同样可以分为放热和吸热两种。也许在人体自燃事件中，这些生化机制发生了某种扭曲，从中产生的能量促成了一个失控的放热过程。

无论人体自燃的原因是甲烷起火还是某种奇异扭曲的放热过程，人们始终对它有一点异议：人体内含有大量水分，大约占到身体质量的七成。然而化学工程师斯泰尔斯（Hugh Stiles）却用最近的几项研究表明，水的存在并不会真正影响火焰的引燃和持续。

他描述了这样一个过程：第一步是某个热源将肠道细胞中的有机分子氧化，使其中的碳变成二氧化碳。这是一个放热过程，会产生大量的热，并将周围细胞中的水分蒸发。计算显示，如果以这样的方式燃烧，一个普通人的躯干就能产生2亿焦热量。这些热量只要一半不到就能将人体内的水分全部蒸发，而剩余的热量会继续促进燃烧过程。其结果就是从体内燃起了一场猛烈的大火，或者是让肠道中无处不在的可燃气体引起一场爆炸。

不过这个理论也有一个漏洞：这样的反应会产生大量水蒸气，并在失火点周围的各种平面上凝结，但是根据人体自燃事件的记录，情况往往并非如此。的确，许多例人体自燃都是在遇害者独处的时候发生的，等到发现遗体时，火焰常常已经燃烧殆尽，即使有水蒸气产生，也都被次生的火焰蒸发了。但也有的时候，死者的遗体是在起火之后立即被发现的,或者燃烧的当时就有人目击,而这些事件中都没有遗体附近凝结大量水分的报告。

另一种能维持体内火焰的化学物质是磷化氢。这是一种有毒气体,能够在室温的空气中自燃。它有时出现在沼泽地带,呈一团发光的蒸气状,因此被称作"鬼火"。磷化氢在人体内并不常见,但是自然产生的磷酸盐有一种罕见的化学反应,其中就会生成磷化氢。

退休的工业化学家赛西尔·琼斯(Cecil Jones)认为,磷化氢能够解释一些人体自燃的报道,甚至可能就是霍尔顿学院事件的罪魁祸首。

"有可能是遇难者放了一个含有磷化氢的屁。"他这样猜测,"气体在她的衣裤中释放不掉,于是上升到了背部,并在那里的有限空气中燃起了火苗,这使她感到了灼热。接着气体从她的肩部逸出,燃起了火焰,两名目击者看见的就是这时产生的磷光。这就是为什么遇难者的背部和臀部严重烧伤,而身体正面和两腿都没有烧痕的原因。"[2]

这个现象还获得了一个正式名称——含磷屁(phosphinic fart),这或许能够解释部分自燃事件,但显然不是全部。

为了找到更加普遍的热源,我们需要回到生物化学。但是这一次,我们要来研究一下细胞中发生的能量交换过程。

人类通过一系列生物化学过程从食物中获取能量。第一步是将食物转化成葡萄糖,接着通过一个称为"糖酵解"(glycolysis)的过程,将葡萄糖分解成一种叫做"丙酮酸"(pyruvic acid)的分子。然后丙酮酸再变成各种分子,并在这个过程中释放能量。尽管整个过程相当复杂,但其中的每一个步骤都只涉及一个简单的化学变化。

著名的克雷布斯循环(Krebs' cycle,又称"三羧酸循环")就是一个例子,它以生物化学家克雷布斯(Hans Krebs)的姓氏命名,发生在细胞中一个称为"线粒体"的细胞器内。顾名思义,这是一个循环系统,丙酮酸参与其中,并且转化成各种分子。循环的每一个步骤,都会有更多的丙酮酸分子进来创造能量,其他分子也不断进入系统,并带着丙酮酸创造的能量离开。

关于克雷布斯循环和其他生化系统有一个关键的事实,那就是其中的每一个步骤都只产生微弱的能量,但它们合在一起却提供了人体所需的全部能量。不过要让这些系统造成人体自燃,每一个细胞在每一个步骤中产生的能量就必须在很短的时间内爆发才行。

正统医学认为,没有什么机制能够引起这样的现象,因为细胞的线粒体中有微小的薄膜,能将克雷布斯循环的每一个步骤隔离开来。不过从理论上说,这些薄膜也有可能破裂,从而形成自燃的"契机"。

一个可能的契机是一种称为"自由基"的化学物质。自由基是一种十分活跃的原子,其内部的一个电子会在短时间内处于超高的能态,由于这个能态并不正常,电子会用尽一切手段回到正常状态,而这往往就需要和其他化学物质发生反应。

地球大气层中的臭氧分解就是一个例子。喷雾剂和工业制冷剂中的氢氟碳化合物会和臭氧发生一系列反应,这些反应就有自由基的参与,它们的结果是分解臭氧,使地球失去天然的保护层。

研究者猜想,自由基可能也是衰老的原因之一,因为它们引起的反应能造成组织退化。因此,我们假设自由基能在特殊条件下影响身体内部,应该不算牵强。至于它们能否使人体在代谢过程中自动释放能量,这一点还值得探讨。但是假如真有这样的能量,那它就完全可以解释人体自燃事件中的超高热量和惨烈后果了。我们看一个数字就能明白:一克葡萄糖就能释放38 000焦的热量。

那么,这样一个系统可能出错吗?实际上,它还经常出错。一切生化过程都受到一种叫做"酶"的复杂化学物质的左右。要在适当的时间以适当的比例产生适当的酶,就需要经过一系列复杂的步骤,而这些步骤都是由几个特定的基因控制的。有时这些基因会发生故障,并引起各式各样的问题。例如有一种酶专门负责细胞分裂,如果控制它的基因出现故障,这种酶就无法关闭,这会造成细胞不受控制地分裂,从而引发癌症。

如果控制糖酵解或克雷布斯循环的基因出现类似故障,这些过程

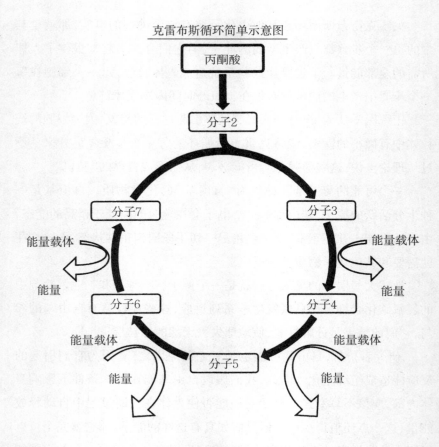

图 5.1

也同样可能失控,但其结果不是产生癌细胞,而是身体的代谢大大增加。如果代谢过程在很短的时间内开足马力,将以往几个月或几年的工作压缩在几小时之内完成,产生的能量就足以使人体自燃了。

还有一种方法可以使用细胞中的代谢过程,那就是启用腹部囤积的脂肪。这也许还能解释为什么在大多数人体自燃的案例中,火焰都是从躯干或中腹部烧起的。

像松鼠之类的冬眠动物拥有一种特殊的脂肪,称为"褐色脂肪"(brown fat),能够在冬眠的时候分解并提供能量。这是一种效率极高的能源,每千克储存的热量相当于500瓦,这足够驱动一台小型电热器了。

人类没有褐色脂肪，但是人体在缺乏营养时，也会分解"正常"脂肪。人体的这个过程虽然和松鼠相比效率很低，但是一个胖子仍然有许多能量可供提取。在这个过程中，自由基同样可能引起一串链式反应，并轻易释放出人体自燃所需的能量。

我在前面说过，从自燃者的遗体判断，燃烧是从他们的肠道开始的，所有遇难者的四肢都没有烧灼的痕迹。这和上面讨论的两种机制，即细胞自燃和脂肪自燃，都相吻合。至于具体原因，就看你接受哪一种理论了。

先来看细胞自燃机制。线粒体要持续工作就需要氧气。遇难者死亡后心跳停止，但身体的各个部分仍有余氧，还能存活一段时间。等到火焰烧到膝盖时，线粒体中的含氧量已经跌到了关键的最小值以下，这时细胞就会彻底死亡，燃烧终止。

如果将体内的脂肪视作燃料，那么当火焰烧到四肢时就多半会熄灭，因为即使是最胖的人，四肢的脂肪一般也是少于腹部的。

至于其他可能的机制，近来甚至有人在研究中提出了冷聚变说。这个奇异的过程在第一章中已经作为星际航行可能的一种能源略微提过，但是在大多数科学家看来，它不过是幻想而已。

在1989年的一组实验中，弗莱施曼和庞斯两位教授设计了一个似乎能在常温下靠聚变产生能量的系统。他们的实验过程和所谓的"电化学系统"有些相似。在电化学系统中，浸泡在特殊溶液中的金属表面发生了化学反应，从而产生电能——这就是普通电池发电的原理。而在这组实验中，两位科学家使用的不是电化学装置中的普通化学反应。他们认为在适当的条件下，金属的表面可以作为催化剂，促使原子核发生聚变。*

---

* 化学反应中涉及的是原子中的电子，而非原子核。而像裂变和聚变这样的核反应涉及的是原子核，与外层的电子无关。将电子束缚在原子内部的能量远远小于将中子和质子束缚在原子核内部的能量，所以引起化学反应比引起核反应要容易得多。

　　直到今天,弗莱施曼教授仍坚持这个系统是可行的。近年来,他对实用冷聚变能源的研究得到了丰田公司的赞助。这个机制如何能引发人体自燃还不清楚,但是在《论人体自燃》(*Spontaneous Human Combustion*)一书中,作者兰德尔斯(Jenny Randles)和霍夫(Peter Hough)这样引用了一位不具名的物理学家的话:

　　在人体蕴含的物质当中,钾和钠是最有可能发生聚变反应的。而钾含量最高的组织位于脑部、脊椎和骨骼肌。因此在自燃的人体中,手和脚受的影响最小,而头部的影响最大。

　　人体自燃会释放极大的热量,也许会达到白炽状态,这不会像缓慢的燃烧那样波及周围的物体。火焰会在几秒之内燃尽,最多持续几分钟。燃烧后会留下残余的放射性,如果没有反倒意外了,但有的话也不会很多。[3]

　　这是一个有趣的观点,听起来也有几分说服力。但问题是,如果我们就此将冷聚变作为人体自燃的原因,则我们离人体自燃的解释就又远了一步。因为眼下不仅人体自燃尚未证明,就连冷聚变在大多数科学家眼里也不过是个假说,这个领域的研究者还几乎没人能将它重复出来。

　　其实,我们实在没有必要从科学的那些奇怪分支里为人体自燃寻找解释。只要着眼于人体的生化性质和我们周围的自然力,就能够发现许多反常之处,并提出较为可信的自燃原理。

　　一位人体自燃研究者阿诺德(Larry Arnold)提出了一种"奇异粒子"假说来解释自燃中的热源。他想象了一种称为"燃子"(pyrotron)的粒子,说它会以某种神秘的方式引起燃烧。虽然这个"燃子"和"思子"听起来一样可爱,但是无论实验还是理论,都没有证据支持它的存在。我认为这个概念完全是画蛇添足。

到现在为止，我讨论的都是身体如何在起火之后持续燃烧的问题，可是归根到底，身体又是如何烧起来的呢？

我们第一个要研究的是人体本身。虽然人体不太可能产生足以自燃的能量，但是这个假设也不无道理。我们在第三章看到，人脑中包含的电路比有史以来的任何一台计算机都要复杂，每一个神经脉冲都携带了100—120毫伏的电压。如果脑中的某处发生了某种未知的奇异活动，并忽然涌现出了一股能量，它就有可能产生一道恰到好处的电流，这道电流经过转接，就可能在某个微小的区域燃起火苗，而这又可能引发一连串破坏力不断增强的过程，最后以身体爆炸或内部起火而告终。

细胞中的生化过程同样伴随着电位的变化。线粒体内膜两侧的电位差比脑中更高，达到了225毫伏。有人算出这相当于每立方厘米45 000伏的电压。[4]

但是我们不能因为这些数字就想入非非。将数百万个相邻细胞的电压相加，其实是没有多大意义的。这就像说，一幢楼房中的每台电脑都有240伏的电压，所以一旦发生故障，就会有一股几十万伏的电涌传到附近的几百台电脑上去一样。这样的怪事的确可能发生，同样的道理，人脑中也的确可能发生类似的怪事，但这只会是非常罕见而反常的现象。

抛开人体本身不说，我们周围也存在一些强大的自然力或人造力。据估计，地球上每年发生1600万场雷暴。每一个瞬间，都有1900场雷暴在世界的某些角落咆哮。但令人意外的是，英国每年只有寥寥数人在闪电中丧生（美国的人口只比英国多4倍，每年却有100—150人被闪电击亡）。

闪电是从雷暴云中产生的，雷暴云是一大团翻腾的空气，其中包含了大量带负电荷的离子。雷暴云所经之处，这些离子就和物体中的负电荷相互排斥，扰乱人类在内的一切生物体的电场。这就是动物和一些敏感的人类能够预知雷暴的原因。当带着负电的乌云飘到上空，有些人就会觉得情绪低落甚至身体不适。他们脑中的化学物质和细胞中的电平衡受到了负电荷相斥的干扰,而这又通过某种未知的途径,使他们的情绪和身体作出了反应。

然而根据报道,雷暴和人体自燃之间似乎又没有什么关系:人若被闪电击倒,身体并不会进出火焰。实际上大多数被雷电击中的人身上都没有明显的烧灼痕迹,因为雷电产生的高温(大约 30 000℃)只会在身体上作用几微秒,并不足以造成烧伤。遇难者的死因不是高温,而是神经系统被彻底摧毁——他们体内的电路几乎被熔化了。

虽然雷暴和人体自燃之间没有直接的联系,但有一些自燃事件是可以用相似的自然气象原因来解释的。比如圣埃尔莫之火(St. Elmo's Fire)就是一个例子,那是一种诡异的火光,有时在船只的桅杆和高层建筑周围出现,它是由电离的空气产生的。

还有一个类似的现象是球状闪电。常有人用它来解释一系列超自然现象,从不明飞行物到麦田怪圈。但科学对这种气象现象还知之甚少,加之它又非常罕见,所以连它到底存在与否都是许多气象学家争论的焦点。我们假定它是一种真实的气象事件。零星的目击报告中都提到的一个共同点是:它是以一团能量的形式出现的,形状通常是球形,直径在 1 厘米至 100 多厘米之间,持续时间仅有几秒。目击者称,这些光球先是沿水平方向移动、每秒移动几米,然后要么无声地消失,要么在一场小型爆炸中耗尽。这或许是一种致密的能量形式;又或许它是一小块从雷暴云上剥落的电离气体,所以才有人把它想象成了"球状闪电"。

球状闪电似乎的确是人体自燃的一个可能原因:它非常少见,又蕴含巨大能量,据部分目击者称,它还能穿透有形的物体,持续时间也很短暂。不仅如此,它还不会留下清楚的痕迹。

另一个可能的火源是我们使用的各种机器,它们的数量越来越多,每一部都发出电场。我们很容易忽略一个事实,那就是我们的家中、办公室和车上的所有电子产品都会发出磁场,而且每一个磁场多少都会和其他磁场相干。

我记得小时候看电视,每当邻居打开除草机或食物搅拌器时,我家客厅的电视图像就会受到干扰(每次都是《星际迷航》放到一半的时候,我记得)。今天的电子器械有了较好的绝缘性能,这类干扰已经很少发生了,但是再好的绝缘措施也无法阻止电磁场泄漏。当我们的环境为日益复杂的机器所充斥,我们就必须认真考虑泄漏的电磁场和电涌是否会改变我们身体的电化学构成了。对使用电脑造成的眼部疲劳已经有了许多研究,但是它们对于我们神经系统的危害却还少有人关注。

静电也是我们每天都要接触的一种能量,有些人对静电格外敏感。在许多案例中,当事人的身体都成为了储存静电的容器,甚至在无意间破坏了周围的电子设备。人体自燃的遇难者也有可能对环境中的电力波动格外敏感,这些电力波动的来源不是雷暴之类的自然气候条件,而是他们周围的电子器械。

除了这些较为普通的原因,对最初点燃遇难者的"火星",还有着许多"超自然的解释"。

这类解释中的大部分都缺乏理论依据,显得神秘而多余,然而从中也浮现出了一个有趣的事实:好像自燃只会在人类身上发生。

也许是自燃这种现象实在太罕见了,才使我们没有在野外观察到它而已;但是千百年来的农民总该报告过这类事件吧,尤其是考虑到牛的体内还特别容易积聚可燃气体。上文描述的细胞能量机制在几乎所有哺乳动物身上都是相同的,那为什么它们只在人类身上出现了故障呢?

一种解释认为,人的心情或精神状态会以某种方式影响自燃的概率,但这个说法并没有过硬的证据,只有零星几个事件中似乎有一些情绪因素而已,比如有两份20世纪50年代的报告指出遇难者是在自杀时发生自燃的。[5] 有的研究者还指出,在大量人体自燃事件中,遇难者醉醺醺的样子也许都是因为心情不好,而不是真的喝醉了。

从过去300多年收集的报告来看,我们还无法总结出一个确切的规律,指出是什么样的人、什么样的环境事件造成了人体自燃。自燃事件并不在一天中的某个时间特别频繁或特别罕见,虽然许多事件都发生在冬天而非夏日。质疑者会说,在冬天,人们本来就容易忘记关掉壁炉或者炉子,由此引起了火灾。支持者则搬出"季节性情感障碍"(Seasonal Affective Disorder),说它与人体自燃有关。然而这个关联同样没有过硬的证据。

那么,从关于人体自燃的假设、理论和稀少的事实当中,我们又能得出怎样的结论呢?

我们似乎没有必要寻找什么超自然的解释。人类的身体本来就是一部结构复杂、功能繁多的机器,至今仍在为生物学家、化学家和物理学家创造惊奇。也许某种环境因素会引起一些向来不为人知的生化紊乱,使人体陷入自我斗争或自我超载的古怪境地。

也许人体自燃有许多类型,而那些爆炸事件和缓慢燃烧的事件有着截然不同的原理。也可能起火的原因都是相同的,但各个遇难者却因为肠道内气体含量的不同或身体素质的差异,而对起火因素产生了不同的反应。有一类自燃现象显然是应该分开讨论的,那就是磷化氢之类的气体在体内积聚、释放,并在接触空气后起火燃烧的情况。

由于人体自燃实在罕见,我们很难整理出一个确切的解释。传统派给出的回答太过肤浅,不能使人满意,而且它们只解释了少数事件,而忽略了大量其他现象。在这个意义上,"科学"的解释其实一点也不科学,它们只是刻意忽略那些令人不快的事实——那些无法用既有理论解释的事实而已。可惜的是,那些使人"为难"的现象,其实正是我们发现新事物的绝佳机会。

第六章

来自未来的景象

我们现在所知道的有限，先知所讲的也有限。

——《哥林多前书》13 章 9 节

在所有超自然现象之中，预知是科学家们绝难接受的一种。说来有趣的是，预知也是最古老的形而上学观念之一，在几乎所有文化、所有时代，它都会以某种形式、某种面目出现，从莎士比亚的"谨防 3 月 15 日"*到现代游乐场里的算命把戏，都可以归入这一类。

在研究如何利用现代物理中的一些巧妙概念预测未来之前，我们先来看看如何用一些普通的方法来解释对未来的某些预知。

在《超自然》(Supernature)一书中，作者莱尔·沃森(Lyall Watson)列出了十几种预测未来的另类方法，从气象占卜(通过云的形状占卜)到奶酪占卜(用奶酪预言将来)，无奇不有。但是算命和广义的预言都有更加传统的形式。[1]

在古埃及，太阳神拉(Ra)的祭司都是先知。古希腊人在发动战争

---

* 在莎士比亚的剧本《恺撒大帝》中，曾有占卜师要恺撒"谨防 3 月 15 日"，后来恺撒果然在这一天遇刺。——译者

或缔结和平盟约之前也会请教先知,例如德尔斐神庙的那一位。之后,诺查丹玛斯(Michel Nostradamus)成为了西方世界最著名的先知,而塔罗牌、水晶球和相手术也已经是我们文化历史的一部分,在许多国家和时代的文学作品和民间传说中都有表现。

诺查丹玛斯是一个神秘主义者,1503—1566 年在法国生活,他创作了数千条预言,都以四行诗的形式写出。有的鼓吹者在他的诗句中看出了精确的预测,但是我们对于任何一种传统预言的批评,都可以加到诺查丹玛斯的头上——他的预言太依赖解释了。它们究竟在说什么,都是事后才有人发现的,这就降低了这些预言的效力。而且和许多其他形式的预言一样,他的措辞也是极其模糊的。虽然后人推崇他预言了 20 世纪的许多技术创新、战争、独裁者和大灾难,但是他最初的诗句中却很少有明确的断言。比如下面的这首四行诗:

> 他们会觉得自己在黑夜里看见了太阳,
> 实际看见的却是半人半猪:
> 天空中充满喧嚣、歌唱、争夺和战斗,
> 耳畔传来野兽的语声。

——第一世纪,第 64 首

有人说这是在预言原子武器和战斗机,但这种说法是很容易在这两种武器问世之后再附会上去的。19 世纪的评论者可能对这条预言有完全不同的解读。如果诺查丹玛斯的著作是直到 22 世纪才被人发现的,那时的人们又会怎么理解它呢? 和许多神秘现象一样,在任何一个时代,人们都会根据当时的标准和通行的观念来判断前人的预言或预知。

此外还有一种相当不同的预知,靠的是一个人和一个系统的互动,比如中国人用来占卜的《易经》和欧洲人使用的塔罗牌。诺查丹玛斯是一位孤独的先知,一个人坐在书房里遥望将来。而塔罗牌和《易经》

则是一种仪式，信徒声称它们能集中某些精神力量，并且绕过意识心理（conscious mind）。这些技术的拥护者认为，我们的下意识心理（sub-conscious mind）能够挣脱时间的枷锁，只要任它自由翱翔，我们就能把握未来。凭借一套占卜系统，比如一副塔罗牌或《易经》中的一把蓍草，就能将平常杂乱的意识心理滤去，使得下意识直接掌管身体。

与之类似，许多自称能预知未来的人都说自己是在睡觉时收到未来图像的。如果真的有预知未来这回事，那么接收未来信息的最佳时机倒的确可能是在睡觉的时候，因为人在睡梦中时，下意识会代替意识心理。

无论未来的图像是来自一个仪式体系、一种药物，还是一种睡眠引起的意识丧失的状态，都有许多人自称曾看到过将来。大多数人会将这些图像忘记，根本不会细想——在意识心理和纷乱的生活中，它们早就给抛到脑后去了。但是拥护者称，仍有一些图像会留在我们的脑海深处，等到某个下意识事件被触发，它们就会在意识中再度涌现——我们说某事"似曾相识"，就是触发了这个机关。

有些从梦中得到图像的人能将这些图像巩固，其中更有少数人大胆地将自己的预言公之于世。令人意外的是，他们偶尔还真会说对。令科学家尤其难堪的是，有些预言图像还很难用平常的机械论解释打发掉。

英国的阿伯万在 1966 年发生过一场灾难。当时煤矿滑坡摧毁了一所学校，造成 100 多人死亡。在那之后，许多人都自称在事发前就"看见"了事故。一位精神病学家对这些预知案例开展了研究，发现其中约有 60 例是真实的。在这场悲剧中丧生的一个女童在事发前两周告诉母亲：

"不，妈妈，你一定得听我说。我梦见自己去上学，可是学校不见了！有什么黑色的东西把它全盖住了！"[2]

在"泰坦尼克号"启航之前，有一个名叫克莱因（William Klein）的人曾经预言了它会沉没。他对自己看到的景象十分震惊，于是劝说一位朋友不要登船。但朋友没有理会他的警告,结果命丧冰海。世纪之交的著名超自然研究者斯特德(W. T. Stead)也收到了两个灵媒的警告,叫他别上"泰坦尼克号",出人意料的是,他却不加理会,登船赴死去了。

我们当然可以说这些都是巧合。儿童梦见学校而觉得焦虑是常有的事,而这股焦虑可能就会在梦中化作吞噬学校的黑色物质。"泰坦尼克号"的设计在当时堪称革命,媒体对它的初次航行大肆报道,并称之为第一艘"不沉铁船"。轮船启航前免不了有人想到最坏的情况,而当最坏的情况真的发生,那些人就好像提前说中了似的。

不过,也有预知的研究者和信仰者认为世界上没有所谓"巧合"。他们宣称人类天生就有在时间的公路上漫游的异能,"过去"和"未来"这两道屏障或许都是有弹性的。

荣格发明了"同步性"(synchronicity)的概念,还写了《同步性:一种非因果的联系原则》(synchronicity:An Acausal Connecting Principle)一书来阐述这一概念。[3] 他后来又与物理学家泡利合作,共同建立了所谓"荣格—泡利理论",两人提出了一个无法证明却又非常诱人的观点,认为集体无意识能对世界产生某种影响。按照他们的设想,自然界中没有随机性,只有一个"单一世界"(unus mundus),并且它受到下意识中的一个普遍智能(由人类和其他有意识生物的意识构成)的指引。第三章提到的原型就是这股包罗万象的力的一种体现,也是它通过我们的下意识心理泄漏到物质世界的一条途径。

这是一个诱人的观点,它以人为本,又超越了我们生活和劳作的庸常世界。可是它真的站得住脚吗? 这样一个无远弗届的意识,又如何在科学定律的框架之内施展呢?

如果抛开这些玄想,只谈预知未来,我们就会发现它有两种可能的原理。这两种原理都用到了现代物理学的一些边缘概念,但它们并不违背逻辑,在理论上也没有超出公认科学的范围。第一种原理依赖的还是那个有用的理论构造——虫洞。

我们在第一章看到,宇航员可以用虫洞来穿越银河系内部的浩瀚空间,甚至到达银河系外,而不必飞遍两点之间的全部距离。然而这种飞行方式却有着巨大的实际问题,我已经说过,它只能在两点之间提供有限的通讯。但是除了在两个处于同一时空框架的地点之间打开一条通路之外,虫洞也许还能使人获取未来的信息。

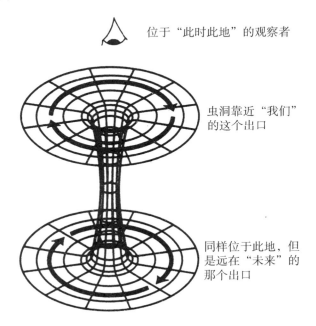

位于"此时此地"的观察者

虫洞靠近"我们"的这个出口

同样位于此地,但是远在"未来"的那个出口

图 6.1

第一章图 1.4 中的那个虫洞连通了空间中的两个点,现在试想虫洞的一个出口以接近光速的速度移动(图 6.1),那么这个系统就会一下子具有时间机器的特征。

从爱因斯坦的狭义相对论可知,对时间的观测取决于观测者的运动速度。如果虫洞的一头接近光速,而另一头以缓慢得多的速度移动,那么两头的观测者就会处于不同的时间。

为了获得预知能力,虫洞远端的出口离我们不能太远,因为这样才能"看见"对我们这些地球人具有意义的事件。一开始,我们这一头的虫洞出口必须做接近光速运动,这样才能使两头的出口出现显著的时间差。不过一旦时间差已经出现,两个出口的速度就可以没有分别了。

假设虫洞的远端相对于我们动静较小,比如它在做圆周运动,每7天运转一周;但是对于虫洞这一端的我们来说,时间的流逝却要比7天少得多,也许只有一天。这样一来,我们就得到了一部时间机器,它的一头就在我们眼前,另一头位于我们的将来。一个处在我们这头的观测者通过虫洞观察另一头的一名观测者,就会发现对方的日期已经在我们的6天之后了,而我们正处在他们的"过去"。

这对预知又有什么帮助呢?

预言或预知靠的是把将来的信息搬到现在。要做到这一点,我们不必带着飞船或人员穿过凶险的虫洞,不必躲开它巨大的引力场和毁灭性的力量。只要信息能够穿过虫洞,并且为一个敏感的个人所接收,预知未来就有可能实现了。

在《星际迷航的物理学》(*The Physics of Star Trek*)一书中,作者克劳斯(Lawrence Krauss)分析了发明一台《星际迷航》中的物质传输机的可能性。[4] 他的结论是:用这套系统传输物体几乎是不可能的,不过我们倒是有可能用它来传送**信息**。

不过就算是信息,其中牵涉的数学也够叫人头疼的了! 就拿人来说,一个人所包含的信息(即复制一个人需要的全部数据)比有史以来所有书籍中的总信息还多了一万万亿倍。幸好,从将来沿着虫洞传到现在的信息不必如此详细。

有关预知事件的记录中都有一个共同点:来自未来的画面几乎总是模糊不清的,预知者往往只能接收到事件的大概情况。所以我们只需要一个简单得多的信息传输系统就够了。有灵媒"看见一艘船只的轮廓露出水面",接着便自称看见了"泰坦尼克号"沉没的景象,他们或许真的接收到了沉船事件的信息。这些信息不知怎么穿过一条虫洞,从未来泄漏到了现在,接着灵媒再对这些信息加以处理,就"预见"了灾难的发生。

前面介绍利用虫洞作星际旅行时,我特别提到了虫洞的作用是很有限的。用虫洞解释预知同样如此。要让一个事件的信息准确地传递到接收者手中,虫洞的远端就必须在正确的时间位于正确的地点,而这一点的可能性是很低的。

这个理论的拥护者认为,也许我们的四周随时都有微型虫洞出现,而且通过某个无法解释的机制,灾难事件使它们成为了传输信息的管道。他们还提出人类的意识可以与这些神秘的通道互动,当人的心灵面对灾难甚至死亡时,其中的信息就会通过一条虫洞连接到现在。但是,如果没有更加详尽的分析,这个解释是根本不能称作为解释的,它只是在用一个假说阐述另一个假说而已。许多信奉预知的人都已经抛弃了这个解释,转而对另一个观点产生了兴趣,这个观点认为,未卜先知的能力或许和物理学中的一个饱受污蔑的分支有关,那就是量子力学。

20世纪早期,量子力学作为一个革命性理论登上了历史舞台,一举掀翻了维多利亚时代占据物理学主导的经典力学。

关于原子世界的早期模型认为,原子是由中心的原子核和周围的电子构成的,就像是一个微缩的太阳系。电子的质量大约是质子的两千分之一(质子是原子核中的一个组成部分),它带有一份负电,和质子的一份正电相互中和。

但是到了20世纪初,物理学家却认识到这个模型不可能成立。首先,数学推导出了电子不可能像行星一样停留在轨道上,它们照理会发生轨道衰变,并和原子核中的质子相结合。但我们的现实宇宙显然并非如此,因此这个模型一定是错误的。他们猜对了。

多亏了普朗克、玻尔(Niels Bohr)和薛定谔的开创性工作,物理学家提出了一个关于亚原子世界的崭新模型,它的复杂程度大大超过原来那个,从中还引出了好几个违反直觉的推论。从那以后,物理学界之外的人就一直在受它困扰。量子力学的先驱之一玻尔甚至说过这样的话:"谁要是没有为量子理论震惊,谁就不懂得量子理论。"

这个问题的开端,是因为粒子物理学家意识到了电子并不是一个带有负电荷的球形物体,而是一个只能用概率来描述的对象。换句话说,一个电子处在原子核外特定距离的概率,要高于它处在某个更近或更远距离的概率。

和这个概念相关的是海森伯(Werner Heisenberg)在1927年提出的"不确定性原理"。这条原理指出,我们在测量一对物理量时达到的精度是有限的。例如,当我们同时测量一个亚原子粒子的位置和动量时,这个测量行为就会对粒子造成很大的扰动,结果就是我们无法同时确定它的位置和动量。我们只能为这两个变量赋予模糊的数值,并且用**波函**数来描述它们的模糊性——也就是说,我们的描述完全是概率式的。

表面上看,这似乎是一个无关紧要的问题——亚原子粒子的具体位置无法确定,那又如何呢?而实际上,这就是量子力学的全部精髓所在,也是外行人一切困惑的根源。也正是因为有这条原理,量子力学才有可能解释预知。

既然我们无法在最基本的层面上定义宇宙,那就说明宇宙是构建在概率之上的。万物不再确定,也没有了清晰的定义,不再有纯粹的"是",也不再有纯粹的"否"。从这一点出发,我们就会得出一些非常奇怪的量子力学观点。

第一个观点是宇宙只能在统计的层面上研究。如果我们钻得太深,尝试探索单个粒子的行为,就会得到没有意义的结果。那么不妨换一个视角来看问题:只有对宇宙作整体的观察,它才会显示出符合逻辑的架构来。

对这一点,我们的直觉还勉强可以把握。但是现代量子力学比这走得更远。海森伯说过,量子力学的模糊性质意味着传统的因果观念可能解体,结果未必要出现在原因之后。更使人困惑的是,实验者或观察者还可能干扰实验,也就是人类的意识或许能以某种方式左右宇宙的进程。

为了理解这一点,我们再来讨论一个著名的思想实验,它是量子力学的创始人之一、奥地利物理学家薛定谔在20世纪20年代提出的。

薛定谔设想了一只箱子,里面装了一只猫和一块放射性物质。一旦这块物质衰变就会牵动机关,放出毒药把猫毒死。但因为放射性元素的衰变是随机的,因此它有50%的概率会衰变并把猫毒死,还有50%的概率不会。实验者如果想知道箱子里发生了什么,唯一的办法就是把它打开,看看猫是否还活着。也就是说,在开箱之前,猫既有可能活着,也有可能死了。只有当实验者打开了箱子,可能才会变成现实,因此是观察者在左右实验的结果,或者用术语来说,是他在造成"波函数的坍缩"。

上面的说法没有任何违背逻辑的地方,在数学上也完全正确,然而它就是让人感觉"不对劲"。不仅如此,它还会引出一系列荒诞的推论,比如:把箱子里的猫换成人会怎么样?也许这个人能像实验者一样使波函数轻易坍缩?他在箱子里会经历什么?他对实验的影响会压倒实验者吗?

再假设这个实验变成了一个媒体关注的公共事件。实验者在打开箱子之后会发生什么?他或者会看见一个活人,或者会发现一具尸体。然而等在实验室外的摄影机和记者并不知道里面发生了什么,那么对他们来说,箱子里的人到底是死了还是活着?还有一个同样令人困惑的问题:如果把猫或人换成一台电脑,又会发生什么?把实验者换成电脑呢?这些变化会对实验结果有怎样的影响?

"薛定谔猫"这个实验虽然听起来神秘,但它是有可靠的理论和几十年的理论推导作为依据的,也完全在量子力学的允许范围之内。它之所以叫我们难以接受,是因为它似乎抵触了我们接受的逻辑教育,以及人类天生的一些思维方式。不过,也许量子力学是正确的,而我们的直觉却错了。

量子力学中的奇异概念有好几种不同的解释。其中最传统的一种称为"哥本哈根解释",该解释在1927年提出,认为亚原子世界的不确定性不能推广到宏观世界,而日常生活的大尺度世界也只有在笼统的统计学层面上才能理解。但批评者认为这是在回避问题,他们对量子力学的悖论提出了一些别的看法。

有一种看法称为"埃弗里特—惠勒"解释,根据它的提出者埃弗里特(Hugh Everett)和惠勒(John Wheeler)的姓氏命名。这种解释认为,一个过程的所有可能的结果(在"薛定谔猫"这个例子中有两种:猫活着,猫死了)都在某处出现了。我们在这个宇宙只观测到了一种结果,比如猫活了下来;而在另外一个平行的宇宙里,人们却观测到了相反的结果——猫死了。

这意味着任何事情一旦发生,都至少会出现两个结果、两批观测者,这两批观测者处于两个完全分隔、绝不相遇的宇宙。不仅如此,从清晨到黄昏,随着每一秒钟的流逝,"未来"的可能数目都在增加,它们目前就在增加,直到趋向无穷。

这个观点得到了科学界中一些成员的严肃对待。它已经成为了若干论文的主题,还有人将它作为踏板,提出了更加离奇的理论。然而这个观点却太难验证了,也很可能永远无法证实。说来讽刺的是,它的提出者之一、著名物理学家惠勒却对心灵学家进行猛烈抨击,还宣称科学界应该"把这些怪家伙从科学研讨会上赶出去"。[5]

超自然现象的鼓吹者觉得再没有比这更虚伪的了,他们指出,心灵学家和神秘现象研究者的观点再怎么离奇,也远远不能和惠勒及许多物理学家的观点相比。量子物理学家则反驳说,他们的理论是以数学作为基础、以半个多世纪以来的自洽的知识作为依据的。他们还指出,量子力学的许多结论已经在实践中得到了证明,这门学问也为世界带来了许多先进的技术。

他们说得没错。量子力学是激光科学、先进电子学和远程通信的基础。没有物理学的这个奇特分支,就不会有电视机、先进的计算机、太空飞行和CD播放器,也不会有环球通信、互联网和激光手术。而相比之下,心灵学直到今天都是一门难以捉摸的学问,仍然无法清晰地界定。

　　量子力学还有第三种解释,它不像埃弗里特—惠勒解释那样富有争议,但是同样无法用科学来验证。它认为人类的意识能直接与波函数互动。这个观点的提出者是美国物理学家维格纳(Eugene Wigner),它认为人类的心灵能下意识地在一个基本的层面上操纵宇宙。

　　这使我们不由想起了前几章中讨论的一些概念,尤其是荣格的单一世界和谢尔德雷克的形态共振。维格纳的观点或许也能解释心灵致动和几种传心术,但最重要的是,它为预知提出了一种原理。

　　这个解释有一个关键的论点:意识和基本物理进程之间的互动不限于此时此地。换言之,人的意识在操纵宇宙时,能够超越距离和时间。用术语来说,它具有**空间和时间的不变性**。令人意外的是,这不仅是狂热信徒的离奇想象,它或许还可以用一组可靠的测试来证实;而这组测试的依据的就是北爱尔兰物理学家约翰·贝尔(John Bell)提出的一个思想实验。

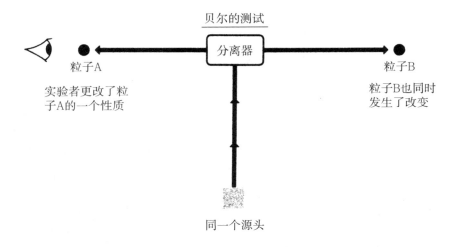

图 6.2

　　在实验中,来自同一个源头的两个粒子被发射到一个装置中间,再由装置以光速发送到不同的方向。

接着再"修改"其中的一个粒子,也就是用非常有限的方式改变它的状态。比如,我们可以改变它的**自旋**;如果这是一个高能电子,我们还能使它恢复到正常的"基态"(ground state)。接下来就会发生一件惊人的事:第二个粒子(正在以光速朝反方向飞行)也在第一个粒子改变的**同时**发生了改变。

在量子物理学家看来,这就产生了一个既令人激动又使人担忧的奇怪局面:光速是一个确定的值,是无可辩驳、无法否认的宇宙常数。那么既然如此,在两个粒子无法交流的情况下,其中的一个又是怎么更改另外一个的状态的呢?

自从这个测试在20世纪60年代首次提出以来,一代代物理学家已经为它伤透了脑筋。他们提出了许多种解答,其中最为人接受的一种认为,任何亚原子粒子只要曾经相遇,彼此就会产生一种永恒的"亲缘"关系,而且这种关系似乎能够超越物理学的极限。在畅销书《薛定谔猫探秘》(*In Search of Schrödinger's Cat*)中,作者格里宾(John Gribbin)如此评说了这个悖论:

> 根据贝尔测试设计的那些实验告诉我们,在某种意义上,曾经有过接触交流的粒子都会从此成为同一个系统的部分,在和其他对象的互动中也会同时作出反应。而我们见到、摸到、感受到的一切,差不多都是由一团团粒子构成的,这些粒子自宇宙大爆炸起就始终在和其他粒子相互作用。[6]

那么我们能用这来解释预知吗?还有传心术呢?

自从贝尔在30多年前提出他的测试之后,已经有人用一系列真实的实验证明了他的想法确实可行。但是用这个实验来解释超自然现象却会出现一个问题:在A和B这两个粒子之间并不存在信息传输。假如粒子A有某种自旋,并被实验者"翻转"到了另一个状态,那么粒子B也同样会被改变,但要紧的是,两者间的这种协同变化并不需要交换信息。粒子 B 只是改变了自旋状态,而粒子的自旋状态取决于所谓的"随机量子涨落"。粒子从一个随机模式变换到另外一个,其间是不需要获得信息的。在另一项研究中,实验者改变了一个需要获得信息才能转换的参数,希望能重复出贝尔实验的结果,但这一次粒子 B 就没有在同时发生变化了。

超自然现象理论家认为,这一点其实并非障碍,因为心灵效应不涉及我们所知的那种信息。但他们又举不出过硬的事实支持这个说法,这样说自然会激怒惠勒这样的物理学家。

那么,我们从上面的这些观点和理论中又能得出什么结论呢? 有几位著名科学家已经确信,在一定的限度之内,量子力学是能够解释隐秘的超自然世界的。比如荣格和泡利就对两者间可能的联系很着迷,他们还提出了一个巧妙的理论将量子力学和心灵的力量拉拢到一起。直到今天,世界各地还有许多科学家在循着这条思路研究。比如加州大学伯克利分校的斯塔普(Henry Stapp)就在尝试用维格纳的观点建立数学模型,以解释心灵现象背后的量子力学原理。诺贝尔奖得主约瑟夫森(Brian Josephson)也说过,即使心灵现象从未被人注意,量子力学也一定会将它们预测出来。

心灵学家对于贝尔测试的种种限制(比如粒子间不能传递信息)并不在意,他们提出了一个将量子力学和预知联系起来的机制。他们主张人类的意识能够影响过去、现在和将来,因为在最根本的层面上,因果律是可以操纵的。他们声称宇宙是一个整体,而每一个人的心灵都是这张巨大网络的一部分。他们相信人类的意识能够"看到"尚未发生的事件,因为我们与万物都是一体,以前如此,将来也永远如此。反对者说,这个观点虽然看起来能用贝尔测试之类的实验支持,其实却完全违背了哥本哈根解释,它不仅抛弃了数学,还为求方便而抽掉了实证科学的核心。不仅如此,迄今也没有人能说出这个有趣而模糊的概念到底该如何证明。

从某个角度看,我们很容易站在怀疑者那一边,并和他们一样认为这些所谓的解释都是科学界以外的无知者出于各自的目的在摆弄他们不懂的知识。在许多物理学家看来,心灵学家的观点是对他们的侮辱,是对于他们耗费几十年心血的研究的冒犯。但从另一方面看,量子力学又的确难辞其咎。

即使是最离经叛道的科学假说,如果要得到接受,也必须有严谨的数学作为支撑,并且要和17世纪以来的科学知识相容。然而,当代物理学的许多观点却还一直无法证明。* 比如黑洞的存在就始终没有确切的证据,粒子物理领域的许多前沿理论也至今无法验证,因为要展示它们的各种效应,以我们现在的设备还无法办到。

在超自然现象的鼓吹者看来,有的前沿科学也和他们自己的观点一样奇怪奥妙。两者的差别在于研究方法的不同:科学建立在严谨的数学之上,但凡有条件就会用实验证明结论;如果没有实验的证明,任何理论都不会得到接受。而在物理学家眼里,心灵学家都太容易流于空想,他们的观点没有扎实的证据,没有严谨的数学,也没有足够的自我批评。

有一位史上少有的大物理学家对量子力学十分厌恶,虽然他自己就是这门学问的创始人之一,那就是爱因斯坦。在他看来,量子力学的发展之路就是一条通向荒谬的歧途。他有过一句著名的评语:"上帝不掷骰子。"意思是宇宙不仅仅是一团概率的集合。他还说过:"量子理论有点像是一个智力很高但头脑偏执的人妄想出来的体系,其中充斥着各种自相矛盾的思想碎片。"

薛定谔对现代量子力学的态度也和爱因斯坦的一样不屑一顾,他曾经宣称:"我不喜欢这门学问,也后悔我和它有过关系。"说来也是讽刺:他提出那个著名的思想实验,原本是为了说明量子力学中的许多推论是如何的荒谬。

话虽如此,也有许多量子力学的推论得到了验证,并且切实可行。

---

* 虽然它们已经有了十分有力的间接证据。

许多前沿的想法,正是来自赋予了我们大量先进技术的理论源泉——那么对于这些更富想象力的理论产物,我们又该接受多少、否定多少呢?要是对量子力学的各种推论一概拒绝,我们就有可能得不偿失。

也许现代物理学家走的是一条歧路,明明是切实易懂的现象,他们却偏偏提出了荒诞而错误的理论来作解释。如果真的如此,那么心灵学家就算胜了一局了。不过在我看来,这个问题的答案还远在我们的未来,要得到它,我们多半还要再等等。

第七章

剧痛和狂喜

有多大脚，穿多大鞋。

——中国谚语[1]

疼痛是一种完全正常，甚至必要的生理过程，但是也有越来越多的证据表明，人的心灵可以训练身体，使其对疼痛麻木，并控制一系列其他身体功能，从而使身体屈从于意志的威力。

在印度，这类不畏疼痛的人叫做"苦行者"（fakir）或"瑜伽士"（yogis），古籍中就对这些人有过记载。《圣经》、古希腊和古代东方的典籍中都描写了一些能够火上行走、自残，或其他具有极端忍耐力的人。直到今天，游客还能在世界各地见证这些异能的表演。

我就曾在近距离观察过这样的异能，而且是在一个意想不到的地点——威尼斯海滨的木栈道上。那里有跳机械舞的，有跳林波舞的，有街头卖唱的，还有用链锯表演杂耍的。我的目光却停留在了一小丛人群上，围在他们中间的是一个瘦得吓人的白人，他正将一堆玻璃瓶敲碎了铺在地上，同时还和观众开着玩笑。见到我在照相，他叫我过去帮他一把。

5 分钟后,玻璃已经堆得很高,上面还戳出七八厘米长的玻璃渣。这位自称叫拉里(Larry)的表演者要我扶好一把椅子,他自己爬到了坐垫上,片刻之后,他一跃而下,两脚落到了碎玻璃堆上。观众吓得鸦雀无声,拉里却一点没有受伤。他在玻璃上跳了几跳,又用脚板在玻璃渣上摩擦,就好像在一条小溪中划船似的。表演结束之后,他给我看了看他的脚底——没有一滴血、一点划伤。

许多文化都将这类表现勇气和自控的行为当作一种宗教仪式、一种净化的过程。在古代,这样的恐怖表演是审判的一种形式,比如所谓的"凭火决狱"。有个故事是这样的,1062 年,天主教圣人阿尔多布兰迪尼(Peter Aldobrandini)指控佛罗伦萨大主教腐败。阿尔多布兰迪尼宣布,如果主教想要证明清白,就必须和他一起在火焰里走一遭。他在一条走廊里铺满了烧热的煤炭,两头各点一支火把,然后穿过火焰,踩着热炭走到了走廊彼端,一点都没烧伤。轮到主教时,他明智地拒绝了,事后辞职了事。

这类故事让人觉得,这些奇迹似的异能只有内心纯洁者才能做到,要不就得在深刻冥想和严格斋戒之后。今天,这样的信念在表演者和瞠目的围观者当中仍十分普遍。然而现代研究却显示,宗教信仰的作用只是让表演者具备信心。无论在火上行走,在身上穿钩,还是躺倒在钉板上而不受伤害,都需要兼具科学、训练和自信。

火上行走是对人类坚忍的绝佳表现。《圣经·旧约》中对这类行为有生动的描述。巴比伦王尼布甲尼撒(Nebuchadnezzar)欲以火刑处死沙得拉(Shadrach)、米煞(Mesach)和亚伯尼歌(Abednego)。根据《圣经》的记载,当时的火焰实在太热,将三人押赴刑场的行刑官倒先烧死了,而三名犯人却奇迹般的毫发无伤。"那些总督、钦差、巡抚和王的谋士,一同聚集看这三个人,见火无力伤他们的身体,头发也没有烧焦,衣裳也没有变色,并没有火燎的气味。"[2]

孤立地看,这自然可以视作又一个穿凿附会的《旧约》故事。然而类似的奇迹却每天都有人目睹,而且近些年来,其中的一些更是得到了严肃的科学研究。

1980年，德国蒂宾根大学的一组研究者来到希腊北部的兰加扎斯，在一年一度的圣康斯坦丁节上研究了这个现象。当节庆活动达到高潮时，踏火者开始吟唱并跳起了仪式性舞蹈，准备开始踏火，这时科学家们也架起了设备。他们在踏火者的足底贴上热电偶，又在他们的头皮贴上了记录脑波的电极。研究者观察到火坑的长度为4米，里面填进了5厘米厚的煤炭和余烬。火坑的表面温度是495℃。

表演结束之后，研究者测出踏火者的足底温度为180℃，但上面却完全没有水泡或者焦痕。脑电图也显示，他们在火上行走时，脑中的西塔波显著增加。

在另一个斯里兰卡的节庆活动中，心灵研究者丰塞卡(Carlo Fonseka)参观了数百场踏火表演，他测量了火坑的温度，也观察了踏火者的动作。他发现火坑的长度通常在3—6米，深度在8—15厘米，火焰温度则在300—450℃之间。但是他不满足于只是观看表演，还决定在实验室中衡量表演者抵御高温的能力。

他的设备很简单，将一只40瓦的灯泡放在一个金属圆筒内部。他要志愿者把脚放在圆筒顶部，能坚持多久就坚持多久。对照组是没有学习过踏火的人，他们在6—8秒之后就感到足底微热，30—40秒后感到极度疼痛。而在节庆活动上表演踏火的苦行者却在平均29秒之后才感到发热，他们的脚能在圆筒上放75秒。

丰塞卡的结论是踏火者的脚底都长着较厚的表皮。他们平时很少穿鞋，脚底经常在地上摩擦，所以才能长出这一保护层，这也是非常高效的隔热装置。

但这并不是踏火者表演成功的唯一原因。丰塞卡指出，另一个关键的因素是速度。他研究了100多次踏火，结果发现苦行者在每次行走中，平均接触热炭的时间只有3秒，每一步只接触0.3秒。

不过，即使3秒也足够造成严重烧伤了。按照这些研究结果，踏火者的秘诀应该是特殊的脚底和轻快速度的结合。常有准备不足的游客也硬要来"试一试",结果却三度烧伤,入院治疗,这就是因为他们没有掌握诀窍。

但这肯定也不是事情的全部。要解释成功的踏火表演,我们还需考虑其他的因素,因为脚底柔软且缺乏准备的西方人安全踏火的例子也不是没有。硬化的脚底和轻盈的步伐肯定是有帮助的,但是一些生理化学方面的原因也同样重要。

吉尔·沃克(Jearl Walker)博士是克利夫兰州立大学的物理学教授,曾提出所谓的"莱登弗罗斯特效应"(Leidenfrost effect)。莱登弗罗斯特(Johann Leidenfrost)首先注意到了液体突然接触高温时会在表面形成一层雾气,从而隔绝热量。沃克于是推想,因为节庆的兴奋情绪,踏火者的足底会沁出一层汗水;当足底与热炭接触,汗水便会蒸发,形成一层起保护作用的雾气,而且它维持的时间足够踏火者抵御热量的冲击。

加州大学洛杉矶分校的物理学家莱坎德(Bernard J. Leikind)提出了另一个纯粹实证的理论,他主张这个问题的部分解释在于温度、热量和内能的区别。

"温度"和"热量"是常常遭到误用的两个词语。我们很容易忘记温度只是对热量的一种度量,而热量则是物体内部分子振动的结果。以火坑里的热炭为例,它们的主要成分是碳元素,而碳有着非常规整的化学结构。物体只要不在绝对零度(−273℃),它内部的分子就永远处于振动状态,它的内能越高,振动的速度就越快。一个物体之所以能加热另外一个物体,是因为较热物体的能量部分转移到了较冷的物体上,使得较冷物体的分子更快地振动了起来。

这个问题的复杂之处在于,不同材料在相同温度下具有不同的能量。之所以会有这个看似奇怪的现象,是因为不同材料具有不同的比热容,也就是说它们储存热量的能力不同。更重要的或许是一种物质传递热能的能力,这叫做**传导率**。在火坑中构成煤炭的碳元素传导率很低,虽然余烬的温度可以达到500℃左右,但这份热量并没有高效地传递到踏火者的脚上。

作为比喻，请想象盛夏的一天，你光脚在不同的表面上走过的感觉。在沙子和金属上行走，肯定要比在草垫或木头上行走炎热得多，这是因为沙子和金属都是热的良导体，能更加高效地将热量传递到你脚上。还好苦行者明智，在表演中仍使用原始的煤炭，而没有将它换成一条加热的金属！

这些因素加在一起，就能部分解释踏火者为什么不会受伤，以及那些做好准备的表演者为什么比没有准备的观众更成功了。但是在许多情况下，还有一个因素也会起到重要作用。

那就是积极的思维或者自信的力量，这不是一个超自然的特质，而只是对人类本能的充分发挥。蒂宾根大学的科学家发现研究对象脑中的西塔波大大增强，这证明了踏火者能够用一种少见的精神状态克服疼痛。西塔波常常在冥想和深度放松时出现，由此看来，那些瑜伽士在准备踏火或其他极端表演时必须调节自己的脑部活动，使身体和心灵都放松下来。

加州大学洛杉矶分校的莱坎德教授和同事麦卡锡（William J. McCarthy）用实验方法研究了踏火中的物理学，两个人都在实验中亲自踏火，并且毫发无伤。他们的脚底都不坚硬，踏火之前也没有受过特训，他们认为自己之所以能踏火成功，部分原因是做好了精神上的准备。他们是在加州的心灵励志导师罗宾斯（Tony Robbins）的家里踏的火，此人开设了一门收费课程，专门指导学员用西塔波主宰脑部活动。

为了做到这一点，两位科学家使用了几种技术，并将它们一一记录了下来。第一个诀窍是将踏火的时间安排在清晨。这个时候，大多数人都在睡觉，此时起床会降低人的敏感度。这时人也更容易接受暗示，并在脑中唤起西塔波。其他镇痛技术包括特殊的呼吸节奏和吟唱。踏火者在口中念叨"冷苔藓，冷苔藓"之类的话似乎就能集中精神，从而专注于目标而忽略疼痛。

起初使两位研究者感到意外的是：这些技巧不仅抑制了疼痛，而且大多数踏火者的身体也根本没有表现出过热的迹象。在注册这门课程的学员中间，几乎没有人起过一个水泡。

也许有些踏火者比别人更善于控制自己的身体。那些训练了一辈子的苦行者对这门技术的宗教内涵深信不疑，并因此学会了控制自己体内的某些生物化学过程，这一点是完全可能的。这种能力称为"生物反馈"（biofeedback），已经有多项实验研究证实，天赋异禀或者训练有素的个人，的确能够控制诸如心跳、皮肤敏感度和肌肉强度之类的机能。而对于大多数只准备了几个小时就成功踏火的"外行人"而言，自信或许能减轻他们的疼痛，但是他们能够走完全程，主要靠的还是莱登弗罗斯特效应、较低的传导率以及轻快的步伐。

用吟唱和特殊的呼吸节律引出一种恍惚状态，这其实是现代文明人身上残留的一种自然生存技能。在自然界中，当猎物被捕猎者捕获之后、杀死之前，都常常会陷入全身僵硬的状态。当牛羚被一群狮子咬住腿脚，有时就会一动不动、眼神呆板。有的狼蛛在被狼蛛蜂袭击时也会束手就擒。

这种现象有两个解释。第一个听起来有些自相矛盾：猎物不逃，正是为了逃脱。因为只要不挣扎，捕猎者就不会发出致命一击。第二个原因和我们的讨论关系较大：猎物受到西塔波的主导进入恍惚状态，所受的痛苦就能少一些。

说来使人意外的是：人在不自觉中滑入放松状态，并做出平时不可想象的举动，这其实是相当常见的现象。我的一位朋友曾经不慎将车开下悬崖，被困在了一块一米见方的狭窄空间里。她在撞击中折了一条手臂，并遭受了严重的脑震荡和面部损伤，但她还是挣扎着爬出了车辆残骸，并步行近 1000 米找到了最近的电话。她镇定地给父亲拨通电话，然后等待救护车到来。时至今日，她对当时爬出破车到送抵医院之间的事，已几乎完全没有记忆了。

我的朋友之所以能做出这样的壮举，部分原因是她的血液中涌出了大量化学物质。肾上腺素收紧了血管，遏制了血流，也为身体供应了应急的能量。在这种极端情况下,还有一种所谓的"外部机制"(extrinsic mechanism)帮助身体凝结了血流。但其中最关键的因素,或许还是人体能在紧急状况下调节脑波,使之达到一种平衡状态,从而采取必要的行动以确保自身安全。

20世纪70年代晚期,蒂宾根大学的拉尔比希(Wolfgang Larbig)博士在一名印度瑜伽士身上开展了一系列实验,在他的身体上连接了各种监测设备,并将他的脑部反应和对照组作了比较。

实验者对这名瑜伽士和其他志愿者施加了引起疼痛的电击,同时检测了他们的心律、皮肤导电性和脑波形状。结果显示在电击开始后不久,志愿者就已经难以忍受,并且显得十分疲惫,而那名瑜伽士却始终不动声色。他们还发现,实验结束时,瑜伽士的皮肤导电性和其他所有被试都截然不同,心跳也更加缓慢,而且自始至终,他的脑部都在发出强烈的西塔波。

研究者认为,为了做到这些,这位瑜伽士在实验中开展了某种自我催眠。现在已经有心理学家在使用这项技术帮助病人克服长期疼痛或心身障碍之类的不适了。它的一名拥护者、催眠师勒克龙(Leslie LeCron)说道:"从本质上说,一切催眠都是自我催眠,催眠师只负责引导,然后由对象自己达到催眠的状态。"[3]

勒克龙认为,自我催眠的基本原理是很容易传授的,但是进入催眠状态的难度却因人而异。自我催眠者必须专注于一个简单、固定的对象(蜡烛是一件常用的道具),由此达到精神集中、脑波变慢的效果。这时出现的通常是阿尔法波(一般在睡眠时出现,频率为8—14赫),或是无处不在的西塔波(频率为4—7赫)。

与之类似的一项技术是超越冥想(Transcendental Meditation),多亏了披头士乐队的公开鼓吹,这项技术从20世纪60年代晚期开始在西方流行。在最粗浅的层面上,许多人都把超越冥想当作了一种放松技术,另一些人则用它来治疗失眠,但是对于真正的拥护者来说,它却是一条通向更高境界的道路,通过它可以学到瑜伽士和圣人展现的那些本领。超越冥想的核心是将一个简单的词语一遍一遍地默默吟诵。这其实是在将大脑置于放松的状态，并不断强化一个简单的节律，其作用相当于勒克龙这样的催眠师使用的那根蜡烛或别的简单意象。

其实早在披头士乐队的宣扬之前，超越冥想就已经在西方为人所知了。19世纪的英国诗人丁尼生(Tennyson)就热衷此道，他曾经这样描写它：

> 清醒而恍惚——这是我能想出的最好形容。自童年时代起，我就常常在独自一人时产生这种感觉。只要在心中默默地重复自己的姓名，我便会陷入这样的状态，越陷越深，直到忽然之间……自我似乎消散了，溶解成了一个无边的存在。此时的我并非意识模糊，而是处在最最清醒、最最确定的状态，个中感受，绝非言辞能够表达。[4]

踏火并不是表现耐痛能力的唯一形式，斯里兰卡的瑜伽士还擅长肉体悬挂(hook-hanging)：铁钩穿过肉体，通过6根绳索将他们挂在半空。

这对许多练习者来说都是一种宗教仪式、一种赎罪的法门，就和天主教徒数念珠或者苦修一样。在外行人看来，这是极端危险的做法，就连训练有素的苦行者，有时也会因为卖力过头而感染伤口。

和踏火一样，肉体悬挂也是精神自控和物理学的结合。练习者能够抑制痛觉，同样是因为用呼吸技术控制了脑波，以及对自身行为的信念。物理学的作用则体现在钩子的位置上——它们必须均匀承受练习者的体重。

当肉体悬挂第一次在西方的科学家眼前呈现时，他们惊讶地发现这些瑜伽士的伤口几乎没有流血。这一点同样可以用外部机制和肾上腺素的飙升来解释，普通人在紧急情况下也会出现这样的身体变化。就像我那位朋友在车祸后的表现一样，这些瑜伽士的身体也对自己制造的险境作出了反应。区别在于，在车祸中，人的反应是自动产生、不由自主的。而在肉体悬挂者身上，同样的反应却可以自由开关、随意控制。

关于疼痛忍耐的一个著名形象是一名躺在钉板上的瑜伽士。这同样可以用精神准备、身体训练和科学原理的结合来作解释。就像踏火者和悬挂者一样，瑜伽士的这个举动也有宗教动机，所以他才能主动训练，甘愿置身于仪式之中，内心也被积极的思维所占据。这使他的脑中产生了强烈的西塔波，从而控制一系列身体活动。此外，瑜伽士还要练习如何在钉板上躺下、如何放平身体、如何起身，这样才不至于被钉子刺破皮肤。最后，钉子的分布也做了特殊安排，使得每一根都不承受太多体重，由此降低了将表演者刺穿的风险。

另有一些瑜伽士表演了用长钉、铁丝，甚至轻剑刺穿身体的功夫，虽然他们被刺破了血管、撕裂了组织，身体却很少流血。这是因为他们在训练中学会了只穿刺身体的特殊部位，同时小心翼翼地避开内脏器官、主动脉和肌肉。长期表演者的穿刺部位还会积聚大量瘢痕组织，这使他们的疮口能够较为轻易地重新打开，血管却保持封闭。除了这些措施之外，瑜伽士之所以能够抑制血流，或许还因为他们十分擅长监督和操控身体的许多自然功能。

虽然绝大多数苦行者和瑜伽士都在印度和远东生活、表演，但这些古老神圣的技术在西方也有传人。其中最著名的大概就要数霍迪尼（Harry Houdini）了，从 19 世纪和 20 世纪之交直到 1926 年逝世，他一直在用动人心魄的表演使观众心醉神迷。

霍迪尼最常见的表演是在几秒之内摆脱束缚衣，他也曾经双手被铐，从冰冷的河水中脱身。他自称在职业生涯中，已经用这个法子战胜死神 2000 多次了。有一次他被装在一口密封的棺材里沉入泳池，在那里待了一个半小时，打破了一位埃及苦行者的纪录。他自称只要有足够的准备时间，就能在身体的任何部位承受任何打击。不过讽刺的是，他最后却因为被一名热心观众击中胃部导致阑尾破裂而死亡，因为袭击来得太快，他还来不及绷紧腹肌。

那么，一位心态开放的科学家又能从这些自残和耐痛的行为中得出怎样的结论呢？显然，精神能够在一定程度上左右身体的自然过程，但是这种能力的限度却是很难判定的。有些宗教教派极度重视这种能力的训练，信徒终其一生都在磨练这种自然技巧。一些存疑的传闻说，有圣人能够一连趑趄 20 年不吃不喝。这类传闻从未得到证实，也违背了所有的科学定律。但是程度较低的功夫却是相当常见的，它们可说是"精神超越肉体"的表现，此外还加上了一些巧妙的技术和扎实的科学。研究和我们的日常经验表明，人人都可以在最严酷的环境中发挥自己也不知道的潜能，这显示了人体巨大的适应和反应能力。瑜伽士就是运用了这些自然的潜能，才创造出了令人激动和震惊的效果。

哲人石丛书

Philosopher's Stone Series

第八章

遇见幽灵

精灵鬼怪，长腿畜生

还有夜里出没，魑魅魍魉

愿主保佑，可别遇见它们！

——佚名

根据最近的一份报告，每6个人当中就有一个相信世界上有幽灵，每14个人中就有一个自称见过幽灵。[1] 但问题是，我们说的"幽灵"，究竟是指什么呢？幽灵在人们心中激起的情绪超过任何超自然现象。一提起幽灵，有人惊恐，有人讥笑。在许多人看来，它都是超自然现象中可以接受的极限。对幽灵的一个主要怀疑是，大多数情况下，相信幽灵存在者都认为幽灵是死者的灵魂。要接受这个说法，我们就必须假设人有灵魂，而且灵魂会在死后继续存在。我们还得承认，幽灵是怀着某种目的回到人间的。这意味着活人的世界和死人的世界之间有着强大的联系。要不然，死人为什么还要关心此时此地的事情呢？

要相信幽灵不是幻觉、不是光影、不是自我欺骗，也不是恶作剧，我们就必须将过去300年来的所有科学书籍都抛到脑后。如果真有幽灵,那就意味着我们在世间的地位,要比日常经验告诉我们的重要得多;意味着我们的人格能够超越躯体的死亡,并继续参与现实世界的喜怒哀乐。

虽然遭到了种种批评,但幽灵或许是人类历史上最古老、最坚定的超自然信仰。在几乎所有文化和所有时代,都有人相信幽灵的存在。根据传说,原始部落中的巫师可以充当媒介,使活人和死人彼此沟通。古埃及人在《亡灵书》(*Book of the Dead*)中描绘了活人在离开这个世界之后经历的一道道关口。在西方文化中,《圣经》里同样充斥着幽魂鬼怪和死者显灵的故事。然而直到今天,都还没有人用无可辩驳的事实证明幽灵是超自然的存在,也没有人提出令人满意的理论来说明幽灵和死者之间的关系。

因此,我们必须求助于科学,希望它能对幽灵是什么,又如何会深植于我们的意识之中作出一个符合理性和逻辑的解释。

在"幽灵"这个字眼下其实包含着两种不同的现象,一种是"显灵"(apparition),一种是"骚灵"(poltergeist)。虽然这两种现象可能来自相同的心理学源头,但是在我们的讨论中还是可以对它们作区分:显灵一般比较**被动**,而骚灵都是**主动**的。显灵常常只是一个影像,很少向活人传递消息或者对活人产生反应。而骚灵据说和活人有许多互动,它们常常怀着恶意,有时还会置人于死地。

在 19 世纪接近尾声时,有人第一次分析研究了幽灵,他们自称"心灵研究会"(Society for Psychical Research),专门研究超自然现象。这个研究会的核心人物是剑桥大学三一学院的三名学者,他们用纯粹科学的手段来调查当时风行的唯灵论。其中最活跃的成员是迈尔斯(Frederic Myers)和西奇威克(Eleanor Sidgwick),他们写了好几本关于超自然现象的专著,还帮助开展了数千项揭穿骗局和恶作剧的测试及调查。到 19 世纪末,研究会已经收集了 11 000 页报告,它们后来浓缩成了两本重要著作:《活人的幽灵》(*Phantasms of the living*)和《人格及其在身体死亡之后的延续》(*Human Personality and the Survival of Bodi-*

ly Death）。[2,3]

人们很早就认识到，显灵还可以再分成三个独立的类别。第一类只对某一个人呈现，在那个"灵视者"（sighter）看来，往往是一个已死之人的形象，有时是亲人，有时是好友。第二类对几个人同时呈现。第三类（有时也可以归入第二类）则显示的是还活着的人的形象，称为"危难显灵"（crisis apparition）。

大多数幽灵都只对个人显现，它们总是出现在夜晚或者暗处，和周围的事物很少或没有互动。对这种"简单显灵"（simple apparition）现象的报告不计其数，但是没有任何证据表明它们是死者在有意地与生者沟通。此外，那些照片中的所谓幽灵，要么是虚构的，要么就是光线的自然偏折或者相机的故障导致的。

迈尔斯将幽灵定义为"持续的个人能量的体现，或者是某人死亡之后，和他有关的某种力量所施加的影响。"[4]

这个定义纯粹是对现象的描述，如果你相信幽灵是死者的灵魂，那么这个定义是无法使你满足的。它指出的是某种可能存在的自然机制，通过这种机制，一个事件或者一个人的能量被环境记录了下来。说来有趣的是，有些显灵的事例中出现了几个相同的特征，这为上面这个定义增加了可信度，使它不必诉诸超自然的解释。

说到幽灵，我们首先注意到的是它们似乎都很愚蠢。正如作家威尔逊（Colin Wilson）所指出的："它们只喜欢在生前熟悉的地方逗留，这在灵魂世界里相当于一种弱智行为……我们总觉得它们应该有别的更好的事情可做。"[5]

简单显灵常常在一个有限的范围内重复一套简单的动作（有时也会发出一些声响）。它们似乎受到了某些束缚，只能在某座建筑，甚至某个房间里活动，只能做出一些重复单一的动作（比如走过一条走廊，穿过一个房间），并且只能在特定的时间、特定的条件下方能出现。

这方面的例子成千上万，其中有一个称为"新年夜的修女"。这个幽灵是20世纪30年代在英国切尔滕纳姆的女子学校首先被人目击的。在一个新年夜,学校中的一名护士和校长都看见有一名修女在学校操场旁坐着,但她的身子底下却没有椅子。第二年的新年夜,两人又在老地方看见了同样的修女。

有尖刻的人指出,两人在这个时间看见幽灵绝非偶然:也许一年到头,教职员开怀畅饮,这才醉醺醺地见了鬼。然而这个事件和大多数同类事件中都包含了几个有趣的特征且正好符合迈尔斯的定义。比如事件中的幽灵形象完全不与现代的环境互动,对于眼前的"灵视者"也毫无知觉。那名修女坐在她那个时代的一张椅子上,在一间多半已不存在的房间里。她就仿佛一个重新播放的形象,是某段过往历史中的一个微小而孤立的残片。

在某种意义上,其实我们每天都能见到幽灵。当我们观看一部老电影,比如1935年上映的《三十九级台阶》(*The Thirty-Nine Steps*)时,我们几乎可以肯定,在60多年后的今天,其中的成年演员都已经不在人世了〔实际上多纳特(Robert Donat)死于1958年,阿什克罗夫特(Peggy Ashcroft)夫人死于1991年〕,但是我们依然能看到他们在走动交谈、塑造角色。当我们观看过去名人的采访录像,目睹他们谈论自己的计划和抱负并和采访者一起欢笑打趣时,那感觉可能比电影更加古怪。

试想有一个人从没听说过电影或者录像,如果给这个人播放一段刚刚死去的熟人的影像,他会作何感想? 如果他自认为见到了一个幽灵,那也是情有可原的。也许只有将拍摄和放映的过程都向他解释清楚,他才会接受这只是一段机械创造出来的影像。

可惜的是,我们还无法解释在没有电视摄像机或录像系统这类设备的情况下应该如何拍摄并且回放录像,但是自心灵研究会成立之初起,这种观点就已经屡见不鲜。

19世纪末,有人提出了这样一种关于简单显灵的解释:一个场景或一个人的形象以某种方式被拍摄下来,并在将来投影播放,由此产生了显灵现象。后来影院普及,这个比喻自然升级:某些人物可能被"拍成了电影"，并在后来重新播放。今天的我们可以以为这个过程是录像。但问题是，这个过程的原理是什么呢？

任何形式的记录都是在一种特殊的媒介上制造印记。照片是如此：光线激活化学物质，产生光化学反应，并根据胶片的不同，创造出一件黑白或彩色的作品。通过这个方法，原始景物的形象就转移到了底片上，然后再用特别制备的相纸印刷复制。音乐录音也是如此：录音师在一张塑料盘片上创造一系列特殊图形，当唱针在这些图形或沟槽中划过，原先的声音就再次响起。随着技术的进步，这种信息的转录和提取的方式也发生了改变，但基本原理却是一致的。CD播放器用一道灵敏的激光读取唱片上的图形，录像机则读取录像带上的磁粉在电磁场中形成的图形。心灵学家主张，这个转录和提取的原理也可以用来解释幽灵的出现。

然而这个类比却有两点问题：第一，幽灵出没的场合似乎并没有摄录和播放设备。第二，在许多幽灵出没的场所，其中储存的能量似乎都与人的情绪有关。

这个理论的拥护者提出了许多原理，主张环境本身就可以充当摄像装备。有一种观点认为，幽灵所在的建筑，或者说建筑的墙壁中使用的材料，就能够起到接收和储存信息的作用，并且在日后投射出幽灵的形象。眼下正有人研究不同材料储存影像的功能，有研究者称，含有大量石英的建筑尤其容易显灵。[6]

除了作为储存和播放媒介的材料性质，我们还要考虑这套录播系统的能量需求。照片和电影的不同在于它只是一幅静止图像。而幽灵都是会动的（即便只能在非常狭窄的范围内移动），因此它们所处的环境中一定存在什么能够复现运动的因素。无论是一台录像机还是一台手摇式电影放映机，要播放运动影像就必须有能量输入。而建筑的墙壁通常是不会动的，我们需要其他方法来创造运动的影像。

一种可能是灵视者本身在提供能量。此外，反常的大气条件也可能解锁一段封存的影像。幽灵目击事件的一个共同特征是幽灵出现之前环境会忽然降温。有人猜测,这就是因为环境中的热能被用来加工和投射储存的信息了。还有一种可能是,现场的几道墙壁在投射中发挥了作用,就像几张互相叠加的二维图像可以合成一幅全息影像一样。

这个系统还有一个有趣的特点,就是它和人类的情绪存在关联。对于幽灵是事件重播的观点有一种解释,认为幽灵的最初影像是在特定的时空区域中拍摄的,拍摄时伴随着强烈的情绪活动。

这个观点可以得到一个事实的佐证:显灵中往往包含着跌宕起伏的场景或创伤性的个人遭遇。在一个案例中,一个名叫登普斯特(Elizabeth Dempster)的女子搬进了伦敦的一套公寓,她随即就感到这里头有一股闷闷不乐的气息。为了驱散这阴郁的气氛,她用明亮的色彩对公寓作了装修。然后,她就在卧室里看见了一个身穿维多利亚时期服装、面带悲伤的女子。她研究了房屋的历史,发现它落成不久之后,一名意大利妇女和她的丈夫曾经入住。那位丈夫后来不幸猝死,妻子知道后把自己关在了卧室里,最后也因为饥饿和自暴自弃而死去。

在这个观点的支持者看来,还有一类显灵事件和强烈的情绪冲击有关,那就是幽灵作战的场景。这类场景有时会在特定的日子出现,也许是那些日子正好有合适的环境条件。这些幽灵大战常常有数人目击,除了画面之外还有声音甚至气味。

17 世纪有过一则著名的目击报告:一群牧羊人声称他们目睹了埃奇山战役(Battle of Edgehill)的重演。这场战役发生在 1642 年,是英国内战中的一次关键较量。当时在短短几个小时之内,就有 500 名士兵在一块狭小的区域被残忍地屠杀。

可是,人的情绪是怎么储存在一座建筑或一片战场之中的呢? 那些地方除了空气之外可是一无所有的。

支持者提出了一个概念:人脑制造的能量可以转移到别处,而一旦有特别痛苦的事件发生,人脑就会产生罕见的脑波,并将这股能量投射出去。

人类的确会在遭遇创伤或情绪痛苦的时刻产生罕见的脑波,然而即便在这样的时刻,内心扰动所产生的能量也依然太微弱了,距离能作用于物质世界还差了好几个数量级。不过,要是有成百上千人同时死亡或经历同样的痛苦,叠加的能量倒或许有可能在环境中留下印记。

在香港,鬼故事最多的场所都是第二次世界大战期间被日军占领过的那些建筑,特别是那些中国难民在其中被折磨致死的房屋。第二多的是医院。可是,如果人类真的能将自己的情绪印刻到环境之中,那为什么广岛和长崎就没有出现强大的残像呢?那两个城市可是都有过上万人同时死亡事件的。德国的贝尔森和达豪都开设过集中营,照理说也该每天都有幽灵出没才对吧?会不会是这些地方的环境在事发时并不适合形成印记,或者如今的环境条件并不适合启动回放?日本原子弹事件没有出现显灵的一个可能的原因是,原子弹击中日本时,爆炸释放的能量不仅使数万人瞬间丧命,也破坏了环境中储存能量的机制。

现在的几位超自然研究者也主张环境会录制并回放图像,只是说法略有不同。1996年,有人在伦敦的皇家阿尔伯特音乐厅看见了几次幽灵,接着"幽灵猎人"格林(Andrew Green)就受命调查此事,并因此登上了新闻头条。格林称,那些幽灵不过是目击者自己创造的投影。

他认为,幽灵其实是"波长在380到440纳米(1纳米 = 10^{-9}米)之间的电磁能量……假如我听说自己的妻子遇难,我会受到强烈的震撼,并在心中描绘她的形象。而这个形象也会传送到我上一次见到她的地方。那可能是在80千米开外,也可能就在楼上的卧室里,无论是什么地点,这个形象都会一直留存,直到有人看见它为止。"[7]

照他这种说法,幽灵就是传心术的投射,但这样一来我们就又回到了那个老问题:到底是怎样的能量才可以制造这样一幅图像,或者把相关的信息传送到另一个目击者的眼中呢?而且按照这个说法,只有熟悉死者并能创造投影的人还在人世,幽灵才会出现。

要是不接受幽灵是录像或者投影的说法,剩下的就只有几种有限的可能了,其中的一些乍一看或许还很有道理。探索超自然现象的先驱、心灵研究会的西奇威克认为,在诉诸玄幻之前,我们应该先为幽灵寻找一些平凡的解释。她列出了这样几种解释:(1)骗局,(2)夸张或不充分的描述,(3)错觉,(4)把活人当成了死人,(5)幻觉。

在心灵研究会成立的19世纪晚期,幽灵骗局曾经非常流行。大众对灵异现象其实早有热情,到19世纪末更是促成了一个蓬勃的造假行业,社会上涌现出越来越多的阴阳师和通灵者,随时准备欺骗容易上当的群众。这股热情蔓延到了社会的各个阶层,使得艺术家、作家和好奇的科学家也产生了一些兴趣。达尔文就和剑桥大学的几位科学家及作家艾略特(George Eliot)一起参加过一次降灵会,但是在那之后,他反而对幽灵更加怀疑了。

近代也出现过一些有名的骗局。埃塞克斯郡的博尔利教区长馆(Borley Rectory)是"英国最著名的鬼屋",于1939年毁于大火。据说在短短几年时间里,那里就发生了大约5000起超自然事件。超自然研究者普赖斯(Harry Price)调查了这座建筑,并在1940年出版了畅销书《英国最灵异鬼屋》(*The Most Haunted House in England*),"鬼屋"也就此成名。到20世纪50年代,心灵研究会考证了普赖斯的说辞,发现全是编造的。

此外还有美国纽约州阿米蒂维尔的"阿米蒂维尔鬼屋"(Amityville Horror house),它成为了一本畅销书和一部好莱坞恐怖电影的素材。但这个故事同样是房屋的前任业主乔治·卢茨(George Lutz)和凯西·卢茨(Kathy Lutz)伙同一名律师威廉·韦伯(William Weber)捏造出来的,目的不外是为了商业牟利。

19世纪,灵媒是一个赚钱的行当,在今天如果有人伪造出耸人听闻的超自然体验也是一样赚钱。大众希望幽灵存在,希望能和逝去的爱人交谈。在那个没有电视,也没有虚拟现实的年代,大众很容易受到蒙蔽,也情愿为这类把戏掏钱。对于秉持学术原则的心灵研究会来说,它的功能之一就是揭穿这类骗局。在19世纪下半叶,因为心灵研究会等组织的调查和揭露,有的造假者甚至被告上法庭、投入监狱。

时至今日,伪装成幽灵目击事件的骗局不多了,因为技术已经变得十分先进,那些粗浅的诈骗手法很容易被揭穿。夸张和不充分的描述成为了许多显灵事件出现的原因。许多目击者真的相信有鬼,但其实只是在不知不觉间看走了眼,或者产生了视错觉。恐惧会歪曲感官,压力会催生错觉,这一点是许多人不知道的。独自一人的目击者在昏暗的光线或反常的环境中误以为见鬼,这也是情有可原的,因为在那种时候,他的大脑往往会对视觉信号作出错误的分析。

在各种所谓"平凡"的解释中,最有趣的一种认为幽灵是人的幻觉。而且许多研究者,无论是超自然的鼓吹者还是讲求实证的怀疑派,都同意大多数显灵事件皆能以此来解释。

幻觉是一种得到大量研究的心理状态,出人意料的是,它其实也是一种相当普遍的现象。心灵研究会在19世纪末收集了一批十分有用的数据,他们采访了17 000名对象,询问了他们的幻觉经历。结果显示,这些受访者中有2300人在一生中的某个时刻体验过幻觉。根据一份对现代美国大学生的访谈,有七成自称在清醒时有过幻听。[8,9]

在《脑海中的火焰》(*Fire in the Brain*)一书中,心理学家西格尔(Ronald K. Siegel)这样描述幻觉:

> 过去,人们通常认为疯子才有幻觉。通过本书的研究和事例,我们开始明白任何人都可能出现幻觉。幻觉源于脑和神经系统的普通结构、普通的生物学体验,以及人脑对于刺激或剥夺的普通反应。幻觉可能是古怪的,但未必疯狂。它们只是根据我们脑中储存的图像产生的。就像海市蜃楼会在没有人烟的海洋或沙漠上呈现壮丽的城市,幻觉也表现了位于别处的真实物体。[10]

幽灵最常出现的时间是深夜,往往在目击者快要睡着的时候。"站在床脚的幽灵"是传说和恐怖电影中的常客,这一现象的原因现在已经很清楚了:当人体从躯体神经系统(在日常生活中发挥功能的系统)切换到自主神经系统时,我们就可能会体验到所谓的"入睡前幻觉"（hypnagogic hallucination）。有人说那是神经"串线了"：当人脑从一套神经系统切换到另外一套，就会暂时觉得困惑，而各种图像也开始从有意识记忆的深处或下意识中涌现出来。许多人相信，大部分显灵事件都能以此来解释。

这类图像可以显得非常真实，有的还伴随虚幻的听觉甚至嗅觉。与之相似的一类体验是梦游。许多人都有过这种奇怪的经历：一觉醒来，发现自己忽然到了浴室里，或是坐在了没有打开的电视屏幕前。这些经历往往在当时非常真切，但是到了第二天早晨就几乎全忘光了。

另一种和睡眠有关的幻觉称为"醒后幻觉"（hypnopompic hallucination），它在我们醒转时出现。这同样是因为身体在两套神经系统之间发生了切换，这一次是从自主神经系统切换到了躯体神经系统，许多显灵事件都可以用这来解释。

入睡前幻觉和醒后幻觉或许还可以解释所谓的"搭车幽灵"（hitchhiker apparition）现象。自从人类进入汽车时代，就出现了越来越多司机在路上或路边看见鬼影的事件。事发地点常常是发生过惨烈车祸或者闹过鬼的路段。有的司机开着开着感觉自己撞到了人，车底也传来了碾压的颠簸感，但是当他们下车查看时，却只看到空空如也的路面。

还有一些更为夸张的事件：司机自认为撞到了人，然后下车用毛毯裹在被撞者身上。可是当警察赶到时，司机却发现毛毯下的人体消失了。1979 年，一个名叫富尔顿（Roy Fulton）的司机在夜间驱车经过贝德福德郡的石桥村时搭载了一名男子。那是一个年轻人，他拉开车门，一言不发地坐到后座上，任凭富尔顿怎么搭腔也不回话。直到富尔顿回头递上香烟，才发现那小伙子已经不见了。

这类故事常常招来嘲笑，还有人说那都是骗局。其中也许真有一大部分的确是有人在故意行骗，但还有一些可以用入睡前幻觉或醒后幻觉来解释：司机偶尔会在驾车时陷入昏睡，当他们失去意识或者忽然醒来，就很有可能出现幻觉。接着，这些在脑中产生的图像再由环境因素和个人处境放大,就演变成了搭车的幽灵。漫漫黑夜,在狭窄的乡间道路上独自驾车会在人心中勾起暗示性的图像,而在千篇一律的高速公路上快速行驶,那效果也常常接近于催眠。

另一个相关的现象称为"危难显灵",指的是灵视者在一个熟人接近死亡时看见他的模样。对这个现象有许多记载:当事人忽然看见了某位亲人或好友的形象,而此时那位亲友正身处险境,往往紧接着就身亡了。在《活人的幽灵》一书中,作者格尼(Edmund Gurney)、迈尔斯和波德莫尔(Frank Podmore)整理了701例危难显灵事件,他们认为其中的许多都无法解释。

20世纪30年代就发生过一次著名的危难显灵事件。那是一个狂风大作的寒夜,在大西洋中部上空,英国独眼飞行员欣奇利夫(Hinch-liffe)正和一位女性副驾尝试第一次自东向西飞越这片大洋。但是天气突然变坏,狂风吹得飞机连连翻滚,指南针也受到了磁场的干扰,方圆几百千米内没有任何可以参照的地标,他们很快就失去了方向。飞机开始朝着波浪俯冲,引擎发出尖啸。片刻之后,飞机撞上水面,正副驾驶员当场死亡。

当天夜里,欣奇利夫的两位友人,空军中队长奥尔德梅多(Rivers Oldmeadow)和亨德森上校(Colonel Henderson)正乘着一艘邮轮前往纽约,距坠机地点有几百千米之遥。他们都有一阵子没见到欣奇利夫了,也根本不知道他和那位女同事准备飞越大西洋。那天半夜,当欣奇利夫的飞机遭遇风暴(事情是后来证实的)时,身穿睡衣的亨德森上校冲进朋友的房间喊道:

"老天,奥尔德梅多,刚刚发生了一件可怕的事!我在卧舱里看见欣奇了,他戴着眼罩,样子很恐怖。他一遍遍地对我说:'亨迪,我该怎么办?该怎么办?我的飞机上有个女人,我找不到路了。找不到路了。'然后他就这么消失了。"

主张对幽灵和显灵作超自然解释的人提出,这类事件的原因是一种"危难心灵感应",他们认为人脑在生死之际会发出一幅图像或一条消息,报告自己的处境,也许这就是它最后的求生尝试。不过,我们也可以用一种比较普通的眼光看待此类事件。

首先,所谓显灵很可能是一种幻觉。在这个故事中,目击者亨德森上校或许刚刚和船长共进晚餐,度过了愉快的一晚,在即将就寝的时候,酒精可能使他产生了入睡前幻觉。

然而鼓吹者反问:亨德森并不知道他的朋友正在冒险飞行,又怎么可能在幻觉中见到他蒙难呢?

答案就是,他在下意识中几乎肯定知道朋友正在冒险。也许他在报纸上看到了朋友准备飞越大西洋的消息,只是未加留意;他甚至可能清楚地意识到了这条新闻。然后这条消息加强了他的幻觉,在他的下意识中制造了一幅图像,于是他就看见朋友显灵了。

对于这个事件和许多其他危难显灵事件还有另外一种解释:人在下意识中已经了解了某个事件,但是还需要创造一个幻觉才能对相关的信息作有意识的加工。之所以会有这样的限制,通常是因为人的恐惧感和内疚感。这些情绪会阻碍有意识地分析或思考某个事件的行为。于是人脑便将事件的信息通过另一个系统输送进来,使它们不必再受到同样的阻挠。

对危难显灵的最后一个解释是,这是目击者的一厢情愿或者自我安慰的想法。在这种情况下,产生的幻觉就称为"由需求决定的幻觉"(need-based hallucination)。

大多数人都希望人死后有灵,许多人的这个愿望极其强烈,乃至自己创造出了"证据"来支持它,这在对死亡感到不安或恐惧的人中间尤其常见。对他们来说,幽灵是死后有灵的证明,于是他们的下意识就努力制造出了一个合适的形象。在其他处境下,也有人会想象出一个安慰自己、支持自己的形象,它或是对即将到来的危险发出警告,或是在艰难的任务中给人鼓舞。屡破纪录的赛车手唐纳德·坎贝尔(Donald Campbell)就宣称他有好几次见到亡父马尔科姆·坎贝尔爵士(Sir Malcolm Campbell)。他相信父亲是特地来提醒他前方有危险的。

此外还有一种很不一样的幽灵现象,那就是闹鬼(haunting),尤其是骚灵作祟。闹鬼事件往往有几个目击者,并包含许多种看起来像是超自然现象的活动——物体凭空出现并消失,吵闹声,气味,在少数情况下,还会发生危及生命的暴力事件。

当一群人同时目击到相同的现象,我们就很难再把它说成是幻觉、诈骗或者其他自然的过程了。但是如果深入调查,还是会发现许多闹鬼事件也有着相当普通的原因。

调查闹鬼事件的第一步是排除自然产生的声响和气味。这一步或许要花费一番工夫,在某些事件中,可能几个月的调查一无所获,找不到任何自然的原因,而超自然论者就特别喜欢罗列这类事件。但是这类事件是非常稀少的,也并不表示其中就有超自然活动存在。它们只说明调查还不够彻底罢了。

在排除了骗局、自然原因和错觉之后,我们就可以来看一看幻觉了。说来可能使人意外:即使是一群人,同样可以产生相同的幻觉。这种现象称为"集体幻觉"(mass hallucination)。如果群体中的某一个人拥有强大的人格,他就能创造出一个可信的暗示,将其他人催眠。这可以解释许多牵涉到父母和儿童的闹鬼事件,事件中的一名成人(偶尔也可能是儿童)无意间在其他人的心中植入了有鬼的想法,接着恐惧和焦虑就支配了整个人群。

超自然现象的鼓吹者吸收了这个观点,又另外加上一个超自然元素,提出了所谓的"传染性幻觉理论"(infectious hallucination theory)。这个理论认为,群体中的某个成员先产生了幻觉,接着再通过传心术将它传播给了别人。然而心理学家已经用实验证明,这个机制其实没有必要。如果群体成员的性格正好相配,并且处于危险和恐惧的气氛之中,那么性格较强的成员所产生的幻觉就自然能感染他人,根本不需要传心术。

对骚灵现象的最后一个解释,也得到了一些超自然论者的支持。它认为人类的情绪波动能够投射到环境之中,造成反常的物理事件。

根据这个理论，那些能运用传心术投射图像的人，如果来到一个情绪紧张的环境之中，他们产生的心灵能量就足以挪动家具，或者将物体扔到房间的另一头。

但是我们在第四章已经看到，做到这一点需要的能量比人脑产生的能量高出了几个数量级，根据已知的物理学原理，这是完全不可能的。一个稍微可信一点的解释是有人将幻觉植入了目击者的大脑。但这一点同样不需要传心术就能办到。只要幻觉的创造者个性够强，他就有可能引导其他目击者产生幻觉。他甚至还能使别人相信自己受到了暴力袭击，让他们觉得疼痛，觉得自己的身上出现了割伤、烧伤和撞伤。

有人指出，比起成人，骚灵事件更容易发生在儿童和青少年身上，尤其是青春期的女孩。于是就有超自然论者认为，是激素和情绪失衡增强了这些姑娘的心灵致动能力。不过我们也可以提出一个更加合理的解释，那就是当身体和脑的化学反应处于紊乱状态时，当事人就能够借助暗示和情绪操控周围的人群，使他们产生幻觉。比如高压环境下的母亲（拜她们青春期的女儿所赐）就可能特别容易受到暗示，尤其当家里有鬼的想法已经"播种"到她们心中的情况下。

在过去的至少一个世纪以内，相信幽灵和显灵属于超自然现象的人们一直在为自己的观点寻找明确的证据。19世纪灵媒和灵异现象风行，使许多人都相信幽灵是超自然现象，直到怀疑者揭穿了许多从业者的骗局，公众对降灵会的热情才渐渐消退。

关于幽灵的照片证据也很薄弱。大多数在通俗文化中流传的照片里，所谓的幽灵都像木偶剧里的角色：一个鬼头上罩着一层床单而已。那些照片上显示的既不是全副盔甲的骑士，也不是眼球突出的怪物，它们照出的鬼影更像是底片上的缺陷，比如光斑或者像差之类。就我所知，至今还没有哪个可信的照片或录像拍到了幽灵或显灵。如果幽灵真是死后世界的访客，并且像人们相信的那样常见，那这一点就实在令人意外了。

有人宣称,还有一种现象可以用来证明幽灵的超自然本质,那就是"电音异象"(electronic voice phenomenon)。它指的是一段录音的背景声中似乎出现了死人说话的声音。

这个现象首次引起公众关注是在1920年,当年10月号的《科学美国人》(*Scientific American*)杂志刊登了一篇著名发明家爱迪生(Thomas Edison)的特辑。在文中,爱迪生号称他正在发明一部能与死者交流的装置。看到这个,当时大多数人都认为他终于老糊涂了,科学界也没有理会他的这个想法。不出所料,直到1931年逝世,他都没能把这部装置发明出来。然而就在他逝世前的几个月,一个名叫冯·绍洛伊(Attila von Szalay)的美国灵媒却号称听见了自己已故儿子的声音,他后来还用一台每分钟78转的录音机"捕捉"了这些声音。近30年后的1959年,瑞典歌剧演员于尔根松(Fredrich Jurgenson)正在聆听一段鸟鸣声的录音,忽然他在遥远的背景中听见了有人在用挪威语说话。

爱迪生、冯·绍洛伊和于尔根松很快后继有人,关于电音异象的书籍开始纷纷出版。最著名的一本是1971年出版的《突破》(*Breakthrough*),其中归纳了超过7万段录音,许多都是将收音机调到两个电台之间时录下的白噪音。

科学家很难接受这些信息中蕴含着灵异世界消息的说法。他们立刻提出了一个显而易见的批评:对这些录音的分析是完全主观的。同一卷磁带,不同的人可以听出不同的内容。只有当某个性格强势的人坚持其中有一个人声在说着特定的语言、传达明确的信息时,其他人才会跟着听见同样的句子。

他们的第二个批评是:人类有一种天生的倾向(许多时候还是一种需求),会在混乱中寻找秩序。科学家认为这是一种深植于人心的生存工具,它使人能在看似随机的事件中分析并且找到规律。有了这个技能,人就能为无法预知的结果做出更好的准备——一种心理上的准备。这也显示了人类对于安全的本能需求:秩序等于稳定,而稳定就等于安全。能在随机的信号和录音中听见清晰的人声是一种自我欺骗,但这种欺骗也体现了深刻的心理需求。

对于电音异象的第三种解释认为,它和当事人的心理无关,而是牵涉到了一条基本的宇宙定律:混沌理论。

混沌系统的定义是一个"对初始条件敏感"的系统。意思是对同一个过程的初始条件稍作修改,就会得出非常不同的结果。比如在两个翻腾的漩涡上飘浮的一粒尘埃就表现出了混沌的行为。尘粒的运动似乎是随机的,它的路线也越来越难以预测。只要初始条件略有改变,它在一次实验中的运动就会和另一次截然不同。

混沌是在日常生活中就能观察到的现象。全世界的气象系统就是混沌的,所以天气预报是出了名的困难。一个水龙头的滴水行为也是混沌的。甚至有人怀疑,全球的金融体系也表现出混沌的行为,因此长期投机的风险要高于许多预测者的估计。

混沌的概念可以用所谓"蝴蝶效应"作形象的说明。它说的是亚马孙河流域的一只蝴蝶扇动翅膀,最后却能在得克萨斯州引发一场龙卷风。这虽然听起来不着边际,却真的可能发生。因为蝴蝶造成的轻微扰动会改变气象系统的初始条件,而气象系统又对初始条件十分敏感,即使是轻微的影响,也可能在一个复杂的事件连锁中层层放大,并最终在地球的另一面产生一场龙卷风。

那么这又和录音带中捕捉的"鬼声"有什么关系呢?

混沌系统的一个显著特征是混沌中蕴含秩序。科学家相信,就是因为这一点,才使得一个表面混沌的宇宙中涌现了一座座秩序的"岛屿"。我们观察到的宇宙是一大片随机运动的粒子构成的混沌之海,而我们的地球、文明,乃至我们个人,都可能只是其中暂时而局部的反常秩序。就像格雷克(James Gleick)在畅销全球的著作《混沌》(chaos)中所说的那样:"看来似乎最简单的系统中产生了异常艰难的预测问题,然而在这些系统中也自发涌现出了秩序。"[11]

没有找到电台的收音机中传出的白噪音,或一段鸟叫录音中的背景声,这些都极易构成一个混沌系统。然而混沌之中也可能蕴含秩序,蕴含转瞬即逝的零碎结构。当一个超自然的鼓吹者、一个坚信幽灵有超自然原因的信徒听见了噪声中的模式，他就会将那些暂时的秩序夸张成一句句首尾连贯的句子，但实际上，那依然只是他的想象罢了。

没有过硬的证据表明任何人格或者灵魂能在人脑死亡之后继续存在，因此幽灵一定有其他的源头。这些源头丰富多样，包括蓄意诈骗，也包括集体幻觉。还有可能是环境中的反常条件正好聚合，捕捉了一股代表某个人身体特征的能量。有人说这些环境条件还捕捉到了由极端情绪产生的心灵能量，我看这纯属画蛇添足。偶尔，目击者看见幽灵时会感觉沮丧或者压抑，但这多半全是他们自己的内心造成的效果，和幽灵没有关系。即使这种记录回放系统真的存在，那也完全是一种物理现象；它们最初或许的确是由极端的情绪所引发，但目前的科学还无法做定量研究。

将来的物理学家和生物学家或许能找到一种方法，揭示幽灵到底是不是过去影像的重播。但是在那之前，我们只能假定幽灵来自目击者的心灵，它们是我们自身欲望和恐惧的投影，在物理世界中并无物质形态。

第九章

变形人与怪物

当吸血鬼被遣送到人世间来，

他首先会把你的尸体从坟墓里朝外硬拽，

接着就在你的乡土上阴惨惨地频繁出现，

吮吸人血，你的同胞会无一幸免。

——拜伦勋爵（Lord Byron）*

　　黑夜里的怪兽，吸人血的恶鬼，大海中的魔龙，都在潜意识中威胁着我们大家。这些怪兽在我们的噩梦中潜伏，在我们的想象中肆虐。它们是家喻户晓的传说，是种族的意象，是荣格提出的"原型"。其中的一些甚至可能还有科学的根据。

　　我们用"神秘怪兽"（mythical beast）这个词来概括世界各地的许多生物，这些生物在几乎所有文化的历史书中都有记载，也常常在文学和艺术作品中出现。但是近期的研究却显示，"神秘"这个词可能并不像一些怀疑者认为的那样合适。这些怪兽当然会极力回避人类，但是

---

* 选自拜伦的长诗《异教徒》，此处取李锦绣译文，见《东方故事诗（上集）》，湖南人民出版社，1988 年。——译者

总的来说,相关的目击报告、照片和录像都显示我们的世界中几乎肯定生存着各种超乎想象的生物,其中既有遗世独立的史前动物,也有罕见的基因变种。

有两个不同类别的动物似乎还不能归入科学上的任何种属。我把它们称作"变形人"(human variant)和"进化异端"(evolutionary cul-de-sac)。第一类和人大致相仿,但是有着超常的特征,包括吸血鬼、美人鱼和狼人之类。第二类似乎是在现代生物学的道路之外进化而成的,包括海怪、尼斯湖水怪、雪人和大脚怪等等。

在变形人中,最有趣也是最骇人的就数吸血鬼了。神学家佐普菲乌斯(Heinrich Zopfius)在18世纪初写道:

> 吸血鬼趁夜色从坟墓中爬出,袭击在床上安静睡眠的人。它们吸干人体内的所有鲜血,使他们毁灭。它们袭击男人、女人和儿童,不论男女老幼。那些被它们盯上的人常抱怨呼吸困难、精力尽失,之后不久便会死去。

在欧洲,人们对吸血鬼的了解至少可以上溯到中世纪早期。吸血鬼之所以到今天还留存在人们的想象之中,部分原因是它们始终在启发作家的创作。文学史上最有名的吸血鬼是斯托克(Bram Stoker)1897年的小说《德古拉》(Dracula)中的那个反派主角德古拉。虽然大众对吸血鬼的印象主要来自这本小说的描绘,但其实到它出版的时候,吸血鬼早已是哥特恐怖文学中的一个主要形象了。刘易斯(Matthew Lewis)在1796年创作的《僧侣》(The Monk)是最早的吸血鬼小说之一。19世纪40年代出版的《吸血鬼瓦尼》(Varney the Vampire)更是一本皇皇巨著,足足有1000多页。

这些作品中描绘的吸血鬼都具有相似的形象:它们外形像人,却无法承受阳光;它们捕杀人类,靠吸血维生。它们的个性都有脆弱的一面,并流露出浓重的情色气息。从这类故事开始风行的18世纪起,吸血鬼的形象就始终不曾变化，它成为了腐败、力量和悲伤的永恒象征。

说来也怪，今天居然有越来越多的人自称是吸血鬼。20世纪90年代的影片《夜访吸血鬼》（*Interview with a Vampire*）、改编自小说《德古拉》的电影《惊情四百年》和塔伦蒂诺（Tarantino）主演的《杀出个黎明》（*Dusk Till Dawn*）带动了一股新哥特主义亚文化，也使得一些头脑不清的人开始购买棺材并且躲避阳光（尤其是洛杉矶的橙色阳光）。

互联网上也出现了越来越多的由健康人组成的所谓吸血鬼团体，近年来出版的书籍也开始介绍一些沉迷鲜血的人物，比如1992年的《混沌国际》（*Chaos International*）和吉莱（Rosemary Ellen Guiley）的《我们中的吸血鬼》（*Vampires Among Us*）。在某些圈子内部，现代吸血鬼的人生故事几乎是司空见惯了。比如有一个叫迪安（Jack Dean）的自称爱喝人血，他是在一次车祸受伤之后爱上这种"饮料"的。还有一个叫海因（Philip Hine）的，他被朋友严重自残时割出的鲜血喷到，从此也恋上了这种物质。

据一份报告称，目前洛杉矶有36名好饮人血者登记在册；据上一次统计，全美有700人自称为吸血鬼。他们不可能是真的吸血鬼，只是对血液有某种迷恋罢了，但是这股风气同样使人警惕。《X档案》（*X-Files*）的一集就深入表现了这个令人胆寒的地下世界，它比迄今播出的任何一集都更接近真实。和普通人相互亲吻一样，这个地下俱乐部的成员用相互啮咬来表达爱意。在艾滋病如此猖獗的今天敢这么做，可见有些人的内心承受了巨大的创伤，尤其是这座20世纪末都市中的狂乱居民。

不过，虽然"吸血鬼"这几个字总是与各种歇斯底里和耸人听闻相联系，但是研究者认为，吸血鬼的某些特征的确有着确切的医学原理，而吸血鬼传说也源自一系列真实的基因异常。

吸血鬼的传说大概始于中世纪的波希米亚。那个时代常有人组成小小的社区，过与世隔绝的生活。这些人在山谷中建立村庄和市镇，不必离开大山就可以过一辈子。他们对群山之外的世界了解很少，结婚时也只能在内部联姻,这样做的最终结果,就是缺少生物学上所说的遗传多样性。

进化生物学家认为,有性生殖的目的不仅是保证物种的繁衍,还能促使遗传物质在种群内部健康地混合。这就是为什么各个原始社会都有对于乱伦的禁忌:即便在那个时代,人类就已经明白了近亲繁殖可能造成胎儿流产或者畸形。从更广泛的意义上说,缺乏遗传多样性会削弱一个物种。往少了说,当遗传缺陷开始积累,其中的一些也可能造成严重的后果。除非经常有新鲜的遗传物质输入,否则遗传缺陷就会变得日益普遍,并随着世代更替变得越来越危险。

根据多尔芬(David Dolphin)在1985年提出的一个理论,因为缺乏遗传多样性的缘故,波希米亚的那些孤立村庄可能出现过许多遗传缺陷,其中的一种称为"卟啉病"。这种疾病使人体无法制造一种蛋白,而这种蛋白的作用是将化学物质卟啉环和血红蛋白中的铁质相结合。

卟啉病患者有许多症状,它们可以解释常常和吸血鬼相联系的许多身体特征。首先,患者看起来极度贫血,因为他们的血红蛋白没有得到高效利用,血液中的含氧量也没有达到应有的水平。其次,不能发挥作用的卟啉环统统沉积在皮下脂肪层,卟啉环具有光敏感性,它会在日光中释放电子,而这些电子又会破坏皮肤,造成严重起泡——吸血鬼惧怕阳光的说法就是由此而来的。

传说还告诉我们吸血鬼惧怕大蒜,这一点同样可以用生物化学作出合理的解释。大蒜中含有几种酶,只要有合适的条件,它们就能替代卟啉病患者缺乏的那种蛋白发挥作用。"吸血鬼"吃了大蒜,体内就会忽然大量产生这种必要的化学物质,结果可能导致他们死亡。

卟啉环失调的另一个并发症是牙龈萎缩,使患者的牙齿看起来大于常人,这也许就是吸血鬼獠牙的由来。此外,由于卟啉环无法与铁结合,这些具有遗传缺陷的病人就可能产生对血的渴望,这或许能解释吸血鬼传说中最关键的嗜血本性。

这种事实和迷信之间的对比和联系还可以更进一步。在通俗文学中,吸血鬼常常和贵族联系在一起。这或许是因为,由蛋白缺失造成的血液问题往往在患者达到性成熟之后才会显现,那一般是在患者长到十六七岁的时候。而在那些孤立的社区中,这又恰好是女性出嫁的年龄。那些波希米亚社区的族长或首领都喜欢迎娶年轻的新娘。那些姑娘可能还是处女,她们住进首领的城堡之后开始皮肤泛白,并出现卟啉病的其他症状。在头脑简单的村民眼里,这显然说明了那个封建领主是一头吸血怪物,随着故事一代代流传,它也变得越来越复杂、越来越离奇。但实际上那只不过是巧合而已。

遗传缺陷还可以解释其他形式的人类异常。在某些太平洋岛屿上,当地人的食物包括鲨鱼肉和儒艮肉——儒艮是一种食草的海洋动物,也叫海牛。这两种生物的肝脏都富含维生素 A,而维生素 A 的一个常见形态是视黄醇,研究发现,它正是某些罕见出生缺陷的原因。在古代的某个时候,那些岛屿上很可能出生过脚上带蹼的孩子;如果症状足够严重,这些传闻就会潜入民间传说,然后由早期的探险家带回欧洲,并最终融入西方神话——于是美人鱼就这么诞生了。

基因缺陷或许还能解释狼人传说。17 世纪早期有一个名叫格勒尼耶(Jean Grenier)的男孩,他天生下巴畸形,看起来仿佛一张狗脸。他的智力似乎也有问题,一次他袭击了一个牧羊女,被抓个正着。他后来承认自己杀过好几个人,根据档案的记载,他似乎还相信自己是某种人形兽或者狼人。

另一个著名的例子是斯图布(Peter Stubb),此人生活在 16 世纪的德国,据说曾与魔鬼签订契约,魔鬼送给了他一根特别的狼皮带,系上之后就能变成狼。他在 10 年里杀死了好几个人,受害者包括幼童和孕妇。他在残忍杀害了自己的儿子之后终于被抓,被绑在轮子上严刑拷打。他承认了多桩罪案,最后被斩首焚尸。

17、18 世纪出现过许多兽人传说,这些生物一半是人,一半是狼或者熊。这类传说许多都和精神疾病有关,而且有趣的是,狼人故事里总会提到他们在月圆之夜变身。长久以来,人们总是在月亮和自己的情绪变化之间强拉关系。其实月球的运行和人脑的状态之间并没有什么实证的联系,但许多人还是鼓吹两者之间确实有关。他们主张,地球这位近邻的引力场会和人脑中的电流相互作用,从而影响人的情绪,就像即将到来的雷暴会使少数敏感者心情抑郁一样。

超自然论者还提出了另外一个理论。他们指出月球引力会对地球产生强大影响并引发潮汐,由此可以推测,也许月球也能改变我们的体液,并在我们的脑中引起生物化学反应,从而改变我们的情绪和心情。

这个理论乍一看有点道理,但其实却无法成立。月球的引力对人脑中这些许水量的效应小到可以忽略。你可以狡辩说,化学元素的微小差异就能使稳定的脑变得不稳定,所以无论多么微弱,地球和月球之间的引力互动还是足以影响人脑的。但如果这个说法成立,那么**任何物体**就都可以影响人脑了。实际上,我们近旁的任何一个物体,比如一张桌子、一把椅子,或一个人,都会对人脑中的"潮汐"产生**比月球强大得多**的影响。所以这个理论是没有多少意义的。(见第十八章:我们都是星星做的。)

至于格勒尼耶这样严重畸形的人,关于他行为的各种说法更有可能是周围群众的夸大其词,这些人自己迷信而残忍,却还把他看作是半人半兽的危险怪物。

狼人传说可能仅仅是出于恐惧和夸张的捏造。所有原始种族都害怕野生动物,而狼又很可能是在现代欧洲出没的最凶猛的野兽。这样看来,围绕它所产生的种种传说和迷信也就不足为奇了。

另一种理论认为,狼人不是什么超自然的动物,而只是狂犬病患者。在 20 世纪之前,狂犬病一直是一种普遍的疾病,许多不幸的人都因为它而痛苦地死去。生物学家巴斯德(Louis Pasteur)就目睹过患者的惨状,还经常批准对他们实施安乐死。人类可能变成野兽的观念,可能就来自某人被野狗咬了以后挣扎死去的真实而恐怖的景象。

时间进入 20 世纪,有关人形怪物的故事已经越来越少,只有在哥特恐怖小说和汉默公司的恐怖电影里才会出现了——除非你到洛杉矶的那几家俱乐部去转一圈！相比之下，可以归入"进化异端"的目击事件却不减反增。到今天，从海怪到雪人，全世界都有关于进化异端的报告，而且在目击证词之外，还出现了越来越多的照片和录像证据。

进化异端的最著名的例子大概就是尼斯湖水怪了。

尼斯湖是英国最大最深的淡水湖，长约 37 千米，最深处 230 米。它形成于大约 2.5 亿年前，但是因为最近的一次冰期，它直到很晚的时候才与海洋分离——略少于 7500 年前。湖底的泥炭使水色格外深暗，三米高的巨浪屡见不鲜，许多人都认为它不是一个湖泊，而是一片内海。

尼斯湖水怪传说始于公元 6 世纪，据说圣哥伦比亚（St. Columbia）就曾见过这头怪兽，从那以后，就不断有人宣称自己目睹了水怪。它第一次登上报纸头条是在 1934 年，当时有一位妇科大夫罗伯特·威尔逊（Robert Wilson）自称看见了一只大型海洋动物在湖面上升起头颈，还拍摄了一张照片。这张照片迅速登上了全世界各家报纸的头条。从那以后，每年都会有数万名访客蜂拥来到尼斯湖，希望能一睹水怪真容，也真的有许多人声称在浑浊的湖水中看见了什么。

威尔逊的照片被称为"医生的照片"，后来被证明只是一场骗局。造假者亲口坦白，说所谓的"水怪"只是一个恶作剧，照片里的怪兽是用一部发条玩具潜水艇和几块帆布做的。但是这并没有阻止其他研究者到尼斯湖来开展更加细致的搜索。

20 世纪 70 年代，波士顿的应用科学研究院赞助了两次重大搜索，一次在 1972 年，另一次在 1975 年。研究者在湖底拍摄照片并开展声纳扫描。在一次搜索中拍摄的照片显示了一只动物躯干的上半部分和"怪兽形状"的头部。可惜的是，后来的分析表明拍到的只是一块巨大的塑料模型，是 1969 年拍摄《福尔摩斯秘史》（*The Private Lives of Sherlock Holmes*）时的道具。

另有一支队伍不为所动，仍在 1987 年到尼斯湖开展了"深度扫描行动"（Operation Deepscan）。这个计划雄心勃勃，它用 22 条船只组成声纳网,覆盖了整个尼斯湖。但它同样没有得到确切的成果或清晰的照片,研究者只拍到了几个模糊的物体,后来证明都不是怪兽,只是一些树干和碎石而已。这次搜寻还有一个缺陷:声纳没有到达湖底,只覆盖了湖中水量的八成。我们完全可以想象有一只怕羞的水怪在那里生活,它一看见湖面有船队经过就游到了湖底,因此才没有被人发现。

我们不能因为没有在近距离见过水怪,也没有找到它存在的证据,就一口咬定水怪并不存在。如果尼斯湖水怪真的存在,那它是什么,又是如何生存的呢?

最流行的假说认为尼斯湖水怪不是一只动物,而是一群蛇颈龙。蛇颈龙是一种水生爬行动物,它们曾经分布在全世界的各大洋中,生活年代是三叠纪末期至白垩纪末期,距今 1.95 亿年至 6500 万年之间。这个假说认为,有部分蛇颈龙逃过了白垩纪末期的恐龙灭绝,很久之后,当尼斯湖与海洋隔绝,它们中的一群就被困在了湖中,一直生活到现在。

这个假说虽然有明显的漏洞,但也不是完全不能成立。它的核心观点是某些小规模动物群体可以逃过物种灭绝,这其实并不像我们想象的那样离谱。比如 1938 年,就有几个非洲渔民在印度洋中发现了一条身长两米、披着铠甲的怪鱼。经过仔细研究,专家断定这是一条腔棘鱼,而之前都认为这种动物早在 7000 万年之前就灭绝了。被渔民捕获的这一条腔棘鱼进化出了比它的史前祖先庞大得多的体形,研究者认为大洋深处还有它的同类。

进化是物种利用两个因素变化的过程——自然选择和随机事件。如果某个个体身上出现了某种特征,而且它活到了繁殖的年龄,那么这个特征就可能传递给以后的世代。传给后代的特征有好有坏,但整个物种却能进化出更加适应环境的新形态,这是因为"好的"特征可以使个体更好地求生、更加强壮,并获得更高的地位,也因此更容易传递下去。运气也在这个过程中发挥着作用,因为遗传特征的变化,也就是"变异",都是随机出现的。

物种都会进化,但环境会左右它们的进化速度。如果某个物种的环境长期稳定不变,而它也能在这样的环境制约中生存,那么和一个充满挑战竞争的环境相比,它的进化速度就很可能要慢一些。因此,在同样的时间段里(比如6500万年),一小群蛇颈龙是有可能比世界上的其他动物进化得缓慢得多的。

然而与世隔绝也有一个缺点,那就是对一个物种遗传多样性的限制,这个缺点会严重影响生物小群体的生存概率。一小群蛇颈龙和一个离群索居的波希米亚社群没有什么两样:其中也会产生遗传缺陷,它们会逐渐对整个群体的健康和生存构成威胁。如果我们假设最早的群体只有几十头个体,那么它的基因库很可能很早就开始退化了。

另一个问题是对资源的需求。为了生存,任何生物都需要索取所谓的"生物量"(biomass)。平均而言,一个生物个体的生物量必须是其体重的10倍左右,从这里就引出了"生物量锥体"(pyramid of biomass)的概念。

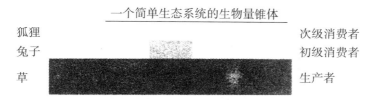

一个简单生态系统的生物量锥体

狐狸　　　　　　　　　　　　　　　　　　　次级消费者
兔子　　　　　　　　　　　　　　　　　　　初级消费者
草　　　　　　　　　　　　　　　　　　　　生产者

图9.1

想象一个简单的生态系统,其中包含狐狸、兔子和草。这三种生物就构成了一个生物量锥体,狐狸位于塔顶,草位于塔底。草在这里称为"生产者"或"自养生物",因为它使用光合作用直接获取食物。兔子位于第二个**营养级**,称为"初级消费者",因为它们在这条食物链上处于绿色植物的上一层。而狐群要想生存,就需要有生物量10倍于自身的兔子。兔子也需要生物量10倍于自身的草。这是因为对初级消费者(兔子)和次级消费者(狐狸)来说,将资源转化为能量的效率大约只有十分之一。没有这么多青草,兔子就无法生存;而没有这些青草和兔子,狐狸也无法生存。

如果尼斯湖里真有一群蛇颈龙,它们就一定在这个**封闭的生态系统**中位于生物量锥体的顶层。要想维持生存,它们的下面几层就必须有大量小型动物存在。这些蛇颈龙或许已经成了杂食动物,这样就能有更加多样的食物来源了。但是即便如此,一群如此庞大的动物也一定会将湖中的资源用尽,或许用尽了也还不够它们生存。反过来说,如果这个群体规模很小,那我们就又会遇到遗传多样性缺失的问题。如果尼斯湖水怪真的是一群恐龙,它们就必定是一个非常脆弱的群体:它们的数量不能太多,因为资源是有限的;但也不能太少,因为近亲繁殖会产生无法挽回的遗传缺陷。这两个因素中的任何一个,都可能在很久以前就使它们灭绝了。

相信尼斯湖水怪是一群远古蛇颈龙的人主张,这种生物在海水和淡水中都能生存,因而尼斯湖虽然在过去7500年间从咸水湖慢慢变成了淡水湖,但是对这些水怪却并没有产生什么严重影响。然而蛇颈龙是一种海洋爬行动物,照理说会在陆地上度过一些时间,人类如此好奇地寻找它们,居然没有在陆地上有更多的目击事件,这说起来实在也有些违反常理。

为了反驳这个质疑,有些信徒又提出了尼斯湖水怪是一种体形庞大的怪鱼的观点。这在进化上倒也是说得通的:在尼斯湖与海洋隔绝之后,湖水的化学构成会慢慢发生变化,而其中的海水鱼也的确可能进化成淡水动物。

总之,尼斯湖水怪可能是一群幸存的恐龙,它们不知用什么法子克服了生物量锥体和遗传多样性缺失的问题。它们也可能是一群适应了淡水生活的海洋爬行动物,还可能是同样在生物化学和解剖学上都适应了淡水的大型鱼类。另有一种理论认为,对水怪的所有目击都可以用木材来解释:是树干缠在了靠近湖岸的水中。要不就干脆是海市蜃楼。

虽然恐龙论者不愿意接受,但这最后一个解释其实是很有可能成立的。许多人不知道的是,尼斯湖的环境条件其实特别容易出现海市蜃楼,水怪的原型可能是水中的物体,比如浮到湖面的鱼类,或是被巨浪抛到空中的大树枝。

海市蜃楼的成因是不同温度的空气层对光线产生了不同的折射。而人眼总认为光是直线传播的,因此当光线在到达人眼的途中发生偏折,物体的图像就会在人眼中移位或者变大。

当一个物体位于一个寒冷表面上方(比如冬季的尼斯湖面),物体顶部反射的光线就会被温度较高的空气折向一个方向,而物体底部反射的光线又会折向另一个方向。这个现象称为"逆温"(temperature inversion),它虽然直到19世纪才得到了科学解释,但古代的水手早已经见识过它了,他们称之为"上现蜃景"(looming),所以后来才有了"赫然高耸"(looming large)一说。

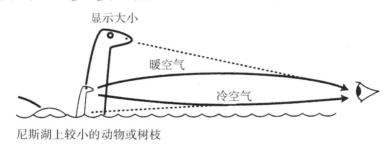

图9.2

水怪的鼓吹者们认为这个解释太局限,他们指出在有的事件中,目击者的确看见了一头长颈动物,那只动物体形如此之大,以至于在身体前面激起了艏波。然而最近的气象研究同样可以解释这个现象:那些艏波或尼斯湖表面的任何波动,都可能是由所谓的"水魔"(water devil)造成的,它是龙吸水和龙卷风的亲戚,源于水中的压力变化所产生的漩涡。

这些解释也许能涵盖尼斯湖和其他湖泊上的许多目击事件以及全世界的各种海怪。还有更多的事件可以用伪造和骗局来解释。然而这些否定性的解释同样没有确切的证据。尼斯湖的体积太大,目前还不可能彻底搜索。我们只能寄希望于将来发明更加灵敏的声纳设备,或者成熟的热追踪和成像仪器,从而显示那片湖水中到底有没有怪兽,有的话又是什么。

和尼斯湖水怪同样出名的是陆地上的许多走入进化异端的生物,其中包括喜马拉雅山脉的雪人和北美洲的大脚怪。

雪人(yeti)是尼泊尔民间传说中的生物,当地人很崇拜它,不会踏入它的领地。他们相信雪人有三种类型,最小的是小雪人(yeh-teh),身材和猴子相当;然后是中雪人(meh-teh),它们更高更重,身材和人类相当;最后是大雪人(dzu-teh),据说能长到2.7米高。

现代人对雪人的兴趣始于西方人对喜马拉雅山脉的探索,这些探险家搜集了当地的传说,再加上自己瞥见的一些景象,编成故事带回了家乡。后来陆续有人找到了脚印和排泄物,还有许多人报告了可疑的目击事件——比如亨特勋爵夫妇(Lord and Lady Hunt)就在1978年拍摄了一系列广为流传的足迹照片。这些都成为了雪人信徒的证据。

美国版的雪人是同样怕羞、同样魁梧的大脚怪,据说它们只在森林中生活,但是几乎每个州都有它们的目击报告。其他相似的怪兽在世界各地都有记载,它们在乌拉尔山脉叫做"yag-mort",在西伯利亚叫做"chuchunaa",在澳大利亚称为"yowie"。在《X档案》的一集中,两位主角也和一种"泽西恶魔"交了交手,他们循着目击报告追查这个人形怪物,它白天在森林中栖息,到了夜里就闯进市郊寻找食物。

世上的确可能有居住在偏远地区、世代不与文明接触的小型社群。文献上也的确记载了有儿童是和动物一起长大的,比如19世纪初在法国阿韦龙省附近发现的那个著名的"法国狼孩"。他的发现者和导师是一位名叫伊塔尔(Jean Marc Itard)的医生,他尝试将男孩引入文明世界,但是成果十分有限。狼孩在40岁那年逝世,在那时仍然无法完全适应人类生活,许多人都把他看作怪物。

还有一个更加难以用科学验证的观点,那就是某些与世隔绝的地方可能生活着成群的动物,它们独立进化,几乎完全在我们的认识之外——它们是真正的进化异端。

和水怪或大型海洋动物一样,陆地上的进化异端也要受生物学定律的支配。一个群体若要生存这么久的时间,它最初就必须包含相当数量的个体,只有这样才能保证遗传的多样性。但群体的规模又不能太大,不然封闭环境中的有限资源就无法养活它们。

喜马拉雅山脉是地球上环境最严酷的地区之一,但是它同样孕育了一个生态系统,这里有许多位于食物链底端的耐寒植物,它们养活了牦牛种群和其他小型哺乳动物以及鸟类。如果真有雪人,它一定是位于食物链的顶端,但是和尼斯湖水怪一样,这样一个脆弱的生态系统会使它时刻处在灭绝的边缘。

为了充分利用资源,雪人一定得是杂食动物,在牦牛和其他动物之外还必须进食当地的植物。它们也许有厚厚的脂肪层作为保护,并且有非常厚实的皮毛,因为这样才能在高海拔地区生存,并且远离只在较低的海拔狩猎的人类。它们十有八九是领地观念很强的独居动物,平时各自占领特定的区域,只有在交配的时候才会见面(它们的交配活动应该也很罕见)。

大脚怪是美国版的雪人,它相对雪人较易为人接受,但是对科学家来说也更成问题。美国森林中的资源要比喜马拉雅山脉丰富得多,食物尤其充沛,气候也温和得多。但这也是一块人口众多的土地,像大脚怪这么巨大的生物居然只有这么少的人看见,实在是很难令人相信的一件事。对于雪人,我们很容易解释它们为什么没有留下骨骼或者残骸,又为什么很少留下足迹,但同样的解释却很难适用于生活在肯塔基州或加利福尼亚州的神秘动物。

对这些庞大的人形进化异端,我们还必须对它们的由来作出解释。根据雪人或大脚怪的体形判断,它们应该很早就在进化之路上与智人分道扬镳了。这次分离的具体时间已经几乎无从推测。和智人相比,雪人和大脚怪都似乎与大猩猩更加相似。大猩猩是最大的灵长目动物,可以长到近 2 米高、180 千克重。它们的领地观念也很强,常常在小群体中生活。

"人是猿猴变的",这是一个相当常见的误解。我们不是猿猴变的,达尔文也没有这么说过,虽然从 19 世纪 60 年代起就一直有这样的谣言流传。智人和其他灵长目动物的确有过一个**共同祖先**。生物学家都认为,进化史上的人类这一支是在第三纪与猿类那一支分裂的。但第三纪是一个很宽泛的时间段,从大约 6500 万年前的恐龙时代(侏罗纪和白垩纪)晚期一直延伸到距今不过 200 万年的时候。

对于这两支分裂的具体时间,学术界还有不同意见。最近从化石遗迹得出的考古学和解剖学证据显示,猿和人的分裂发生在中新世,距今大约 2000 万年。然而比较免疫学的实验却又指出,这次分裂距今只有 400 万年。

过去 20 年的遗传学研究得出了一个惊人的结论:人类在基因构成上和大猩猩或猩猩只有很小的差异。我们已经知道,人类的基因组(一个人的全部基因成分)和黑猩猩只相差 1%。

这些发现表明,如果真有一支猿类在几百万年之前从这棵进化树上分离出去,那么它的基因构成也一定和现代灵长目动物、和智人十分相似。当然,我们还无法知道那种动物在上千个世代中经历了怎样的进化。要确定它走过的进化之路,生物学家就需要一份血样或一些遗骸,从中提取出 DNA。如果真有一天能够做到这一点,研究者就很有可能发现雪人就是人类的近亲了。

地球很大。我们对于某些大洋的海底了解之少,还比不上我们对于月球背面的了解。就算有一天人类已经在火星定居,我们也肯定还没有在太平洋波涛之下将近 11 千米的马里亚纳海沟建立家园。第一个现代人登上珠穆朗玛峰还只是 40 多年前的事。茫茫大地,肯定还有许多人类从未涉足的区域。断言世界上没有巨大的海怪、湖怪和 2.4 米高的猿形怪兽,这是极度自大的表现。不过与世隔绝的动物小群体如何延续数百万年,这也确实是一个疑问重重的课题。但这些疑问都

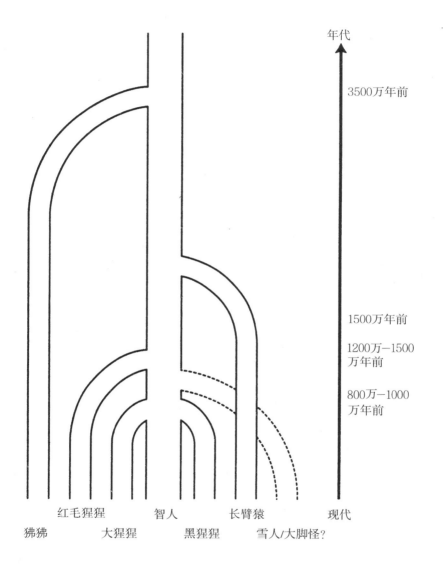

图9.3 学术界对灵长目动物的进化时间表还有很大的分歧。从化石证据中推出的年代要早于根据生物化学开展的免疫学研究推出的年代。至于雪人从何时开始独立进化，我们更是连一个近似的年代都无法确定，但是根据它的外形特征判断，可能与大猩猩和智人的祖先分家的时间接近。

是可以用科学回答的，无须另外诉诸超自然的解释。

　　我们也许才刚刚开始遇见这些奇异的怪兽，因为我们才刚刚开始深入探索地球上的每一处缝隙和角落。它们也许全是虚妄，是人类幻想出来的，但如果它们真的存在，那我们应该就快知道究竟了——在人类窥探的目光之下，一切秘境和桃源都将迅速消失，地球交出它的秘密也只是时间问题。如果雪人、大脚怪和尼斯湖水怪真的存在，那么很可惜，它们超然世外的欢乐时光或许也持续不了多久了。

第十章

在时间中穿行

有一位小姐叫小白，

她跑得比光还要快，

一天她出门作相对游，

然后回到了前一晚。

——布勒（A. H. R. Buller）[1]

差不多每个人都曾经幻想过时间旅行。人生中最大的憾事之一就是生活在一个特定的年代，局限于上天分配的 90 年时光，而无法望见未来发生的一切。科幻和奇幻文学之所以能如此流行，或许这也是原因之一。

同样，你有多少次希望自己能回到过去改变某一件事，某一件对你的人生至关重要的大事？你会回到哪个年代去解决一个问题，收回某一句话，纠正一个你犯下的或别人对你犯下的错误？如果你只是想回到过去找找乐子，你又会选择历史中的哪一个节点？是去目击滑铁卢战役，还是去 1966 年的温布利球场看台重温那一年的世界杯决赛？

过去 300 年来，自从现代科学告别了猜测，物理学家就一直认为时间旅行是不可能的。然而书上又记载了许多人自称用超自然的手段在过去和未来之间任意遨游的事件。对于这些故事人们往往报以嘲笑，他们笑得也许有道理，但是从20世纪80年代末期开始，科学家却真的开始严肃地思考时间旅行的方法了。虽然那些所谓的时间旅行的故事都可以用一两句话打发掉，但时间旅行在自然界中的确是可能的，也许终有一天我们能透彻理解它，甚至付诸实践。

1901年发生了一次十分著名的时光穿梭事件。两位德高望重的老姑娘声称她们在巴黎郊外的凡尔赛宫散步时无意中回到了古代。她们是牛津大学一所学院的院长莫伯利（Charlotte "Annie" Moberly），和一所女子学校的校长乔丹（Eleanor Jourdain）。

那是一个炎热的夏天，两位女士正在凡尔赛宫的庭院中往小特里亚农宫的方向行走，就在这时，她们的眼前出现了一些相当奇怪的景象。她们先是看见了一名女子，她身穿18世纪的服装，正在一幢建筑的一扇窗子外面抖动一块白布。接着她们走过两名政府官员身边，他们都身着灰绿色外衣，头上戴着三角帽。后来她们又从一群儿童中间穿过，这些儿童也个个穿着老式衣服。她们还遇见了一个身着黑色斗篷的男人，他的脸上布满天花的疤痕。最后她们看见了一名女子，她身穿18世纪的华服，正坐在一个画架前面画画。这段经历大约持续了半个小时，两位女士自称到达了小特里亚农宫，然后经人指点走出庭院，最后回到了1901年的世界。

10年之后，莫伯利和乔丹将这段经历写成了书匿名出版，书名是《一场冒险》（An Adventure）。在这10年里，她们开展了全方位的研究，包括凡尔赛宫的布局、18世纪的时装风格，以及凡尔赛宫内部各个庭院的历史。她们的结论是自己穿越了120年，回到了法国革命的年代。为了支持这个可疑的观点，她们指出凡尔赛宫内的风景自18世纪80年代起已经发生了变化，而她们走过的那条路线已经不复存在了。她们最后还认定自己看见的那名"绘画的女子"正是安托瓦妮特（Marie Antoinette）本人。她们将自己找到的一幅画像作为证据，画中法国皇后的穿着和她们那天见到的完全相同。

莫伯利小姐和乔丹小姐都是受人尊敬的学界人物,不太可能故意说谎或捏造出这样一个故事,即使是为了写一本畅销书也不会这么做。不过她们的叙述中还是有不少漏洞的。

她们表面上对自己的见闻开展了彻底的调查,但是有几个关键的事实她们却没有提到。首先,在她们游览凡尔赛宫期间,一位法国贵族罗贝尔·孟德斯鸠(Robert de Montesquieu)伯爵正投入大量财力物力举办他所谓的"tableaux vivants",即我们所说的"偶发艺术"或互动艺术,而举办地就在凡尔赛宫。伯爵邀请了许多朋友穿上 18 世纪的服装,并让他们演绎历史场景。

也许莫伯利小姐和乔丹小姐撞见的不是什么超自然景象,而只是这样一场露天表演。也许她们当时并不知情,但既然为写书做了这么多研究,忽视这场表演就有点说不过去了。

故事的第二个疑点是她们见到的那位安托瓦妮特。虽然她和画像上的皇后容貌相符,但是就算两人真的回到了过去,也不太可能正好遇见这样一位名人。1965 年,有人向《泰晤士报》(The Times)投稿,进一步质疑了她们的说法。写信人名叫孔布(T. G. S Combe),曾就《一场冒险》作过一次讲座,讲座结束之后,观众里有人告诉了他自己小时候听过的一件事:在 19 世纪与 20 世纪之交,凡尔赛宫附近住着一名古怪的女子,她每到夏日午后就打扮成安托瓦妮特的样子,到小特里亚农宫的庭院里去坐着。

大多数时间穿梭事件都没有这样富有戏剧性。事件的经历者往往是某一个人,或是一小群人,他们在某地看见了一座建筑或一条道路,但等后来回到原地,却发现那里的地形已经不是记忆中的样子了。

有那么一个引人注目的故事,说的是 1979 年有两对英国夫妇到法国的蒙特利马尔旅行,并住进了一家"模样奇怪古旧的客栈"。他们描述了客房、其他住客和客栈主人的样子,说四个人的房费算下来不足两英镑。他们甚至还在客栈的房间里给彼此拍了照片。回程路上,他们想再住一次这间客栈,却发现客栈所在的地方成了一座车库。

当他们将旅行途中的照片冲洗出来时,事情就更神秘了:他们发现在那家古怪客栈中拍摄的照片都不见了,然而底片也没有缺少的迹象,就好像是这几张照片从未拍过似的。有人问道:既然如此,那么其他房客看见他们穿着现代服装、走出现代轿车,难道就不显得好奇吗?客栈又怎么会接受他们用现代的货币支付房费呢?这些疑问他们都无法解答。

当然了,这样的事件可能都是捏造的,是为了名声或金钱编出来的故事;但是还有一种解释,就是这些人都体验了一次集体幻觉。我们在第八章已经看到,这种情况在闹鬼事件和骚灵事件中都有详细的记录。也许《一场冒险》中的故事,也是两位小姐在看到孟德斯鸠伯爵举办的表演之后产生的幻觉。至于在法国度假的那两对夫妇,他们或许也是在当地喝下太多葡萄酒之后产生了逼真的幻觉。

除此之外,我们也可以用第八章提到的环境中的回放系统来解释这些现象。或许是过去的事件在环境中留下了印记或者影像,然后又因为某种原因,在这些目击者到来的时候回放了出来。

不过,也有一些事件是不能用过去影像的回放来解释的,因为这些事件的当事人自称目睹了未来。他们许多人都看见了雪茄形状的长条飞行器,或是在地面上疾驰的车辆。有时这些机械中的乘客会望向窗外,并激动地指向目击者。也有的时候,这些"未来人"并不知道有人在观望他们。

有人主张这些都是从未来投射到现在的影像,这种投射偶尔包含了双向交流,使得过去和未来的人们能够见到对方。鼓吹这个观点的人提出,这甚至能解释许多令人费解的 UFO 目击事件。他们说,那些目击者见到的并不是外星飞船,而是来自地球的遥远将来的交通工具,它们的乘客同样是人,却已经进化出了和现在略微不同的体形。

但这类说法大多是纯粹的猜测。现实的情况是我们不知道如何制造一台时间机器,处在物理学前沿的学者也刚刚开始拼凑关于时间旅行的理论——不过那都还只是数学上的概念。在我们这个时代，要造出时间机器就和飞到银河系的中心一样遥不可及。

要造出这样一台时间机器，第一步就是理解它背后的数学原理。而要提出一个关于时间旅行的数学理论，我们首先还必须掌握"时间"的含义。

我们都能体会时间的流逝，但又似乎没人说得清楚"时间"到底是什么。有人甚至主张，时间只是一个虚构的概念，是我们的内心在将事件组织成逻辑的、线性的顺序，因为只有这样人脑才能运作，才能理解宇宙。

这个观点并没有确实的证据。虽然生活常识和前沿物理常常相悖，但是在我们的内心都有着对于时间方向的感知，都有一个称为"时间之箭"的概念。

有一件事说来奇怪：在最基本的层面上，宇宙中的几乎一切过程都可以在时间的两个方向上发生，无论你用经典物理学还是薛定谔和狄拉克的量子力学分析都是如此。也就是说，如果有两个亚原子粒子接触反应，并产生了另外两个粒子，那么这个过程也可以反过来进行：产生的那两个粒子同样能够接触反应，并生成最初的那两个粒子。

然而在日常生活的宏观层面上，我们感知的"真实"世界却似乎并不可逆。我们没有见过打碎的玻璃杯重新组合，我们的眼睛不会发出光线飞向远处的物体，死人也不会从坟墓里站起来复生。就像量子力学中的其他结论一样，在量子层面支配那些"简单"系统的原理，和在宏观层面浸透我们日常生活的复杂系统之间产生了冲突。这似乎是一个自相矛盾的现象，因为我们和宇宙中的每一个物体都是由基本粒子组成的。如果这些粒子可以在简单的系统中逆向行动，那为什么由它们构成的复杂系统就不行了呢？

这个问题的答案在于不可能事件和小概率事件的区别。物理学家认为，死人复活（这里不考虑灵异事件），或者打碎的玻璃杯随机重组，都不是绝对不可能的事。只是这都需要大量小概率事件（至少和两个亚原子粒子的反应相比概率很小)正好重叠,要让它们**自然**发生,我们等待的时间多半要超过宇宙本身的年龄。也就是说,它们虽然不是不可能,但概率也是极小的。

要明白这和时间之箭的关系,我们就必须思考宇宙的一条基本规律:所谓的"热力学第二定律"。

这条定律堪称物理学的核心。物理学家爱丁顿(Arthur Eddington)在《物理世界的本质》(*The Nature of the Physical World*)一书中这样写道:

> 热力学第二定律,我认为它在一切自然律中居于至高无上的地位。如果有人对你说,你的宇宙理论和麦克斯韦方程组有冲突,那有可能是麦克斯韦方程组又出了问题。如果这个理论和观察结果有出入,那也有可能是实验家把事情搞砸了。可是如果你的理论居然和热力学第二定律发生了冲突,那我就无法帮你开脱了:你这个理论别无出路,只能在最深的羞辱中崩塌。[2]

和量子理论及相对论的一些奇怪推论不同,热力学第二定律是完全建立在常识之上的。简而言之,它的内容就是:一切都会损耗。用术语来说,就是一个**封闭系统**的熵始终增加。

熵是一个专业名词,描述的是"一个系统的无序程度"。根据这条定律,一杯奶茶的熵要高于单独的茶叶、水和牛奶,因为奶茶将三者混合在了一起。要将它们重新分开,就需要投入比混合它们时更多的能量。*

说回碎玻璃杯。如果要将碎片拼合、像倒放录像一般使杯子重组,我们就需要降低系统的熵值。这并不是没有可能的,实际上,生物在一生的大多数时间里都在降低局部的熵值。但做到这个需要能量,让熵

---

* 我们的宇宙也是一个闭合系统,因此宇宙中的熵会不断增加。

值凭借概率自然下降的可能性是很小的。

同样的道理,对一座花园不加修饰、任其生长,它的熵值也会自然地逐渐增加。而要让缠结的杂草和藤蔓恢复整齐,就必须付出劳动或投入能量。没有人类智力(和肌肉)的干预,花园自然恢复的可能性是极低的。

宇宙中的自然进程都是无序或熵增加的过程,这为我们提供了一个指标,使我们得以观察宇宙的进程,或者换句话说,使我们明白了时间流动的方向。*

既然时间有确定的方向,那么智慧生物或信息能够从一个时间框架中非线性地移动到另一个中去吗?时间机器真的造得出来吗?

目前,物理学家正在严肃地思考两种可能的机制,借助它们也许能够创造真正的时间隧道。第一种机制是利用那个十分好用的虫洞。

我们在第六章看到,只要巧用爱因斯坦的相对论,就有可能在公认的物理学范围之内通过虫洞传递信息。在那一章里,我用虫洞说明了预知未来可能是一个真实的自然过程。除此之外,它也可以用来创造一个双向的时间旅行系统。

在第六章的例子中,位于"我们时代"的观察者将虫洞的另一端看作未来,他们可以通过虫洞看见尚未发生的事件。而对于虫洞彼端的人来说,我们处在过去。于是一个虫洞就创造了一个时间循环(time loop):沿着一个方向穿行,你就到了过去;沿着另一个方向穿行,你又到了未来。

黑洞的存在已经有了很强的证据,但虫洞就可能只是想象。如果虫洞和时间循环都不存在,那宇宙就显得太无趣了,不过可惜的是,物理学定律并不是为了迎合人类的趣味而存在的。反过来说,如果将来

---

* 我们甚至可以说,虽然智慧生物始终在尝试降低局部的熵,但生物恰恰有可能成为宇宙终结的原因。这是因为每当有一个过程发生,系统都会丧失一部分**有效**能(即不能用来做功的能)。就像物理学家查普曼(Barry Chapman)所说的那样:"也许生命的目的就是促使宇宙热寂。"[3]

能证明黑洞是无处不在的,那么虫洞的存在也就很有可能了。假如我们的技术足够先进,能够先将信息,再将实物沿着这些时间和空间的公路送到彼端,那么到那一天,时间旅行就会变成现实。也许别人已经做成这件事了。

按照霍金(Stephen Hawking)等人的猜想,我们的宇宙中本来就自然地存在着一些微型虫洞,也许就是它们造成了时间穿梭的事件。也许在蒙特利马尔的一家古旧客栈曾经发生过一个事件,而通过某种未知的自然途径,这个事件的信息内容被传送到了某个未来的时段,这时有四名英国游客正好在场,并且看见了这些内容,于是他们就宣称自己穿越时间住进了一家古代客栈。我们在第六章已经看到,有些鼓吹者认为一些严重的创伤事件能够开启虫洞,或者这些事件中产生的能量可以通过自然产生的虫洞穿梭于过去和未来之间。也许这些神奇而便利的装置比我们想象的还要常见。甚至有可能这些虫洞都是互相连通的,它们在宇宙中布下了一张巨大的网络,等待着技术足够先进的文明来使用它们。

时间旅行还有一种可能的机制,它涉及黑洞,却不必假设虫洞的存在。那就是"掠过"黑洞强大的引力深井。

这个想法同样是以爱因斯坦的相对论作为基础的。1949 年,一位数学家首次认真考虑了用相对论中的公式来实现时间旅行,他就是爱因斯坦在普林斯顿高等研究院的朋友和同事,哥德尔(Kurt Gödel)。14 年后,新西兰人克尔(Roy Kerr)博士发表论文,探讨了将相对论应用于黑洞创造时间机器的想法。那时黑洞还没有正式命名[它是惠勒(John Wheeler)在 1967 年提出的],但克尔已经知道了这种物体在理论上是可能存在的。从时间会受到速度和引力场影响的事实出发,他提出了一个时间旅行的理论。这里还有一个有趣的巧合:这篇论文发表于 1963 年 11 月,正是《神秘博士》(*Dr. Who*)*第一集开播的前夜。

---

　　* 《神秘博士》,英国科幻电视剧,讲述主人公穿越时间的冒险故事。——译者

克尔的理论认为,如果向一个黑洞发射一台时间机器,使它在黑洞的引力深井边缘掠过而不被吸入其中,这台机器上的时间就会大大变慢。与此同时,外面的世界仍在飞速运行。接着再将时间机器开回黑洞之外的某个地点,上面的乘客就会发现自己来到未来了。

10 年之后,马里兰大学的迪普勒扩充了将黑洞作为时间机器的想法。1974 年,他在备受尊敬的期刊《物理评论》(*Physical Review*)上详细介绍了这个理念。[4]

迪普勒将克尔的想法推进了一大步。根据他的设想,一个非常先进的文明能够制造出一种特殊的黑洞,称为"裸奇点"(naked singularity)。要做到这一点,这个奇点(位于黑洞的中心)就必须转动。转动在它周围的区域制造时空扭曲,使得时间变成另一个空间维度。宇航员只要足够谨慎,就能驾着一艘飞船在这个维度中穿梭。

迪普勒接着描述了这个人工裸奇点的具体规格。根据他的计算,我们需要一个长 100 千米,直径约 10 千米的圆筒,它由致密材料构成,质地类似中子星,使原子外层的电子都与原子核中的质子相融合。最后,这个圆筒还必须以每毫秒正好两周的速度转动。

这个巧妙的设计乍一看完全是空想,但奇妙的是,宇宙中真有一些自然产生的物体与这个设计几乎正好吻合。

在第二章中,我提到英国天文学家乔斯林·贝尔在 1967 年首次发现脉冲星的事迹。她当时接收到了一个有规律的无线电信号,起初还以为那是外星文明发来的消息。尽管这后来证明是自然产生的脉冲,但是这个发现引出的结果,却和它是外星人放置的灯塔一样激动人心:研究者后来又发现了一种称为"毫秒脉冲星"(millisecond pulsar)的特殊天体,几乎可以将它们看作是大自然的时间机器,只要用先进的技术略加调整就可以使用了。毫秒脉冲星的密度几乎刚好合适,它们每 1.5 毫秒转动一周,这是迪普勒设想速度的三分之一。

我们也许还要再过几千年才能发明合适的技术来运用这些天体,但是毫秒脉冲星的发现,再加上迪普勒等人的创想,却已经在物理学界引起了巨大的兴奋。但是这里还有一个棘手的问题需要考虑,那就是时间佯谬(temporal paradox)。

几百年来,时间旅行的想法已经产生了好些令人头痛的复杂佯谬。早在研究者开始认真思考一台时间机器的设计之前,就有人提出这些佯谬会造成严重的后果,仅它们就会使时间旅行无法实现。

100多年前的1895年,威尔斯出版了经典科幻长篇《时间机器》(*The Time Machine*),为时间旅行故事奠定了基调。[5] 威尔斯自己并没有时间机器,也不知道相对论,因为这个理论的创造者爱因斯坦在小说出版时年方十六,刚刚挤进苏黎世的一所理工学院,还在费劲地学习初等数学呢。威尔斯果然没有花费笔墨解说时间旅行的原理,不过他也很小心地没有将主人公送到过去,这几乎肯定是为了避免这样的旅行可能产生的麻烦佯谬。

幸运的是,问题也许没有威尔斯和其他人担心的那样严重。参考量子力学的一些有趣推论,物理学家们开始主张时间佯谬或许完全是虚构出来的。

在1959年的短篇小说《你们这些回魂尸》(*All You Zombies*)中,海因莱因(Robert Heinlein)将想象发挥到极限,创作了一个煞费脑筋的时间佯谬故事。

故事的主人公简(Jane)1945年被人神秘地丢弃在一家孤儿院门口,从不知道自己的父母是谁。到了1963年,18岁的她和一个到孤儿院拜访的流浪者陷入情网。起初两人情意绵绵,但有一天流浪者忽然离去,简发现自己怀孕了。生产的过程十分艰辛,她不得不接受剖宫手术。手术时,医生发现简长了男女两套性器官。为了保住她的性命,医生无奈将"她"改造成了"他"。

接着,生下的婴儿被一个神秘人从医院带走。简一蹶不振,最后成了一名流浪者。7年后的1970年,他蹒跚走进一间酒吧,和酒吧招待交上了朋友。酒吧招待说可以帮简找到当年那个毁掉她生活的流浪者,让她复仇,条件是她要加入一支"时间旅行者团队"。两人回到

1963 年,已经化身流浪者的"简"引诱了孤儿院中作为 18 岁少女的自己,使她怀孕,然后不告而别。接着酒吧招待来到 9 个月后,从医院偷走婴儿,把她送到了 1945 年的孤儿院。然后他又将简送到 1985 年,那是时间旅行刚刚发明的年代,时间旅行者团队也随之成立,简加入了团队。

时间旅行者简在团队中表现出色,他后来成了一名生意兴隆的酒吧招待,自己开了酒吧,并回到 1970 年,去劝说一个年轻的流浪者加入时间旅行者团队。

在这个故事里,简是自己的母亲、自己的父亲、自己的女儿。她也是那个流浪者、那名酒吧招待。可谁又是简的祖父母呢? 她似乎成了独立于时间之外的生物,自己创造了自己,和宇宙毫无关系,换句话说,她就是一个佯谬。

这个曲折的故事还有其他简单的版本。试想有一名时间旅行者回到了 100 年前,走进一间画室拜访了一个正为创作而烦恼的画家。旅行者告诉画家,他将来会成为一位举世闻名的大师,那时的他将具有和现在截然不同的独特风格。接着旅行者向画家展示了一份他将来作品的目录。画家支开旅行者,将目录中的作品复印留存。不知情的旅行者返回了未来,画家开始模仿这些复印的作品。

这个故事有一个令人困惑的地方:它提供了一顿免费午餐,似乎也打破了物理学的定律。到底哪样才是先出现的,那些画作还是画家的名声? 它似乎还取消了自由意志的原则:要是来自未来的访客能够随意操纵过去、改变我们的生涯,那么人还有自我决断吗?

幸好这些佯谬还是可以解决的,只要运用一个称为"多宇宙解释"的物理学概念就行。

我在第六章中提到过这个理论,当时是为了讨论"薛定谔猫"实验的各种解释。但是这个理论的含义或许和时间旅行有着更加密切的关系。

对于多宇宙理论最简单的解释是:每当有重大事件发生,未来都会分裂成两种可能的结果或两个独立的宇宙。以我们自己的生活举例，就很容易理解这个概念。试想我们有一个重要的工作面试。一种可能是我们参加了面试，得到录取，然后一路升迁，最后成了公司的董事长。另一种可能是我们没有赶上火车，错过了面试，并因此失去了获得一份好工作的机会。

这是一个宏观尺度上的例子。其实多宇宙解释说的是微观：每次我们的时空连续体中发生一个亚原子尺度的变化，现实都会分岔并且形成两个不同的宇宙。这些宇宙彼此可能非常相似，差别小到我们完全无法辨别。也许两者的区别仅仅是宇宙另一头的某一个电子的位置。但即便如此，它们依然是不同的。也正是因为这一点，才使我们得以避开时间旅行佯谬这个麻烦的问题。

想象另外一种情况：在宇宙甲，即"我们"的宇宙中，我们回到过去，劝说自己的祖父不要去赴一个重要约会，使他没能见到我们未来的祖母。但即使这种情况也不会产生佯谬，因为就在我们返回过去的那一瞬间，就同时产生了两种可能的未来或者两个宇宙，即宇宙甲和宇宙乙。在宇宙甲，祖父去赴了晚宴，并和祖母开始了一段维系一生的缘分，完全没有意识到我们的造访。这是一种未来，在其中我们出生，并且穿越时间回到了过去。在宇宙乙，祖父没有赴约，我们也从未出生。但因为我们是来自宇宙甲，所以我们并没有忽然消失，其中也没有任何佯谬。

霍金曾说过，如果时间旅行真的可能，那就应该有时间旅行者来拜访我们才是；既然我们并没有遇见过时间旅行者，就说明那是不可能的。但这个推理是错误的，理由至少有三个。第一，时间旅行者多半有高超的技艺，能够掩盖自己的行踪。第二，我们所处的时空只是宇宙全部生命和容量中微不足道的一小部分，时间旅行者很有可能存在，只是还没有访问我们所处的时间或地点罢了。第三，如果多宇宙解释真的成立，那就只有在某些宇宙中的我们才能觉察到时间旅行者的存在。霍金后来改变了想法，现在他认为时间旅行在理论上是可能的。

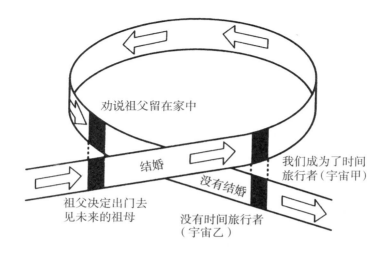

图 10.1

可能到未来的某一天,我们将会掌握宇宙中的某些自然力量(比如一个黑洞的性质或者像脉冲星这样的奇异天体),从而制造出一部能够回到过去的装置。如果研究发现这样的装置并不可能,那我们依然可以利用合适的虫洞来穿越时间。这两种方案都需要物理学有重大进展,尤其是需要将量子理论和相对论成功衔接,这也一直是现代物理学家孜孜以求的目标。

人类在地球上是否也会因为机缘巧合,在无意间步入过去或者未来?这是一个可以讨论的问题。考虑到脉冲星时间机器或虫洞时间公路中涉及的巨大力量,这一点看来不太可能。但是宇宙中几乎肯定还存在和脉冲星、中子星相似的奇异天体,等待着好奇的科学家去发现它们。也许其中的一些离我们并不遥远。

最后,量子力学的观点似乎可以解决佯谬的问题。如果有一天能证明多宇宙解释真的是多重宇宙的工作原理,而人类又掌握了足够先进的技术,那么挡在时间旅行前面的最后一道屏障也将倒下。现在预订时间快车的车票也许还为时过早,但我们至少可以畅想起来了。

第十一章

濒死体验

两人坐在船上,尼克坐在船尾,父亲划着船。太阳正从山丘后面升起,一条鲈鱼跳了出来,在水面上荡起一圈波纹。尼克把手伸进水里划动。在这个凛冽的早晨,手在水里感觉暖暖的。

在清晨时分的湖面上,坐在船尾望着父亲划船,他感到自己永远不会死去。

——海明威(Ernest Hemingway)[1]

我们用许多名词来美化它——去世、离开、归道山。无论叫它什么,有一天我们都会面对那个深邃的未知。或者借用遗传学家史蒂夫·琼斯(Steve Jones)不久前在讨论各种死法时的说辞:"不是每一个赌徒都能赢得彩票,但是每一个赌徒都必定会死。"[2]

很可怕吧?的确。这就是为什么我们这个物种在最早产生情感之后,就一直在说服自己死亡并不是结束,死后还有另一个世界,那也许是地狱,也许是天堂,也可能是径直回到人世。然而这些说法又有什么证据呢?它们究竟是唯物主义者所说的一厢情愿的妄想,还是我们每个人身上真的有什么特殊的实体,能够永不消亡?

一直到 20 世纪 70 年代之前,都很少有人对死亡的过程开展心理学研究。那些已经死去的人自然也不能告诉我们任何见解。但是文献中渐渐出现了一些故事,说有些人去过生死边缘,甚至已被宣告死亡,却又重新活了过来。他们中的一些还记得当时的感受,研究者也发明了"濒死体验"的说法来描述这个过程。

第一个将濒死体验广而告之的是美国佐治亚州的一名医生,穆迪(Raymond Moody),他就这个主题写了一本书,即《死后的世界》(*Life After Life*)[3],到今天已经卖出了超过 300 万本。穆迪并未对他描述的体验分析评判,但是他通过一系列真实的例子,在我们的语言中引入了许多能和濒死体验划等号的概念:从上方俯瞰自己的身体,穿越一条黑暗的隧道抵达光明,遇见一位灵体的向导等等。第一个对这类体验严肃分析,并对这类报告做定量研究的是另一位美国医生,康涅狄格大学的林(Kenneth Ring)。

1980 年,林归纳了濒死体验的五个阶段,并分别取了名字,它们是:平静,灵肉分离,进入黑暗(或隧道),见到光明,进入光明。大多数有过濒死体验的人都只记得最初的几个阶段,完整体验过五个阶段的不到一成。[4]值得一提的是,大多数分析者都认为,许多濒死者的描述中有某些共通之处,一次典型的完整体验可能包含下面的细节:

我忽然感到一阵平静,那是一种安定平和的感觉。接着我仿佛一下子飘浮到了自己的身体上方,俯视着下方的抢救场景,我的内心毫无波动,就仿佛在观看一部电影。我看见了下面的自己,看见了各种管子和周围的医生,也看见了显示器上的一条直线。

渐渐地,我意识到四周暗了下来,仿佛整个场景正在收缩。接着我看见了一条隧道,它的彼端传来亮光。我不由自主地朝那亮光飞去,感觉自己一路加速。飞行时,过去的一幕幕在我的眼前闪过,有好的也有坏的。当我接近那片亮光,我看见了几个人影,他们的身体都笼罩在光芒之中。忽然,我认出其中一个是我父亲,他在 10 年前就去世了,然而眼前的人影明明是他,和我记忆中的一模一样。他问我是否做好了远行的准备;我是想随他而去,还是想返回人间?我还没来得及回答,就一下子感觉自己被拉了回来,被重新塞进了身体里。我猛然醒来,剧痛汹涌而至。我起初感到怒不可遏,但后来渐渐平静了下来。

在许多人看来,像上面这样的描述清楚地证明了我们在身体死亡之后仍能以某种形式存活。但可惜的是,经过仔细研究,这个说法恐怕是站不住脚的。让我们以这段拼凑出来的描述为例,通过它的每一个阶段考察死后有灵的可能性。

最初的放松、平静的感觉也许是最好解释的阶段,根据公认的医学知识,它几乎可以肯定是身体中充斥的内啡肽之类的"镇静物质"所造成的。内啡肽是人脑自然分泌的物质,目的是在身体处于极度压力时减轻痛苦。健身爱好者在健身房里就会用到它们——使他们不断坚持的正是锻炼时的一波波内啡肽;而运动员也依靠它在训练中突破疼痛障碍。人脑会分泌这些化学物质并不奇怪,这又一次显示了身体会在危急时刻切换到求生模式。

濒死体验的第二个阶段是,病人看见了自己和自己周围的事物,而且几无例外是从一只飞鸟的视角。他们俯瞰着自己死去,内心却毫无波澜。研究者将这个阶段称作"灵魂出窍体验"(Out of Body Experience)。

灵魂出窍体验并不仅仅是在创伤环境下,比如人濒死的时候出现的。有许多人宣称自己的意识曾经与身体分开,前往星界(astral world)漫游。在许多案例中,这个行为都和做梦没有多少分别。有一位星界漫游者门罗(Robert Monroe)生动地描述了自己是如何飞临太阳系中的其他行星,又是如何飞出太阳系到达其他恒星的。他自称能超脱于时间之外在星际空间漫游,他无须受相对论的局限拖累,能够瞬间飞到任何地点。为了证明这个说法,他还宣称自己发现了其他行星上的"斑纹",比美国国家航空航天局通过卫星发现这些斑纹还要早。[5]

这类离谱的故事自然是没有多少证据的,但它们确实是很好的畅销书题材。另一些人是在危急关头或濒死的时候获得灵魂出窍体验的。这虽然少了一点夸张,但是更加有趣,因为它不是某种凭空杜撰或者绝无仅有的体验,而是某个过程的一部分,因此还是可以用理性来解释的。

关于濒死体验中的灵魂出窍体验有很多研究,也许因为这是濒死体验中唯一和活人的世界以及其他人有关的阶段。体验者往往能听见近旁的交谈声,有人还能复述医生在抢救自己时说过的话。他们还能形容自己周围的医疗器械以及它们发出的声响。偶尔还有少数病人自称看见了远处的事物,或者目睹了隔壁房间的事件。对相信死后有灵的人来说,这种似乎超越了自然的能力是最令他们兴奋的。

遭遇创伤的人能在危急关头想起在周围看见或听见的一些事物,这一点其实并不意外。研究发现,人的确能记得在失去意识或睡眠时周围的人所说的话,而近旁的"现实世界"中发生的事件,也常常会出现在睡眠者的梦中。[6]

要做到这些,他们不必漫游星界。这方面最常见的例子大概就是刚刚当上父母的人了,婴儿只要发出轻微的声响,他们就会从深沉的睡眠中醒来,而其他无关的声音信号则被他们完全忽略。这又是从原始时代流传下来的一种生存机制,是深埋在人心中的本能反应。

还有大量研究指出,被麻醉的病人也能觉察到外界的刺激,虽然许多人在醒来后并不记得当时的细节。[7]

不过,一旦能够证明有人在出窍体验中觉察到了运用正常的物理手段无法觉察的信息,上面这些理性的观点就可能都要推翻了。但令鼓吹者失望的是,经过仔细研究,这方面的任何"证据"都无法成立。心理学家布莱克莫尔(Susan Blackmore)对灵魂出窍体验开展了彻底研究,分析的案例共有数百起,但是经过仔细审查,她发现没有一起是站得住脚的。

一个极好的例子来自一位心脏病人,那是一个名叫玛丽亚(Maria)

的妇女,曾经发作过一次心肌梗塞,她后来形容自己如何在发病时飘浮到了自己的身体上方,并且飞到了医院的另一个房间。她在那里看见有一只网球鞋被人忘在了窗台上。后来有一名护士去那个房间寻找,果然发现网球鞋在玛丽亚所说的位置。然而玛丽亚已经死了,那只球鞋也没有别人见过,这件事情唯一的证据不过是那名护士的几句证词。

在另一个故事里,有一名妇女自称离开了身体,并看见了儿子格雷厄姆(Graham)在和一名护士争执,后者随后要他离开病房。接着她就飘浮到了儿子上方,看着他在走廊中行走。她看见儿子走进一个房间,和等候在那里的妻子克里斯(Chris)见了面。克里斯问他情况怎样,他说医生不让他见母亲。接着他踢了一脚椅子,然后坐下来点燃了一支香烟。

这个故事的问题在于,其中的每一个环节都是可以预料的。那名妇女虽然处在危急关头,但她的大脑还是觉察到了儿子在和护士争吵。接着她又按照常理,推测出了事件之后的发展。她肯定知道谁最有可能陪同儿子来医院探病,也肯定能够预测儿子的反应(踢椅子),或许还能料到他会点燃一支香烟。所以这并不能算作证据,无法证明在病房里发生了任何超出自然解释的事件。

是的,的确有医生对那些相信自己有过濒死体验的病人开展了实验,这些实验也的确得出了一些有趣的结果。比如心脏病医生萨伯(Michael Sabom)就做过一项有趣的研究,以确定那些自称从灵魂出窍中归来的病人能够记得多少环境细节。他询问这些病人是否记得自己的身体切开之后的样子,以及手术室内的各种器械各有什么用途。令他吃惊的是,那些自称灵魂出窍的病人,相比接受了相同手术而没有报告灵魂出窍的病人,对手术的情况明显要熟悉得多。

表面上看,这类实验结果都可以看作是灵魂出窍的间接证据,然而我们对病人当时的脑部状态还知道得太少,不能贸然得出结论。也许这些病人并没有体验到什么神秘现象,他们只是进入了一种特殊的精神状态,在这个状态下,短期记忆变得异常灵敏。于是和处境不那么危急的人相比，他们就吸收了更多关于环境的信息。

濒死体验的案例中还有一个十分有趣的元素，那就是绝大多数病人都从上方"俯瞰"到了自己。这个特征在几乎所有的濒死体验中都存在，鼓吹者于是用它来证明确实有"灵体"（astral body）从肉身中抽离。但实际上，这种说法是颇值得怀疑的。如果真有灵魂或灵体出窍，它们又何必只从上方俯瞰肉身呢？

心理学家认为，这个"飘浮在身体上方"的视角恰恰证明了一点：所有灵魂出窍体验都是自我诱导的幻觉或者意象，都源于一个受到创伤的大脑。他们的理由如下：作为会呼吸的活人，当我们用眼睛观看世界、体验世界，我们也在内心建立了一个个关于世界的模型。所以当我们想象世界的时候，它总是在我们眼睛的高度上呈现的。然而当我们回忆某个场景，我们却总是从一只飞鸟或者一个旁观者的视角来描绘它的。我们很少从自己当时的视角来想象或者回忆某个场景，虽然我们的大脑所收集的绝大部分视听信息都来自这个角度。

当人脑濒临死亡，视听脉冲变得紊乱或者大部分消失，我们就会利用记忆和梦境中的图像建构世界的模型。而这些图像几乎全是"自上而下"的俯视图。这就是做梦者的视角。那些处于恍惚或催眠状态的人，还有那些脑部受到严重损伤，挣扎于意识边缘的人，也都会采取这个视角。

英国布里斯托尔大学的布莱克莫尔和澳大利亚新南威尔士大学的欧文（Harvey Irwin）对一组自称有过灵魂出窍体验的人开展了实验，结果发现其中的许多人都特别擅长转换视角。更重要的是，他们都说自己的许多梦境是从飞鸟的视角俯瞰的，在觉醒时也更容易从这个角度想象某个场景。[8]

在身体上空飘浮之后，大多数濒死体验者都说自己的视野收窄了，周围的一切也似乎变成了一条隧道，而隧道的彼端可以看见一道亮光。

在相信死后有灵的人看来，这就是"通向死后世界"的隧道，而它彼端的亮光就是天堂。我们将在那里遇到对我们最重要的人，并且决定是超脱身体远行,还是回到人世恢复健康。但是,近年来的神经生理学和心理学研究却再次对这个十分诱人的观点提出了质疑。

关于这条隧道的由来,科普作家萨根提出了一种解释,认为那是人脑在重现"出生记忆"。不过近些年这个观点又遭到了抛弃。[9]心理学家指出,出生记忆很少会像这样完整,而且人类的出生也根本不像是穿越一条隧道。后来又有人提出,穿越隧道是濒死者对于出生的**想象**,是人脑为了重现出生时的情景而创造出来的图像。不过在一番调查之后,这个观点也被彻底推翻了。调查者询问了 254 名受访者是否有过濒死体验,其中有 36 人是剖腹产生下的,其他人自然顺产,但是在这两类受访者中,却有相同的人数肯定地回答自己有过濒死体验。[10]

一个比较合理的解释是,濒死者当时经历了脑缺氧。心理学家现在认为,人在脑缺氧后自然会看见隧道和光芒的幻觉,这是一个纯粹的物理学现象。他们还认为,濒死者常常见到的死去已久的亲人,甚至某个上帝般的形象,同样是脑缺氧的结果。

我们在第三章讨论过,人脑是靠神经元中穿行的电脉冲来运作的。这些脉冲会跨越不同神经元之间的"突触间隙",而跨越间隙的信号必须精确控制。如果脉冲太多、传递太快,信号就无法妥善地处理;如果脉冲太少、传递太慢,脑的功能就会受到损伤。也就是说,脑中信号的抑制和激活一样重要。

研究者在 20 世纪 50 年代发现,像麦角酸二乙酰胺(LSD)和酶斯卡灵之类的致幻药物能够关闭脑中的抑制过程,使信号以更高的速度和强度跨越突触。LSD 会抑制中缝核细胞(Raphe cell)的行动,而这种细胞的作用正是调节视皮层的活动。视皮层是大脑皮层的一部分,大脑皮层则是脑的思维处理中心。

在白鼠身上开展的实验表明,脑在缺氧时,其中的抑制信号会早于激发信号消失,使得神经元更加快速高效地传递脉冲。这会产生两个显著的效果:第一,就像服用 LSD 之后一样,视皮层接收神经脉冲的方式会发生变化。第二,脑缺氧会造成幻觉。

其实早在濒死体验的概念普及之前,看见隧道的体验就已经在文献中有详细记载了,当时的研究者已经知道那是一种幻觉,是服用赛洛西宾(迷幻蘑菇的致幻成分)和LSD之类的药物造成的。到20世纪30年代,芝加哥大学的心理学家克鲁弗(Heinrich Kluver)指出药物产生的幻觉包含四种基本图像,它们是格子、螺旋、蛛网和隧道。然而直到近些年,研究者才能够解释药物幻觉为何只包含这几种有限的图像。

20世纪80年代初,神经生物学家考恩(Jack Cowan)对这个问题开展了研究,并且在视网膜接收的信号和大脑创造的图像之间找到了联系。[11]他的结论是,脑受到的创伤性干扰(比如缺氧造成的抑制信号消失)会在视皮层中产生所谓的"活动性条纹"(stripes of activity)。而当这些条纹转化成图像,就会显示出同心圆的形状。

更重要的是,当视网膜接收信号之后,它需要动用大量神经元来加工视野中心的图像。而当脑部缺氧、抑制信号消失,所有的神经元都会受到相同的影响。但由于视野中心需要的神经元最多,它也遭到了最大的破坏——所以才有了隧道尽头的那一点白光。

这个理论看似复杂,但好在可以用计算机验证。用适当的信息给电脑编程,它就能建立一个简单的模型来重现视网膜和视皮层之间的联系。再输入一个模拟的增强激发信号,屏幕上便出现了一幅形如隧道的图像,中间光明,周围黯淡。如果将激发信号的强度增加到和脑缺氧时相当,"隧道"就会变得愈见狭窄,使人产生沿着隧道飞向尽头亮光的错觉。

有些从死亡边缘抢救回来的病人还描述了一些非常强烈的体验。当他们进入亮光(也就是濒死体验的最后一个阶段),隧道的形象会瞬间破碎,偶尔还会变成田野、树木和其他扭曲的形象。奇妙的是,这也正是计算机模拟中呈现的图像。如果把刺激增强,以表示进一步的脑缺氧以及大大增强的信号抑制,屏幕上的隧道就会变成一串螺线和复杂的圆环。

可是接下来的景象呢?当病人穿越隧道、进入亮光,他们往往会遇见所爱的人,有的甚至会遇见造物主。这样强大的印象,又该作何解释呢?

有可能,这些图像同样是因为大脑缺氧而产生的,因为一旦正常的脑部功能出现紊乱或者超载,我们就只能调用梦境或记忆来应付局面了。就像布莱克莫尔所说:"在任何时候,认知系统都会采纳当下最稳定的世界模型,并把它称作'现实'。在平常的生活中只有一个稳定、连贯而复杂的'现实模型',它是从输入的感觉信息中建立起来的。那就是'我,此地,此时'的模型。在我看来,我们之所以觉得眼前的一切真实不虚,只是因为这是认知系统当下所能采纳的最好模型而已。"[12]

身负重伤、心肌梗塞或者其他急病发作的人自然会牢牢抓住自己最安全的梦境或者幻想。而在这些幻觉状态中最可能出现的形象莫过于去世的双亲、伴侣,或者是有人见到的上帝了。

濒死体验有一个十分显著的特点,它从一开始就激发了信徒的希望和想象,那就是濒死者的体验是普遍的,是不以宗教和文化的不同而转移的。但是也有批评者指出,这么说也不完全正确。

他们首先指出,许多人因为害怕被取笑而没有报告自己的濒死体验,这就大大缩小了样本的规模。但即使将他们计算在内,濒死体验也是非常罕见的现象。此外,在《伪科学与超自然》(*Pseudoscience and the Paranormal*)一书中,怀疑者海因斯(Terence Hines)声称在许多案例中,濒死者都经历了非常难受的体验,它们就像是一些人在服用致幻药物后偶尔出现的"恶性体验"(bad trip)。

这一点可能是许多因素造成的,包括病人在濒死时脑部的化学反应,以及最初导致他们濒死的原因。它也可能受到病人的情绪、生活境况或医生抢救时使用的药物的影响。

大多数心理学家认为,多数濒死体验之所以包含相同的元素,不因阶级、人种、性别或宗教而不同,原因其实很简单:相似的脑产生了相似的图像。这说明个性的许多方面,包括一个人的品位、兴趣、工作或偏好,都是"非核心"的次要活动,对他的脑在停止工作时的行为没有多少影响。在创造幻觉意象的时候,那些深层的动机、强烈的情绪(一个人的爱与恨)才发挥着主要作用,无论那幻象是药物还是创伤引起的。

凡是经历过真实濒死体验的人,没有一个不受到它的影响。许多人都把它看作是自己人生中的重大转折。少数人在濒死体验之后完全变成了一个新人;而对于多数人来说,这个体验也彻底改变了他们的人生观和他们对自身与万物关系的看法。几乎每一个有过濒死体验的人(包括那些不幸经历了恶性体验的人)都不再像其他人那样惧怕死亡,有些甚至宣称自己向往去死。

科学可以证明那些濒死体验者的陈述并没有超自然的根据,那些人见到的并非死后的世界,但他们依然是非常幸运的。因为第一,他们活了下来;第二,他们体验到了一种相当罕见的现象,对大多数人来说,能在死前有如此体验还是一种奢望。毫无疑问,濒死体验是一种真实而精彩的现象。当那些人自称看见了隧道,甚至在一刹那间遇见了上帝,他们并没有说谎,他们真诚地相信自己的体验是真实的。他们看见的是一幅强烈而个性化的生死意象,一切都源于他们的大脑皮层。

也许濒死体验在古代就已经为人所知,也许天堂和地狱的神话就是从濒死者的"良性"和"恶性"体验中产生的,而这些体验都部分地受到了人心深处的动机、欲望和幻想的激发。也许这才是信教者向来认为好人上天堂、恶人下地狱的真实原因。

濒死体验是一项抚慰人心的发现。生命总有终结的一天,但我们至少可以期盼自己的大脑会在长眠之前创造一片宁静,想到这一点还是令人宽慰的。因为种种原因,许多人会在瞬间死去,但更多的人恐怕还是会渐渐死亡。如果化学物质和脑内的过程能够安抚我们、保护我们,创造出梦境和幻觉,那我们就不妨将这当作是帮助我们平静告别的一个巧妙方法吧。

在许多人看来,生命可能是残酷的,但也许,它并非只有恶意。

第十二章

触摸治病

迪尔镇有位信仰治疗师，

他说疼痛不真实，

但是当他坐到一枚钉子上，

皮肤被划开口子，

他还是不喜欢那想象中的刺。

——佚名[1]

"站起来我的孩子，你的病已经好了。"那位福音传教士大声说道，广大观众也一起高呼"哈利路亚"。舞台的另一侧，一个蜷缩在轮椅上的人忽然大叫一声"赞美我主"，接着就从已经一年没有离开过的轮椅上徐徐站了起来。他小心翼翼地朝传教士走了几步，人群中爆发出一阵欢呼。

乍一看，这样的场面十分精彩、激动人心。那个福音治疗师会宣称是上帝赐予了他力量，让他能够修复断肢、清除癌症、使盲人重见光明。然而这些说法中到底有几分真实？信仰疗法或精神疗法，又有多少科学的成分？

信仰疗法是一门非常古老的神秘技艺，在正统宗教中也占有一席之地。根据《圣经》记载，耶稣（Jesus）就曾使拉撒路（Lazarus）死而复生，病人只要摸一摸耶稣袍子的褶边，就能立刻痊愈。从整个中世纪一直到现代，有无数江湖郎中和奇人异士自称拥有触摸治病的能力。他们或者宣扬那是他们体内涌出的神力，或者号称自己不过是代表了全知全能、包治百病的神明。"治愈者"的形象在我们的文化中根深蒂固，已经成为了集体无意识中的一个原型。也许正因为如此，才使得那些名誉扫地的福音传教士还能拥有如此众多的信徒。

无论是用宗教包装自己的行为，还是不讲宗教而纯粹治病，治疗师都可以分成几个类型。其中最重要的有两类，一类号称借用自身之外的力量治疗病人，还有一类相信这股力量源于他们自身。

一个典型的福音治疗师属于前者，他会告诉追随者，自己的力量来自上帝。在多数情况下，追随者也都相信他的说法，因为他们迫切地需要相信。而这个传教士兼治疗师（其实他只对怎么从倒霉的信徒手里赚钱感兴趣）也自然会强化这个需求，并想尽一切办法利用它。

福音治疗师切鲁洛（Morris Cerullo）曾经在规模堪比伯爵宫展览中心或麦迪逊广场花园的巨大体育馆中举行现场演示，这些演示的规模如此庞大，足以使观众陷入足球比赛或者流行音乐会上才有的疯狂情绪。有了这份宗教狂热和内心深处的信仰需求，群众就更容易接受暗示，也更容易受人摆布。

像切鲁洛那样的表演都是经过精心演练和安排的。治疗师假装对自己"治愈"的病人一无所知，但其实这些病人都是表演之前由治疗师的助手挑选出来的。他们刚刚入场，助手就开始追问他们的身体状况，然后将这些信息传达给治疗师。通常而言，只有那些畸形程度或病状程度最轻的患者才会中选参加演示。而那些真正的残疾人，比如四肢瘫痪者或大脑性瘫痪患者，都被安置在体育馆的后排，根本无缘参与舞台上的那一幕幕激动人心且宜于摄影的场景。

不过这类表演还有更加隐秘的一面，它造成了许多病人的死亡：在表演中,有些重病患者自认为已经痊愈,他们开始像健康人一样行动,结果却是负伤或者病情加重。身为传教士,必须保证这类情况只在表演结束、观众离去之后才会发生。

在《治愈——一个寻找奇迹的医生》(Healing: A Doctor in Search of a Miracle)一书中,身为医学博士的调查者诺伦(William Nolen)回顾了沙利文(Helen Sullivan)的遭遇。沙利文是一位50岁的癌症患者,癌细胞已经转移。她参加了福音传教士库尔曼(Kathryn Kuhlman)的一次群体治疗,当场激动得难以自持。为了证明自己已经痊愈,她解下了使用几个月的腰托,在几千名疯狂支持者的面前走到了舞台上。

沙利文后来回忆说:"在治疗会上,当库尔曼说出'有一个癌症患者已经痊愈'的时候,我知道她说的就是我。我感到浑身火辣辣的,我知道那是圣灵在为我祛病。我径直走上了舞台,她问起我的腰托,我当场把它解开了。而在这之前,我因为腰疼已经戴了它四个多月了。在那个舞台上,我确信自己已经痊愈。当天晚上我念了一段祷告,感谢主,也感谢库尔曼,然后心满意足地上床睡觉去了。在很长一段时间里,我都没有感到这样的幸福。但是到凌晨四点,我却在背部的剧痛中惊醒了过来。"[2]

X光检测显示,沙利文的一节椎骨发生了压缩,而在这之前,癌症已经使她的脊椎十分脆弱了。两个月后,她就死了。

灵恩治疗(charismatic healing)或福音治疗(evangelical healing)是信仰疗法中最为夸张,名声也最差的一种。在许多严肃而善良的治疗师看来,这种疗法本身就是一种毒瘤,败坏了整个信仰治疗的声誉。切鲁洛和罗伯逊(Pat Robertson)之流受到了许多批评,但依旧生意兴隆。在电视福音治疗师罗伯茨(Oral Roberts)要信徒给他寄钱以防止他死去之后,有人开始在汽车保险杠上贴出"LORD"的字样,意思是"让奥拉尔·罗伯茨去死吧"(Let Oral Roberts Die)。

这些林林总总的疗法是20世纪90年代盛行的风气。而且不出所料的是,它们还在近些年变得越发流行起来。根据灵性治疗师联盟

（Federation of Spiritual Healers）的统计数字，英国有两万多人正在从事信仰治疗或另类治疗的事业。最近的一项调查显示，有五成人相信灵性治疗或信仰治疗是有效的。[3] 许多社会名流都在接受各种疗法，各路"大师"也结识了一众头面人物。不久前的一份报纸这样写道："在各种精致的晚宴或女孩子的聚会上，人们都在大谈着'毒素'和'去障'，'探寻'和'负能量'。越变越厚的电话簿里收录了芳香治疗师和反射治疗师的号码，也列出了结肠灌洗和钟摆治疗的好去处。寻找最新的治疗师已经成为了一种仿佛灵性购物般的活动。"[4]

美国前总统克林顿（Bill Clinton）据说就是"整体医学"（holistic medicine）的信徒，演员摩尔（Demi Moore）和前披头士乐队成员哈里森（George Harrison）也都有各自钟爱的疗法。到了20世纪90年代晚期，曾为富人和名流所独占的各种疗法开始向中产阶级的圈子渗透。

这些疗法的风行有许多原因。首先，人们在能够轻易获得物质享受，或者努力过上了舒适的现代生活之后，总是觉得内心还缺了一些什么，尤其是一些能够满足精神需求的东西。其次，无论是芳香疗法、重生疗法、水晶疗法、还是几十种传统疗法的现代版本，都十分简单易行。它们无须你付出多少努力，几乎付钱就能享受，这可要比锻炼、节食，或者聆听葛吉夫（George Gurdjieff）之类老派大师的教导轻松多了——葛吉夫教导的是"不经历痛苦就没有收获"。最后，遵从养生大师的教导，也就解除了个人的责任：一个人只要不是绝对健康，那就一定是有毒的环境、空气、水和压力的问题，和他自己的心理缺陷没有丝毫关系。

我们只要体会了这种风气和狂热，知晓了几百个不可告人的案例（福音治疗师假装给人治疗，其实却造成了危害），就不难明白为什么信仰治疗会引起如此狂热的支持和如此强烈的反对了，也不难明白为什么那些自认为拥有真正天赋（却比那些表演者少赚了许多钱）的正规治疗师会觉得如此委屈了。

那些表演者利用的是简单的生物学和心理学原理来表演短暂的奇迹。沙利文太太能够解下腰托而在很久之后才感到疼痛，原因是她的身体当时充满了内啡肽。我们在第十一章已经看到,内啡肽是身体在遭受极度压力时分泌的物质,具有镇痛的作用。20世纪80年代早期的几项实验表明,被试体内的内啡肽含量和所谓的"安慰剂效应"有直接的联系。在有些情况下,病人只要相信疗法就能缓解痛苦,这就是安慰剂效应在起作用。我们用一个简单的实验来说明它的原理。

将一群病人分成甲乙两组。给甲组服用一种公认有效的药物并告知他们;给乙组服用维生素片,但告诉他们服用的是和甲组相同的药物。结果发现,两组被试对两种疗法的反应几乎没有分别。可是一旦告诉乙组病人服用的只是维生素片,他们的恢复率就会降低许多。

最近的一项研究显示,安慰剂效应之所以能够减轻疼痛,就是因为被试的身体分泌了内啡肽,而内啡肽可以用一种名叫"纳洛酮"的药物抑制。[5]在白鼠身上开展的进一步实验显示,内啡肽的分泌是一种条件反射,能够学习和控制。[6]

我们用沙利文女士的例子来说明安慰剂效应的原理:由治疗师和观众激发的兴奋使她的血液中产生了大量内啡肽。再加上希望治疗真的有效的强烈愿望,当她解除腰托、从轮椅上站起时,她身上的一切疼痛都消失了。但是几个小时后,她体内的内啡肽含量已经大幅下降,这时她才感到了脊椎压缩引起的强烈疼痛。当然,当天晚上的几千名观众中,很少有人会知道这个故事的完整情节,知道她后来忍受的剧痛。在他们眼里,库尔曼就是奇迹的创造者。

福音传教士的表演所产生的能量是真实而无可否认的,但那并不是传教士所宣扬的那种能量。最近,在参加完阿诺特(John Arnott)牧师的"多伦多福音"(Toronto Blessing)表演之后,一位满腹怀疑、玩世不恭的记者写下了自己的印象。他说这类表演"是非常令人不快的体验,我感觉自己仿佛经历了一场怪异的群体精神病发作。要拒绝它的影响,就需要具备超人的情绪能量。我在事后感觉身体被抽空了一般,筋疲力尽"。[7]

这类表演中还牵涉了其他因素。欺骗和个人的迷信显然起了关键作用,但是时机的把握也很重要。所有严重疾病都有着非线性的病程。病人的情况虽然大体不断恶化,但其中也有较好的时候和较坏的时候。即便是那些身患绝症并且最后死亡的病人,身体也会经历时好时坏的起伏。从常理上说,病人最想拜见信仰治疗师的时候也是他们情况较坏的时候。他们意识到自己的健康已经掉到了谷底,于是将信仰治疗师当作了最后的希望。如果病人在这时参加了一次福音传教会或拜访了一位私人治疗师,那么他们接着就很可能会迎来一段病情有所缓解的时期,这纯粹是疾病的自然进程(如果不好起来他们就会死亡),和信仰没有关系。但是病人意识不到这一点,他们认为自己能够忽然好转当然是治疗师的功劳,而治疗师当然也乐意居功。

还有一种治疗是诉诸某个特殊地点的神性力量或治愈力量。这些地点往往与神秘事件或宗教事件有关,对走投无路的信徒来说具有强大的吸引力。它们的作用和福音治疗师相同,也能让病人误以为自己已经痊愈了,但真实的原因是病人在去了那里或者参加了某个仪式之后情绪激动,暂时抑制了疼痛感。如果这个治疗地点具有强烈的宗教含义,镇痛的效果就会尤其明显。

这类场所中最著名的一处基督教圣地是位于法国的卢尔德。1858年,一个女孩自称在这里看到了圣母显灵,卢尔德从此成为了一处朝圣中心。此后,不到 20 年,当地便建起了一座神龛。如今,它每年要接待超过 500 万名访客。虽然每年都有上万人自称在卢尔德体验了"奇迹",但是在过去 130 年中,只有 64 个案例得到了天主教会的认可。教会在 1947 年成立了一个称为"医疗局"的机构,专门审核奇迹。一个事件要称为奇迹,就必须符合红衣主教兰贝蒂尼(Lambertini,即后来的教皇本厄狄克十四世)在 1758 年定下的严格标准:首先,病人所患的疾病必须是无法治愈的,对一切疗法均没有反应。其次,疾病必须进入晚期,且无法自愈;病人服用的所有药物都已被证明不起作用。最后,病人必须即刻痊愈,不留丝毫病根。

即使是那 64 个得到认可的病例也遭到了质疑。有人指出，随着医学知识的进步，医疗局在早年认可的一些病例在今天已经无法认可了。很能说明问题的是，在这 100 多年之中，卢尔德从来没有出现过清楚明确、无法否认也无可争议的奇迹。作家法朗士（Anatole France）曾在 19 世纪末参观卢尔德，看见了"痊愈者"扔在那里的拐杖，他当下问道："什么？只有拐杖？装木制假肢的都没痊愈？"

对于那些走投无路的病人，卢尔德和其他圣地使他们看到了希望。它们汇聚了重病者的需求和渴望，在短时间内，它们也真的能够造成痊愈的表象——因此才会有人把拐杖丢在了那里。然而就像那些电视传道者的表演一样，很少有人去追查那些朝圣者后来的情况。

有一位调查者是来自英国南安普顿的医生梅（Peter May），他用 20 年的时间，对那些自称在卢尔德被治愈的病人开展了详细追查。他的结论是，没有确切证据表明那些风行的信仰治疗、电视传教和那些举世闻名的圣地真有治病的功效。在他看来，这类现象完全是由曲解和误解构成的一团乱麻。

"实际上，无论治疗与否，许多疾病都会自行好转。"他在最近的一篇杂志文章中写道，"我见过有人号称用信仰治好了结节病，那原本只是淋巴结的紊乱，却给信徒说成是'一种罕见的可能致命的疾病'。而实际上我们知道，有八成病例是无须治疗就会痊愈的。还有偏头痛、背痛、恶心、恐怖症和湿疹，这些都常常出现在圣地治疗的清单上，但其实它们都会自然痊愈，和治疗与否没有多少关系。即使是那些通常不会自愈，但据说曾由信仰治愈的疾病，比如感觉神经性耳聋，医学文献中也记载了自然康复的病例。"[8]

如果这就是卢尔德这样的大规模现象的真实情况，而那些在全世界有数百万支持者的传教士/治疗师也不过如此，那么那些为单个病人治疗的个体治疗师又如何呢？其中会不会有真正的天才？他们是否掌握了科学无法解释，却真能治愈疾病的特殊技能？

几乎所有的福音治疗师都宣称他们的虚假异能来自上帝，而他们只是一根管道,将上帝赐予的力量传递给了病人而已。但是也有一些诚心治病的非福音治疗师,他们相信自身就拥有治愈疾病的力量。

曼宁(Matthew Manning)就是其中十分著名的一位。曼宁还在念书时,他的身边就经常发生骚灵活动,无论是在父母家还是寄宿学校里。接着他又很快获得了自动书写的能力,还能以大艺术家的笔触模仿他们的作品。曼宁自己并没有艺术才能,但是他模仿的画作却质量极高,而且风格多变。

如今,他已经成为了一名职业治疗师,他宣称以前用来自动书写和绘画的能量现在都用来给别人治病了。"但治病的不是我本人。"他说,"我只是启动了一股能量。"[9]

虽然他的才能也像其他信仰治疗师那样受到了质问和怀疑,但是他那无法解释的绘画技术和在实验室里表现出来的心灵致动能力,却似乎证明了他的头脑中确实有一些非同小可(但未必是超自然)的事情在发生。

曼宁和其他治疗师都自称是某种超自然力量的媒介,但这实在是一个自大的说法:为什么一个精灵、上帝或外星实体要协助他们的工作呢?的确,科学努力把幽灵解释成过去事件的回放,把骚灵解释成集体癔症的发作,这样的解释是有一些勉强的,但是因为这个就认为有不朽的精灵和神明在服务众生,有外星人在关怀人类,这样的观点就彻底违背了逻辑,而且完全建立在一种膨胀的自大感之上。就算我们暂时承认真有神灵,就算我们相信死后真有魂魄,一个全能的实体又为什么要关心地球上某一个生物的命运呢?

地球是一个渺小的星球,在近乎无穷的宇宙之中,也许还有数百万个和它一样有生物居住的星球。上帝居然会对邻家老太太的冻疮发生兴趣,这说得过去吗?

是的,曼宁确实展现了超凡的力量,先是作为艺术家,后来又宣称将这股力量用到了别的地方。许多怀疑者根本不提他的名字,因为他们知道用今天的科学知识解释不了他的作为。曼宁的异能,真如有些人宣扬的那样是神明赋予的吗？还是那仅仅是人脑蕴含的巨大潜能？人脑不过被开发了十分之一，其中是否还有隐藏的区域，潜藏的记忆力、具象力和灵巧性是否能使普通人将达·芬奇（Leonardo da Vinci）的绘画模仿得毫无破绽？这样的能力又能否支持信仰治疗师的说法？

正是这个问题，使得那些相信自身能够汇集能量治愈病人的治疗师，比那些福音治疗师要可信得多，毕竟这显得科学很多。不过有趣的是，这些治疗者常常并不知道自己运用的能量是从哪里来的。

在许多文化中，使用"内在的治愈能量"都是一种悠久的传统。非洲部落的巫师使用这种治疗方法已经有数千年的历史。针灸、水晶疗法和指压疗法的依据也都是人体内部的某种"能量场"。

但这种能量场又是什么呢？正统医学中根本没有它们的位置，完全无法探测或观测到它们。然而正统医学也在吸收针灸之类的技术，因为它们的疗效实在很好。*　难道针灸只是另一种安慰剂效应？因为我们一旦承认针灸的功效，就要接着承认它赖以生效的那个无法探测的能量系统了，这样一来医学还有科学根据吗？如果针灸都能成立，那么水晶疗法呢？它宣称某些矿物能和"人体能量场"产生共鸣。如果水晶疗法都能接受，那还有人宣称摸一摸手就能治病呢。

要观察生物周围的能量场，基尔里安摄影术（Kirlian photography）勉强算是一个方法。

鼓吹者认为，这种摄影术能够拍下生物周围的一种光圈。它的发明者是一对俄国夫妇，谢苗·基尔里安（Semyon Kirlian）和瓦莲京娜·基尔里安（Valentina Kirlian），他们在 1939 年拍摄了第一幅这样的图像。拍摄基尔里安照片时要让拍摄的生物体内通过一股微弱的电流，这样拍出的照片上就会呈现彩色图案，似乎体现了拍摄对象的情绪状态和健康情况。

---

* 据 1991 年 12 月《星期日邮报》(*The Mail on Sunday*)的一篇报道，有 40 位参加了英国国家医疗服务体系的医生同时也是信仰治疗师。

鼓吹者称,这些照片中的光圈就是人和动植物在体内通过电流时激发出的能量场。创始人谢苗·基尔里安说:"人类生命的内在活动就书写在这些光的秘符之中。"[10]然而怀疑者却并不这么看,他们认为基尔里安所谓的秘符只是对科学事实的错误解释罢了。

他们指出,照片中的光圈只是物体周围空气的电离现象,光圈的形状是由物体的轮廓决定的。科学家认为,照片中的明亮色彩和经常出现的惊人形象,是因为空中的湿气加强了电离的效果。他们说这就是为什么生物能拍出明显的基尔里安照片,而没有生命的物体就不行。他们还指出,这些照片之所以受到情绪的影响,是因为皮肤上的水汽含量会随着情绪而变化,比如内心焦虑,手心就会出汗。他们还提出了一个论据:如果在真空中拍摄基尔里安照片,就什么光圈也拍不出来了,这说明拍摄对象周围的亮光完全是空气中粒子的电离造成的,和被拍摄的生物本身没有关系。

为了反驳这个观点,光圈理论的支持者抬出了自20世纪30年代以来的大量研究,其中记载了越来越多的奇异效应。其中的一个惊人现象是怀疑者至今不能完全解释的:有人将一片树叶作为研究对象,用基尔里安摄影术给它拍摄了照片,照片中的树叶照例出现了发光的轮廓。接着将树叶切除一块,并对剩下的部分再度拍摄。令实验者吃惊的是,这次拍出的照片上依然显示一片完整的发光轮廓,就好像切除的部分还在似的。

这类实验使得基尔里安摄影术的研究者提出了所谓的"原生质领域"(bioplasmic field)和"生物能"(bioenergy)的概念——这不过是给从前的"身体能量场"起了个新的名字,实质仍然是许多治疗师认为的自身异能的来源。

就像我们在第七章看到的那样,心灵能够对身体施加出乎意料的控制,在合适的人身上,这种能力可以加以磨炼发展。同样的道理,才能出众且训练有素的治疗师或许也能指导病人的身体修复自身或抵御疾病,具体的手段是用暗示来放大病人的康复愿望。他们也许是对病人做了催眠,然后和病人共同筑起了一道屏障,以阻拦小到过敏,大到恶性肿瘤的一切疾病。

从某个方面看,这并不是超自然现象,而是在启动身体和心灵的极限力量,并利用代谢来做自我调控。之所以显得超越自然,是因为这种疗法非常罕见,但实际上这并不需要求助于什么神秘实体,也不需要皈依或笃信宗教。

20世纪50年代,精神病学家布莱克(Stephen Black)用一系列引人注目的实验显示了催眠在疾病治疗和预防中的威力。他挑选了一批容易受到催眠暗示,也具有常见过敏症状的被试。和其他实验一样,他也将被试分成了两组。他对第一组实施催眠,然后在他们皮下注射了过敏物质。过敏原很快在被试的皮肤上产生了典型的"风团和潮红",并在接下来的20分钟内不断加重。

布莱克又对第二组被试开展了相同的实验,这一次他也使用了催眠,但是向被试暗示他们不会产生过敏反应。当过敏原被注入皮下,这些被催眠的被试没有一个表现出过敏反应。布莱克接着对两组被试开展活体检查,他发现在第二组被试身上,引起皮肤感染的化学物质被阻断了。[11]

在这类实验中,大多数怀疑者所主张的安慰剂效应是不可能发生作用的,因为被试虽被催眠,却知道自己给注入了过敏原。不过,当研究者暗示他们不会对过敏原产生反应时,他们的体内可能还是分泌出了内啡肽,而内啡肽似乎是引起安慰剂效应的主要原因。

关于这个问题,新兴的心理神经免疫学正在不断产生激动人心的成果。这门学问的目的是解释心情和情绪如何影响身体对疾病的防御和反应。直到不久以前,研究者还认为身体是独自防御病毒和细菌的:当特定的部位受到攻击,身体就自动分泌出合适的生化物质发动反击,完全不必听命于脑。但是现在,神经病学家正在转变想法,他们开始承认周围神经能将胸腺、淋巴结和骨髓联系在一起,而骨髓中的白细胞(淋巴细胞)正是身体的海陆空三军。

当人处于压力和沮丧之中时,免疫系统就会被一类称为"类固醇皮质激素"的生化物质所抑制。这些物质抑制淋巴细胞的活动,由此削弱我们的自然防御。相反,当人极度快乐或欣慰的时候,身体又会产生另一种称为"干扰素"的物质,这种物质能协助免疫系统抵御进攻,现在已经有医生将它作为一种主要的癌症抑制剂来使用了。

这些物质的分泌可能有许多原因。我们先来看看"积极的"(也就是利于健康的)生化物质:内啡肽。当人在从事紧张的身体活动,或在参加一场喧闹的福音传教会时,身体就会因为短暂的兴奋而分泌出大量内啡肽。这些内啡肽使我们度过危急状态,并且精神百倍;也正因为如此,我们才要远离那些福音传教者,对此沙利文太太已经有了切身体会。

而在长时间内,更加有效的就是那些缓慢释放、效力持久的物质了。一名治疗师的关爱,对于针灸、芳香疗法或结肠灌洗的信念,都可能将这些物质激发出来。这类疗法为患者创造了一种更加克制、平衡,且容易为身体接受的神经反应。还有一点也许出人意料:研究显示,宠物也能为病人送去抚慰,它们可以缓解压力,并像一位心理学家所说的那样,提供"一种可以帮助免疫系统的无条件的爱"。

看来,几乎所有的信仰疗法都可以分成两类,它们要么是对生理的危险利用,应该抛弃;要么可以用现代神经生理学来作解释。"安慰剂效应"是一个泛滥的术语,常常不能得到正确使用。正有越来越多的证据表明,大脑确实在人体健康中扮演着积极角色,只要经过训练,脑的这种能力就能够为我们所用。然而到今天为止,还有一种信仰疗法是始终无法用科学解释的,它也成为了又一个被怀疑者刻意忽视的课题。

1993年的一天,赛马饲养员派珀(Jan Piper)在她最喜欢的母种马杰西卡(Jessica)的眼皮上发现了一个肿块,她立刻想到了最坏的可能。兽医当天上午赶到,很快在杰西卡的喉咙和腹股沟处又发现了几个肿块。杰西卡得了马淋巴肉瘤,这是一种罕见的癌症,它先是影响白细胞,然后攻击内脏器官,病发后可以致命,而且很难治好。

在杰西卡将被送去安乐死的前夜,绝望的派珀听说了动物治疗师西德尔(Charles Siddle)。她不顾丈夫的怀疑,给西德尔打去了电话。第二天傍晚,西德尔来到马厩。他在那里待了不足半个小时,先是在马厩的地板上放了一大块水晶,然后将双手放在杰西卡身上,手掌沿着它的鬃毛和眼睛抚过。"她明天应该会很疲倦。"西德尔轻声说道,"过了明天就好了。"接着他就离开了。

次日早晨,杰西卡吃下了几个星期以来的第一餐,不出几天工夫,它就完全康复了。现在的它已经生了一匹小马驹,依然十分健康。

动物信仰治疗是一个真正的谜。由于治疗的对象是动物,而不是具有自由思想的人类,怀疑者们不能再指责信徒一厢情愿,甚至不能再搬出安慰剂效应了。不过也有医生认为像杰西卡这样的奇迹式痊愈应该属于自然康复,文献中也确实记载了人和其他动物不经治疗就忽然痊愈的例子,虽然这样的例子寥寥无几。

英国兽医协会是拒绝承认动物信仰治疗师的贡献的,但是声誉卓著的皇家兽医学院却在不久前允许这些治疗师在合格兽医的陪同下开展治疗。不过令科学家沮丧的是,这些治疗师说出的话也和人类治疗师一样模糊。而且像人类治疗师一样,他们似乎也不知道自己是怎样治愈动物的。在最近的一部关于信仰治疗的电视纪录片中,一位动物治疗师这样说道:"我也不清楚治疗的时候发生了什么,我感觉双手有能量通过,看来我可能就是这股能量的通道吧。"

有人主张,任何动物的治疗过程和人都是一样的,都是使动物"恢复灵气"或者重新调节能量场。这个解释的问题在于,它又在尝试用一个本身就没有科学依据的说法来解答一个谜题。这就好像在说幽灵肯定是死者的灵魂一样糟糕。信仰治疗是一个谜,而能量场和灵气之类的概念也同样是谜。

不过,西德尔对动物的治疗始终都很成功。他治疗过一匹得奖赛马,它的韧带严重受伤,几乎已经不能行走,小腿也浮肿得厉害。西德尔只出诊了一次，浮肿就几乎消失了，赛马在围场里小跑起来，仿佛从来就没受伤似的。这显然不能用自然康复来解释。

还有其他证据可以证明安慰剂效应不是个人控制症状或预防疾病的唯一原理。在加拿大，一个名叫伊斯特班尼（Oskar Estebany）的治疗师和麦吉尔大学的研究者格拉德（Bernard Grad）博士合作开展了一项实验，结果显示小鼠似乎对伊斯特班尼的治愈产生了反应。实验中使用了三组小鼠，每组 16 只，每只的皮肤都被摘除了一小块。第一组接受伊斯特班尼的治愈触摸，第二组接受加热（为了排除一种可能，即起作用的是伊斯特班尼手掌的温度），第三组不作任何处理。结果第一组的愈合速度显著超过另外两组。

美国加州的约翰·肯尼迪大学也开展过一个类似实验，这次的实验直接对人体展开。实验结果完全驳斥了一切非正统治疗都只是安慰剂效应的观点。研究者在 44 名被试的肩部各摘除了一块皮肤，并告诉他们参与的是一次正统的医学实验。每一天，被试都要在一个窗口前面展示伤口。他们以为是有人在给他们的伤口拍摄相片，但其实，其中的一些是在接受治疗师的治疗。结果，那些挑选出来接受心灵治疗的被试，康复的速度要比其他被试快得多。

部分科学家进一步在植物身上开展了治愈力的研究。比如伦敦大学的斯科菲尔德（Tony Scofield）博士和霍奇斯（David Hodges）博士就和治疗师博尔特伍德（Geoff Boltwood）合作开展了一项研究。两位研究者找来一批水田芥种子，在盐水中浸泡，使其"得病"。然后他们照例将这些样品分成两组，让博尔特伍德双手各抓一组。他将能量集中在其中一组，尝试将它们治愈；对第二组则只是握在手中，不作处理。在开展了 6 轮严格的对照实验之后，研究者惊讶地发现在其中的 5 轮中，博尔特伍德用心治疗过的种子的生长速度几乎是其他种子的两倍。

也许两位研究者在实验中漏掉了某些关键元素，他们的结果受到了科学刊物的抨击，有的怀疑者几乎就要谴责他们造假了。但是他们的实验并非个案。美国的、欧洲的其他团队也得出了类似的激动人心的结果。

这些非安慰剂效应的作用原理到现在还是个谜。心灵治疗现象的鼓吹者认为这清楚地证明了一点:治疗师要么能将外界的能量输送给患者,要么能用自身的能量场来矫治那些得病的人或动植物。而怀疑者也正确地指出,那些实验的规模都太小,而且研究者虽然已十分努力,但实验中还是难免出现差错,要么就是那些效应的背后隐藏着某些自然产生却不为人知的外部因素。

和传心术、未卜先知以及本书讨论的许多其他主题一样,信仰治疗也是一项处于理性边缘的活动。几乎所有的超自然现象都是如此。国会广场上没有降落过外星飞船,残障者的断肢不会自己长出来,也从来没有人清晰而无可辩驳地展示过自己的超自然能力,就连盖勒之类的自我标榜者也没有过。这一点未免令人失望,但是就像在下面几章中将会说到的那样,我们不能据此就认定一切神秘现象都是胡说八道。其中的许多肯定是的,但并非全部。正如天文学家马丁·里斯爵士(Sir Martin Rees)所说:"没有证据不代表不存在。"

第十三章

绑上天空

当一个人不再相信上帝,他就会相信任何事情。

——切斯特顿(Chesterton)

23 岁的农场工人维拉斯 - 博阿斯(Antonio Villas-Boas)居住在巴西小镇圣弗朗西斯科 - 迪萨利斯附近。他自称在 1957 年 10 月一个温暖的傍晚遇到了一件怪事。一群长相奇怪的生物在半路上抓住了他,并将挣扎尖叫的他拖进了悬浮在不远处的一艘飞船里。这个不幸的青年被抬进一个密封的房间,放在了一张桌子上,房间里到处铺着一层厚厚的果冻似的物质。他先是被抽了一些血样,接着似乎就交好运了:几分钟后,一个长相如同人类的女外星人光着身子走了进来,强迫他性交了两次。在这期间,她像狗一样汪汪叫了几声,还在他的下巴上咬了一口,完事之后就由同事带走了。临出门时她指了指自己的肚子,又指了指天上的群星,然后就离开了房间。

几个月后,维拉斯 - 博阿斯接受了一位医生的检查。这时的他终于鼓足勇气说出了自己的经历,事情传开了。那位医生在他的下巴和其他部位发现了几处小伤口,结论是这些瘢痕很像辐射烧伤。

虽然这听起来可笑而离谱,但这个全世界第一例广为流传的外星人绑架事件,其实却相当典型。后来发生的绑架事件,除了细节略有不同之外,基本上都是这个事件的翻版。实际上,有关外星人绑架的报告至今仍层出不穷,一项调查发现,过去50年中,仅仅美国就可能有500万人遭到过外星人的绑架。

你可能觉得把这个事件说成"典型"听起来有些草率,但其实并非如此,因为外星人绑架事件都有着非常单一的模式。研究者甚至为绑架事件制订了5条清楚的标准,它们是:在空中看见亮光;跳过时间;在没有支撑的情况下在空中飞行;在奇怪的生物面前浑身麻痹;最后是经受折磨之后,身体上出现奇怪的印记,或是体内出现奇怪的物体。

还有一个著名的例子可以说明这些典型要素。

1961年9月下旬的一天,一对夫妇贝蒂·希尔(Betty Hill)和巴尼·希尔(Barney Hill)在美国新罕布什尔州的怀特山驱车回家,忽然,车子上方的天空中出现了几道亮光。他们停下车子,只见公路上方悬停着一个物体,那东西"形状像烙饼,前面有一排窗子,里面透出明亮的蓝光"。等他们回过神来,就发现自己又在公路上行驶了。他们后来发现自己漏掉了两个小时的记忆:他们的车速是每小时60—80千米,回家的路程长320千米,按说5小时就该开到的,但他们实际却用了7小时。

夫妇俩当时没说什么,但是到了晚上,他们却双双做起了怪梦,梦中的他们被抓到了一条奇怪的船上。后来他们的婚姻出现问题,求助于心理医生,还接受了催眠治疗。直到这时,他们才找回了那段被压抑的记忆。按照夫妇俩的说法,他们被带上了一条飞船,几个奇怪的生物对他们做了医学检查,在他们身上戳戳刺刺,这些生物秃着脑袋,长着硕大的眼睛,没有眼皮。贝蒂的肚子里被刺进了一根长长的针,她后来意识到那是在做孕检,她还在不知不觉间和船长谈起了"关于宇宙的重大问题"。到1963年,巴尼也在独自接受催眠时回忆起了类似的情景。

直到今天,贝蒂(已经丧夫)还在坚持这个说法,这也成为了 UFO 传说当中最著名的一则故事,这多半因为它也是第一个在美国广泛传播的事件。

有趣的是,这起事件酷似维拉斯－博阿斯事件,也能够和多年来的无数起外星人绑架联系起来。UFO 的信徒会宣称,这种相似性证明了那些受害者真的被外星人绑架过(他们称之为"第四类亲密接触")。而怀疑者又会说,这种离奇的相似性恰恰证明了那些人不可能被外星人绑架,它们非但不能证明那些反常的说法,反而显示了那些鼓吹这类事件的人极易受骗、想象贫乏。

希尔夫妇的故事有一个非常有趣的特点:它是一起"多人绑架事件"。也就是说被绑架者不止一人,而且他们的说法能够彼此参照。这样的事件还有许多,它们或者是几个人同时被绑,或者是有几个人同时目击了一起绑架。

1975 年发生了一起几乎同样著名的事件,主人公名叫沃尔顿(Travis Walton),他自称在亚利桑那州的斯诺弗莱克驱车回家时被一个 UFO 抓走,当时同行的还有 6 名同事,都在附近的一座林场工作。他们在事发前发现天上有亮光,沃尔顿走出汽车去查看,接着便消失了。5 天之后,有人在绑架地点附近的森林里发现了他,当时的他身子半裸,精神狂乱。他的故事听起来也很耳熟:"我躺在一张桌子上……看见几个奇怪的动物站在周围。我吓得完全疯了,挥拳想把他们赶开,但是我的身体虚弱极了,一下子瘫倒在了地上。他们硬是把我抬回桌子,在我的脸上盖了一只面罩,接着我就昏过去了。"

那么,我们又该怎么理解这些描述以及数千个类似的故事呢?

在那些超自然现象的拥护者看来,外星人绑架事件乃是"原则问题"。在这个 20 世纪与 21 世纪交替的当口,对外星人绑架事件是不能有模棱两可的态度的:你要么认为许多人的绑架经历只是妄想,用心理学和神经生物学就能解释;要么就认为那都是真实而可怕的事件,是一个庞大阴谋的一部分。

鼓吹者称,有大量技术先进的外星人正在访问地球,而且很多西方
国家的政府对此完全知情。他们还相信有政府机构在和某些外星人群
体合作,对抗另外一些群体。简而言之,我们已经陷入了一场银河系范
围的阴谋之中。但是在不相信这个说法的人看来,这实在有点像是一
部文笔糟糕、情节老套的科幻小说。据说许多外星人绑架事件的意图
是开展持续的遗传学实验。有些外星人热衷于培养人类和外星人的混
血儿,出于这个目的,他们给被绑架者打上"标记",以此寻找最有可能
产生后代的遗传交叉。很显然,他们做这些事情并不觉得内疚。

你当然可以用这个理论来"解释"那些故事中的相似之处:被害人
总是在夜里被抓走,都接受了医学检验,他们的描述中往往还有"性的
成分"。信徒宣称,为了实施这个计划,各个工业化国家都参与了阴
谋,其中美国和俄罗斯投入最多,英国和其他欧洲国家也出了力。换句
话说,政府高层知道事情的真相,也参加了策划此事的政治联盟,而且
据说这个联盟里至少有三四个不同的外星种族。

这真是一个饶有趣味的故事,也是《X档案》系列的主心骨。这是
这部连续剧中最早的情节,后来也曾多次出现:男女主人公追查一桩扑
朔迷离的案件,后来发现有人类机构和外星智慧生物勾结,共同掩盖育
种实验的真相。

这个故事有任何真实的成分吗?有没有可能,我们地球不仅是外
星人访问的地点,更是银河系中所有科学实验和政治阴谋的一个关键
中转站?

首先,我们要承认一点,那就是别的行星上几乎肯定有生命存在。
实际上,银河系中就可能充斥着各种形态的生物。宇宙中很可能存在
比我们更加先进的外星文明,他们在银河系的各处以及银河系外过着
或者幸福或者愁苦的生活。其次,要跨越恒星之间的广袤空间进行长
途旅行极其困难(参见第一章),但也不是绝不可能的。就人类来说,
无论现在还是可见的将来,我们都还无法做到这一点,除非哪一天我们
偶然想到了一套惊人的革命性理论,并将它妥善地付诸实践。然而,我

们生活的地球只是一个近乎无穷的宇宙中的一小粒尘埃。这个宇宙产生于大约 150 亿年之前,这个星球上的生命起始于大约 40 亿年之前。从第一个细菌到现在阅读这些文字的你,生命的演化走过了一连串极其复杂的步骤,也依赖于无数事件的正确组合。这些步骤中的一个是生命诞生的时间,另一个是生命演化的速度。如果在另一个星球上,这两个因素中的任何一个与地球有所不同,那么它目前的发展水平就会和地球迥异。

作为地球上最强大的物种,我们才刚刚有能力探测附近的行星。而在其他行星上,正如我们在第一章所说,演化的速度可能比我们更快,开始的时间可能比我们更早,因此那些行星就可能栖息着我们称为"超级生物"的生命形式。他们或许已经能在恒星之间自由往来,利用的是相对论中的某个漏洞,或某种我们根本无法想象的未知过程。

因此,外星人访问地球的想法并没有超出理性的范围。在历史上的某个时刻,一艘由先进种族制造的飞船很可能真的途经过地球。我们甚至可能到现在都时不时受到他们的访问。但是就像我接下来将要说明的那样,所谓外星人大举访问地球,绑架数百万人类开展遗传学实验,并且勾结政府大范围掩盖真相,这样的说法就完全是科学幻想,是想象力过于奔放的产物了。这套说辞在逻辑上是无法成立的,所谓的绑架事件,我认为并不是外星人入侵的开端,而只是一些非常平凡的事件的结果——这样说真是可惜。

外星人绑架在美国是一个重大现象。虽然第一起公开的绑架事件不是在美国发生(那是巴西的维拉斯 – 博阿斯事件),但是美国民间却素来有着丰富的 UFO 传说。"飞碟"这个词就是美国空军飞行员阿诺德(Kenneth Arnold)发明的,1947 年,他在靠近美国和加拿大边境的华盛顿州上空飞行时看见了不明飞行物。短短几天之后,在往南数千千米的地方,就发生了开创 UFO 传说的罗斯韦尔事件——这个事件我会在本章的后面部分详细探讨。

美国文化向来鼓励意见和观点的公开交流,言论自由是美国梦的核心,也是这个国家道德体系的关键。因此毫不足奇,这里成为了想象力恣意奔放的乐土。绑架事件频发的另外两个国家是英国和巴西。英国会有人相信这个也不奇怪,鼓吹者已经有了说法:英国之所以和美国一样是外星人的首选目标,是因为它们和俄罗斯、中国一起,构成了这个星球上最强大的军事力量。

不久之前,苏联政府对超自然现象的兴趣还与它的军务一样隐秘,而中国当局也对一切和军事相关的事务守口如瓶,我们不要指望会从他们那里得到多少消息。怀疑者会说,英国总喜欢跟在美国后头赶时髦,而巴西人则因为维拉斯－博阿斯开的坏头,特别喜欢报告想象的或蓄意编造的事件。

美国也创造了最多的关于外星人绑架的研究者,他们不全是边缘人物,其中不乏大学教授和有名望的知识分子。其中最著名的是麦克(John Mack),他是普利策奖得主,也是哈佛大学的精神病学教授。

麦克相信人类是一项庞大育种研究的实验对象,这项研究的主使者企图创造一个人类和外星人的混血种族。"一项庞大而离奇的物种间研究或者杂交研究已经侵入了我们的现实世界,它正在影响数十万人、也许是数百万人的生活。"他这样写道。[1]

然而,他似乎也有些搞不清楚那些外星实验者的确切性质,说他们"是穿越到物理世界来的,在这一点上和灵性的实体略有不同"。[2]

UFO研究者中有一个所谓的"隐形学院"(Hidden College),成员都是重要的学界人士和知识分子,他们相信外星人存在,却并不声张。但麦克不是他们当中的正式一员,他是一名狂热的信徒,喜欢到处宣扬自己的信念、发展教友。他的这种高调做法已经激怒了上司,也使得朋友感到担忧。他写了许多关于UFO的文章,还到世界各地举办讲座。他对这个领域最重要的贡献是一本名为《绑架——人类接触外星人》(Abduction: Human Encounters with Aliens)的著作。他在其中提出了一个关于外星人绑架的复杂理论,证据是100多名被绑架者(他们喜欢自称为"体验者")的证词,他们都是在他多年研究期间自己找上门来的。

麦克的学术资质是无可指摘的,但是追究他的经历,就会发现他是一个另类分子。他不喜欢遵循正统,而是迫切寻求着别样的人生道路。目前已经年近七旬的他,曾经参加过各种另类的研究和实验。他用迷幻药开展过心理学实验,参加过在 20 世纪 70 年代后期名誉扫地的电痉挛疗法,还曾经游历印度,向东方的宗教和哲学寻求启迪。

这一切其实都不能算错,但是在一些怀疑者看来,这说明麦克不单单是思维开阔,而是已经彻底放弃了理智。在许多科学家看来,用这种态度来研究外星人绑架这样的课题是错误的。但是麦克和全世界的许多坚定信仰者肯定有相反的意见,他们会指摘科学家心灵闭塞,所以没有资格研究这类远远超出他们平常思维模式的问题。

对那些自称体验者的人,麦克使用了称为"回归催眠"(regressive hypnosis)或者"催眠回归"(hypnotic regression)的技术。对许多研究者来说,这都是一个最有价值的研究工具。它的做法是使对象放松,并诱导他们进入一些心理学家所谓的"非普通状态"(nonordinary state),在这种状态中,他们能够想起因为压抑而在"普通状态"中无法回忆的经历。有些超自然研究者用它来开启对象的所谓前世记忆。

回归催眠也许是研究者的一个有用工具,但是其中也暗藏着陷阱。首先,它非常容易造假。但更加重要的是,它可以用来在对象的脑袋里植入想法,在极端情况下,甚至能引起我们现在所说的"虚假记忆综合征"(false memory syndrome)。

这种综合征在不久之前登上了新闻头条,有人指出,一些心理学家调查的儿童虐待事件其实是虚假的:是研究者将被虐待的记忆植入了研究对象的头脑,接着对象又在心神错乱之中自行扩充了细节。有的对象把这些虚假记忆叙述得异常生动,结果造成家庭破碎,甚至警方都介入调查。有人因此指出,许多所谓的外星人绑架事件也可能是回归催眠造成的,这个说法不是没有道理。

像麦克这样的研究者自然强烈反对这个说法。也许他们确实没有蓄意在别人的脑袋里植入想法,而且根据各种说法,麦克对自己的研究是诚心投入的,他也深深相信外星人绑架不是凭空生造出来的故事。问题是,那些调查者用催眠手法揭示的外星人绑架经历,和成年人在催眠中返回童年时想起的虚假记忆,两者实在是出奇的相像。

麦克在那本关于外星人绑架的书里写了这么一段:"要消除被绑架者内心的否认,就要让他们直视外星人那'深邃而探寻'的眼神。这会使他们恢复记忆,并一举解除作为心理防御机制的否认。"麦克发现,做到这一点,"被害人与外星生物的关系就会发生转变"。[3]

近些年来,大众对于回归催眠的兴趣似乎又有所恢复。这在正统精神病学家看来是颇为可疑的,甚至可能造成危害。虽然麦克这样在灰色地带游走的心理学家仍然很喜欢用它,但是主流心理学界已经没有它的位置了。弗兰克尔(Fred Frankel)教授是波士顿的贝斯以色列医院(Beth Israel Hospital)的精神科主任,他对这项技术有如下评价:"催眠能为你找回平常想不起来的记忆……但是其中既有真的,也有假的。催眠师和被催眠者的期望都会影响催眠的结果。"[4]

无论是麦克的对体验者的实验,还是回归催眠本身,其中都包含一个巨大的缺陷,发现这个缺陷的是一位41岁的波士顿作家,巴西特(Donna Bassett)。她听说麦克"诱发了心神错乱者的脆弱情绪,却没有向他们提供后续治疗",[5]于是决定假扮被绑架者验证麦克的技术,并且对整个外星人绑架现象提出质疑。

她找来了所有关于UFO的材料逐一阅读,还去学习了表演,为的就是假装受到了催眠并且说出可信的证词。接着她开始一步步迎合麦克。她告诉他自己遇到了一些"小人儿",并称他们为"上帝派来的天使"。她形容自己从小就开始体验各种离奇事件,比如一个悬浮的火球如何在夜里出现在她父母家的上空,比如她烧伤的双手是如何被外星人触摸之后痊愈等等。麦克和她长谈了几个小时,对她的故事深信不疑,甚至将她的例子写进了书里。

其他美国研究者同样对这个现象充满热情。坦普尔大学的雅各布

几乎与麦克齐名,观点也和麦克一样激进。在最近的一篇杂志文章中,
有人向他提出了一个问题:对外星人绑架事件的研究已经有 50 多年
了,为什么到现在还没有一起证人可靠、证据完整、当事人心理正常,并
且在光天化日之下发生的毫无争议的事件呢? 雅各布斯这样反驳道:
"外星人对绑架事件的保密是非常高效、非常成功的,他们对绑架计划
作了特别安排,不会在一天之内多次绑架。我们对绑架事件的研究也
确实得出了这个结论。大多数有过绑架经历的人并不清楚自己遭遇了
什么。他们也许意识到了哪里不太对劲,但是大多数人都不会将这种
感受和 UFO 绑架联系起来。因此在所有被绑架者中,只有大约
0.001% 会对我们讲述遭遇。但是我们偶尔会遇到这样的情况:一个被
绑架者走到另一个的面前说:'我认识你,我在什么地方见到过你。'接
着两人就能回忆起他们共同被绑架的一个事件了。"[6]

　　雅各布斯对多人绑架事件尤其热衷,而这类事件的数量又多得惊
人。有人估计,在所有绑架事件中,大约有四分之一牵涉到了多个当事
人,甚至还有 8 个人同时被绑的案例。然而这些案例和单人被绑事件
有着一样的漏洞:研究者在恢复被害人记忆的时候使用了可疑的手法,
而且对故事中明显的矛盾之处居然毫不关心。

　　比如有一个不具名的男子自称和他的全家一起被绑架了。关于那
次绑架,他记得自己和另外几十个人在一间大厅里排队,他们都是在差
不多相同的时间被绑来的。接着外星主人将他们领进了一间研究室或
审讯室里。排队等待的时候,他注意到前面一个男人的左肩上长了一
颗痣。雅各布斯认为这是一个很有说服力的细节,它使这名男子的故
事显得更加可信了。然而对冷眼旁观的外人来说,这却实在是一个荒
谬的说法:这个男人快要被外星人检查了,居然还有工夫注意别人的
痣;而且根据这些体验者的回忆,他们当时还有一种奇怪的"晕乎乎"
的感觉,这就更不可能看到别人的痣了。

　　还有一件事是那些信徒经常忽略的,那就是一些独立思考的调查

者所说的"样本污染"现象：在多人绑架事件中，那些体验者往往都是对 UFO 很感兴趣的人，他们都阅读过文献，也都想和其他人攀比一番。有心理学家调查了许多案例，发现经常有体验者向别人宣称自己有了某某子虚乌有的遭遇，于是谎言就这样传开了。因为同辈压力和一厢情愿的想法，他们自己也相信了这些虚构的记忆，而这些记忆又会顺着最方便的管道流露出来——往往是通过催眠师引导出的故事。

可是，如果没有人被外星人绑架，又为什么会有越来越多的绑架故事在人群中泛滥呢？这些故事可不仅仅是来自美国和欧洲，而是来自全世界。运用心理学和神经科学的观点，再加上一点常识和逻辑，我们或许可以得出一些结论。

首先说说常识部分，我们来看统计数字。我在本章前面的部分提到，有调查显示被外星人绑架过的美国人可能有 500 万之多。这次调查是 1991 年开展的，对象其实才 6000 人。在这 6000 人中，有 119 人的供述符合典型的外星人绑架事件。将这个数字按比例放大到美国的人口，就可以推算出 500 万的数字了。但是严格来说，这个数字并不可靠，因为用 6000 人来推算 2.5 亿人（1990 年美国人口），在统计上是无效的。我们暂且抛开这个不谈，再来看看这些数字中透露出的另一个显著的谬误。

从 500 万美国人这个数字出发，研究者杜兰特（Robert Durant）得出了一个有趣的结论。他先假定每个被绑架者平均被绑了 10 次——有人宣称自己被绑的次数远远超过 10 次，还有人只被绑架过一两次，我们暂且取 10 次为平均值。如果在过去 50 年中有 500 万美国人被外星人绑架，每人被绑的次数平均为 10 次，那就可以算出美国每年都会发生 100 万起外星人绑架事件，也就是每天 2740 起。杜兰特接着假设，每起绑架平均需要 6 个外星人实施（这个假设的基础是日益增长的绑架传说和鼓吹者收集的数据），这 6 个外星人每天可以作案 12 起。这样算来，每天都有 288 组外星人在实施绑架，总计 1370 人。

这些数字够惊人的，但比它们更惊人的是杜兰特的结论，它比任何统计数字都更能揭示 UFO 研究者的草率思维：他说自己在开始研究时是"非常怀疑的"，但是最后的结论却是每天 1370 名外星人的数字并不荒谬。他认为，在 1370 的基础上再加上外星人的后援支持队伍，得到的数字最多是 5000 人，而 5000 人只相当于一艘航空母舰上的官兵数目，并不算夸张。然而他的这个推理有一个简单的漏洞：他只考虑了美国的统计数字。因为这种极端狭隘的眼光，他忽略了地球上的其他人。这意味着要解释 UFO 鼓吹者们主张的被绑架人数，地球上就必须有近 10 万外星人在执行绑架地球人的任务，他们全部秘密行动，没有留下任何可信且可以证实的证据，而且这项行动至少持续了 50 年。

但这还不是最糟的。如果过去 50 年中真有 500 万美国人遭到绑架，那么在同样的时间里，全世界就应该有 1 亿人遭到绑架，大约每 50 个人中就有一个。

这些数字并没有彻底驳倒外星人绑架理论。你可以反驳说，这些绑架报告中的绝大多数都可以用其他方法解释，比如幻觉、癔症反应和催眠暗示等等，所以真正的外星人绑架事件也许只有百分之一。这固然能使地球上的外星人估计数目减少到较为可信的 1000 人，并使得全世界被绑架者的人数减少到 100 万人。不过怀疑者还举出了其他符合逻辑的反驳，对整个外星人绑架传说都提出了质疑。

对每一起绑架事件都作出可信的解释是不可能的，但是怀疑者认为，这种解释根本没有必要，因为有数千人报告自己被外星人绑架，这整件事根本不合逻辑，它有着内在的矛盾，因此无法成立。

想象人类探险家走访了亚马孙丛林的某个偏僻角落，并在途中发现了一个从未听说过的动植物物种。发现之后不出半年，英国广播公司就会制作一部关于这种生物的纪录片，配上爱登堡（David Attenborough）*在灌木中游走的画面。一年之内，书店里就会出现介绍这个新

---

* 爱登堡，著名纪录片主持人，曾在英国广播公司的多部自然类纪录片中出镜。——译者

物种的书籍。光盘也会开始发售，详细描绘这种生物的结构、行为和习性。

我们在说到外星访客时很容易忘记一点：既然这些生物能够来到地球，他们就势必掌握了先进的技术。任何科学家都会承认，在可以想见的将来，我们是不可能飞到其他恒星的，在解决光速飞行的问题之前，飞到最近的恒星也需要数千年的时间。从这一点出发可以推出一个明显的事实：这些外星访客的技术，肯定领先了我们几千年。既然如此，他们还会花费50多年的时间绑架地球上的几百万人口，只为了能够研究我们这个物种吗？

从这个角度看，我们就知道外星人绑架说只体现了人类极度膨胀的虚荣心。我们是将自己在技术上的局限和想象上的贫乏强加到了一个外星物种的身上，同时也在鼓吹自己是多么的重要而特殊——他们不仅飞到地球来看我们，而且我们是如此的有趣和复杂，惹得他们禁不住把我们抓过去仔细研究。

鼓吹者会说，这个批评没有抓住重点，外星人不单是想知道我们的身体结构和行为，就像我们对待在亚马孙发现的一种新的动物那样。他们还想对我们开展复杂的遗传学研究。

但是这个说法同样流露出人类中心主义的心态，以及人类缺乏想象力的可悲事实。基因工程是一个激动人心的新兴领域，也使许多人浮想联翩，但是对于一个能够穿越银河系的物种来说，那应该是他们老早就已经掌握的知识了。如果他们的物理学已经发达到了能够作星际旅行，那他们的遗传学造诣也势必同样高超。我们确实会为了研究动物而绑架它们，肢解它们，在它们的体内植入金属探头，并提取它们的精子和卵细胞开展简单的遗传学实验。但是如此先进的一个物种还需要这样大动干戈，这说得过去吗？

即使假定他们真的有兴趣在落后的生命形式身上开展实验，这些能够飞到别的恒星甚至别的星系的外星人，也应该能巧妙地提取其他生物体内的物质，完全不必采取身体绑架和内脏检查这样原始的手段。

许多绑架传说都一口咬定有女性被外星人绑架之后怀孕,但后来又发现自己肚子里的胎儿神秘消失了。这些事件没有一个得到证实,它们完全可以用假性怀孕来解释,也可能是当事人患有心理疾病,后来又好转了。即便暂时假定这是事实,外星人真的曾使一个胚胎消失,并且像《星际迷航》中描绘的那样把它转移到了自己的飞船上,那么这些外星人难道就不能用绑架和妊娠之外的手段创造一个混血胚胎吗?

还有怀疑者指出,外星人绑架的理论整个都是胡说,因为先进文明的道德修养也应该和他们的技术一样先进,因此他们一定会觉得干预落后文明、绑架无辜群众的做法是不道德的。这或许是事实,但也未必如此。就拿我们自己来说,虽然我们比 15 世纪的人类掌握了更加先进的技术,然而我们在伦理道德上就一定比他们高尚吗? 今天的我们已经有了不一样的杀人手段,但杀人的行为还是相同的。手法老到的罪犯已经不必再亲手扒窃他人的钱包,而是改用互联网转走别人的钱财,但偷窃依然是偷窃。富裕的西方国家或许改换了隐秘的手法剥削邻近的穷国,但这依然是一种帝国主义行径。

不过,先进的外星种族是不是比我们道德高尚,又会不会放下身段来绑架我们,这其实是一个无关紧要的问题。因为我们这个物种实在太过渺小,在银河系中的地位也太微不足道了。地球是一颗很小的行星,在浩如烟海的恒星和行星中一点都不起眼。这样一个地方,外星人为什么要来? 他们为什么要在我们身上浪费精力? 和人类杂交,对一个先进种族有什么好处? 总不见得是因为地球的什么地方埋藏着大量二锂 * 晶体吧?

抛开这些逻辑论辩不谈,有这么多外表正常的人居然会产生这么古怪的体验,这确实是一个不能轻易忽视的现象。如果不是被外星人绑架,他们又究竟遭遇了什么呢? 如果他们没有落入某个覆盖全球的庞大阴谋,如果牵连其中的几百万人并没有被偷偷运上外星飞船,那他

---

* 二锂,科幻电影《星际迷航》中虚构的物质,用于星际旅行。——译者

们又到底经历了什么呢?

我们已经看到,那些体验者的叙述都有着非常清晰的模式。但是在一个冷静的心理学家看来,其中的一些共同元素也流露出了明显的心理学和神经病学特征。

首先是被绑架者的情绪特征和社会特征。据鼓吹者的说法,绑架事件覆盖了所有社会经济阶层,也包含了各种职业以及智力水平。但是连他们也无法否认的是,被绑架者中的女性占明显多数。这是一个有趣的偏差,因为一般而言,男性总是更喜欢在夜间独自外出,所以应该更容易被绑架才是(不要忘了,无论男女,在外星人的手段面前都同样是无力的,因此体力的因素可以忽略不计)。这恐怕更能说明问题。

绑架事件还有一个和性别有关的有趣现象,就是当事人的叙述往往带有强烈的性意味,她们自称被外星人检查了身体,还遭遇了性虐待。许多当事人的叙述都和强奸案有着显著的相似,那些最热情的研究者也很喜欢指出被绑架者常常感到自己遭受了虐待凌辱,她们不愿在催眠状态下回忆这段经历,但同时又急切地想把自己的遭遇说出来。

体验者就算被催眠了也不愿说出自己的遭遇,这一点并不奇怪,但是光凭这一点,并不能证明她们真的和外星人接触过。首先,人对说出这类遭遇本来就是有抗拒的。也许有少数人故意编造了被绑架的故事,以此骗取钱财或博得短暂的名声,但即便是这些人,也必须假装出不愿承认自己曾被外星人绑架操弄的样子。更进一步,如果体验者在不必担心被人嘲笑的情况下依然抗拒这些记忆,那也是可以理解的,因为如果这段经历出自她们头脑的虚构,那她们就同时也会在头脑中竖起一道屏障阻隔这段记忆,以此作为自我保护的一种手段。如果她们虚构的记忆像大多数绑架记忆一样痛苦,那她们就会尽力将这段虚假的记忆掩盖起来,一定要有人鼓励才会开口。

对外星人绑架现象还有一个可能的解释,那就是当事人自称被绑架,只是为了满足内心深处的自大,或者克服强烈的自卑感。说到激动人心和不同寻常,还有什么比得上被绑架的经历呢?无论那感觉是如何令人不快,被绑架的事实都证明了自己是重要的、特殊的、高人一等的人物。体验者常常会叙述自己是如何见到了星舰的指挥官,如何与船员仔细探讨飞船的推进系统,以及人类又面临着怎样的生态威胁,偶尔还会有人和对方大谈"宇宙的意义"。别忘了,这些人无一例外都是普通公民,没有多少哲学修养,更别说高能物理了。他们怎么可能刚刚遇见天外来客,就一下子懂得了这些高深的知识呢?

除此之外,在 UFO 研究者内部还有一种互相攀比的心理,当事人的自尊互相碰撞,都想要盖过别人一头。在《外星拼图》(*The Alien Jigsaw*)一书中,美国人凯瑟琳 · 威尔逊(Katherine Wilson)描述了自己在26 年间被外星人绑架 119 次的遭遇,她说到自己曾与几个不同的外星人群体接触,还谈到了自己灵魂出窍和时间旅行的体验。她自称在1992 年的美国大选之前秘密参与了克林顿和乔治 · 布什(George Bush)的一次会谈,还说有一位外星大使协调了权力的顺利过渡,并"安排"了这次大选。这个故事本身就削弱了她的这套说辞——毕竟,外星人怎么会对某一个国家的政事感兴趣呢?

还有一个名叫格雷戈里(Peter Gregory)的人的故事,精彩程度也和这些幻想不相上下。他说外星人带他登上一艘飞船,并向他讲授了地球人对生态系统管理不当的危害,接着他又遇到了一个人类与外星人的混血儿"乌娜"(Oona),并且狂热地爱上了她。据格雷戈里的形容,外星飞船的主控室里有一块"显示屏"和一张控制台,上面罗列着闪光的灯泡,就像是 1966 年前后的电影《星际迷航》。

不过,这些都比不上一个匿名商人的自白,此人 26 岁,来自美国西弗吉尼亚,自称已经被外星人绑架了不下 1500 次。

被绑架者数目的大幅增加,还可以用 20 世纪末的社会风气作更深一层的解释。很明显,世界正在进入一个没有神明的时代,尤其是在美国之外和在第三世界国家。以英国为例,和短短 15 年前相比,去教堂礼拜者的人数已经不到十分之一。即使在宗教气息浓厚得多的美国,许多人也因为无法在正统宗教上建立信仰体系,转而投向了另类宗教。

过去20年间,各种邪教在美国和其他国家异军突起,有人相信外星人正在联络自己并组成自杀团体,也有人接受东方宗教,实践另类养生法和神秘的冥想技术。这些信徒本来就在崇拜一只多头怪兽,它提供了一种不同于正统宗教的世界观,并以另外一种方式帮助许多人应付不时出现的生存恐惧和焦虑的侵蚀;对这些人来说,UFO传说和外星人绑架故事不过是那只怪兽伸出的又一根触须罢了。

对那些无法接受体制内宗教的人来说,外星人绑架理论提供了许多东西。这是一个新颖而另类的理论;它抛弃传统的"上帝式"信念,代之以一个具体的形象;它给人希望,使人兴奋;它能够包容体验者,将他们带入一个更大的世界、让他们在其中扮演重要角色。最后,它也比正统宗教更好经营——毕竟,基督教已经有至少2000年没有展现什么奇迹了,信徒只能听从神职人员的指引,而神职人员又常常犯错,信用岌岌可危,而且他们的教条所凭据的那份古代文献,本身也在经受一次信用危机。

记者霍奇金森(Tom Hodgkinson)用简洁的语言总结了这个现象:"UFO向人们呈现了一幅理想的画卷,其中既有对技术和未来的想象,也有宗教信仰,还有一种灵性的追求。它只需要个人的信念,而无须遵守什么外部强加的社会规范。在一个以理性为基础的社会,人们与其相信上帝,还不如相信有外星人随时准备从天而降拯救地球。"[7]

换句话说,"相信外星人更容易"。你只要将自己的焦虑、幻想、恐惧和希望转移到一个外星种族和几个访问地球的飞碟上去就行了,就这么简单。无论遇到了什么麻烦,你只要说一句"是外星人叫我这么做的"。在美国甚至有人皈依了新近成立的"猫王即救世主教会"(Church of Elvis the Messiah),那么其他人在UFO和外星人绑架传说中建立新的宗教,也就不足为奇了吧?

此外还有癔症的问题。群众的痴迷蕴含着强大的力量,绝对不能小视。群众会对感受强烈的事物产生集体狂热,如果任其发展,这股情绪就会失控。比如戴安娜(Diana)王妃的死就清楚地显示了这种现象。

许多人在王妃生前来不及和她有太多接触，于是听到她的死因就感到格外的悲伤不安。但后来群众的反应开始向癔症的方向发展。他们抗议王妃的死因和王室的冷淡反应，王室和传媒很快成了众矢之的。公众要求王室忏悔，咆哮的暴民甚至硬逼着年幼的威廉（William）王子和哈里（Harry）王子到白金汉宫门前去检阅那几千束献花。直到那时，群众的痛苦才算平息了下去。

这种痛苦到底是怎么来的？绝大多数哀悼者根本不认识王妃，大多数在白金汉宫外聚集的群众也不是狂热的保王党。这种反应的原因是焦虑，是个人对死亡、对深渊的恐惧——而这也是有人相信 UFO 和外星人绑架的一个关键原因。一想到有外星人访问地球，我们的头脑就告别了日常生活的狭隘：原来我们在宇宙中并不孤单，这颗渺小的行星也无法局限我们。外星人绑架故事和对 UFO 的狂热无异于任何宗教，满足的也是完全相同的需求。

大多数被绑架者都真的相信自己被带上了外星人的飞船。这本身就是一个引人探究的神经病学现象，心理治疗师和神经生物学家已经提出了几种可能的解释。

多数心理学家认为，被绑架的场景是通过刺激颞叶在大脑中创造出来的，而颞叶正是脑中储存记忆的场所。目前还没有人知道这种刺激产生的原因是什么，它也许是一系列外部刺激（也许还有内部刺激）的共同作用，但是研究者已经在实验室中展示了刺激颞叶的效果。用电磁场对颞叶施加人工刺激（通过一种特殊设计的头盔），被试就会说出许多如同遭到绑架的体验。

心理学家布莱克莫尔对外星人绑架和其他超自然现象很感兴趣，她自己就用上面提到的头盔接受了实验：

我在实验中全程清醒。最初十来分钟似乎没有任何动静。主试要求我大声描述自己的体验，我因为无话可说而感到了一些压力。接着忽然之间，我的疑惑消失了。"我正在摇晃，就好像睡在一张吊床上。"

我说。接着我感觉仿佛有两只手掌抓住了我的肩膀,拉着我坐了起来。我知道自己还睡在躺椅上,但是有人,或者有什么东西正在把我往上拉。似乎有什么东西抓住了我的腿,正在拉扯它、扭曲它、把它往墙壁上拖。我感到那股力量把我往天花板的方向拖拽,使我升到了半空。接着我的内心涌出了各种情绪。它们没有预兆,忽然而来,强烈而生动。我感到了一阵怒气——那不只是一点点恼火,而是强烈到使人想要发泄的愤怒——然而我的周围又没有什么可供发泄的人或东西。大约10秒钟后,怒气消失了。接着我又感到了一阵恐惧,同样突如其来。我很害怕,却不知道自己在怕什么。长期对人脑施加强大的电磁场会在医学上产生什么效果,现在还基本是个未解之谜。但是从实验室出来之后,我有一连两个小时都觉得眩晕而虚弱。[8]

与此相关,有一个观点认为外星人绑架就是所谓"睡眠瘫痪之谜"(sleep paralysis myths)的现代版本:在正常的快速眼动睡眠阶段,身体的肌肉是暂时麻痹的。这是因为快速眼动睡眠也是大多数梦出现的阶段,研究者认为,肌肉在这时的麻痹是一种保护机制,它能防止我们将梦"表演"出来,伤害自己。然而有的时候,人的精神已经觉醒,身体却仍在麻痹之中——心灵醒了,身体还在沉睡。而这样的体验又往往伴随着性的唤起。

从古到今,人们一直在报告生动的夜间体验,它们有的和性有关,还有的是一些可怕而生动的回忆,比如被一只怪兽追逐攻击却又无力反抗。睡眠瘫痪之谜的体验者包括各种人,有年幼的儿童,也有恐惧的修女,这些修女认为有一种"夜间咆哮兽"(night caller)玷污了自己的贞洁。这类现象和电磁场对精神过程的影响、和外星人绑架报道之间都有着显著的联系。

巴登(Albert Budden)在他的著作《过敏和外星人》(*Allergies and Aliens*)中提出了另外一种解释。他提出了"电磁污染"(electromagnetic pollution)的概念,认为这就是促成外星人绑架错觉的原因:我们的环境中,电子机器越来越多,它们发出的电磁波造成了污染,其中高压电线的污染尤其严重。巴登指出,有许多外星人绑架事件正是在高压电线的附近发生的。

其他心理学家就比较坦率了。在他们看来,外星人绑架的真相很简单。比如心理治疗师戴维森(Susan Davidson)就说:"我接触到的外星人绑架现象,无一不是精神分裂症患者产生的妄想。"[9]

在怀疑者看来,对外星人绑架理论最有力的反驳是鼓吹者给自己设下的陷阱。最近有 UFO 研究者开始解说外星访客是如何到达地球的,他们的技术是如何运作的,甚至还公开讨论起了这些外星种族的所谓生理特征。这些讨论都源于鼓吹者所说的政府泄露出来的信息,它们和种种传闻有着直接的关系,比如政府掌握了外星人技术,政府机构俘虏了外星人或者得到了外星人的尸体等等。

这方面最著名的例子,就是罗斯韦尔事件和风传的 51 区事件——51 区是一处军事设施,位于内华达州的沙漠之中。

根据美国当局的说法,51 区根本就不存在,这是一个明目张胆的谎言,是蓄意误导的假消息。军方否认在传说中 51 区所处的方位有秘密基地,可惜他们手段笨拙,没能掩盖真相。这个表态起到了相反的效果,它激起了更多人的兴趣,引得他们克服重重困难前来打探这片区域的秘密。

我们几乎可以肯定,51 区是存在的,它是一处绝密军事设施,军方在那里试验先进装备,开展尖端研究。但是要说 1947 年有外星飞船在那附近的罗斯韦尔坠落,然后连同一船死去的外星人被带到了 51 区,那就是完全没有依据的胡说了。实际上,那些自称掌握了外星人和外星飞船情报的人员,说出的却是完全相反的情况,他们的证词对 UFO 研究者的事业是一个打击。

几年之前,全世界的电视网络都播出了一段据说是解剖外星人的录像。这段录像由英国的一家制片公司购入,卖家是一名男子,据说参加过 1947 年在罗斯韦尔的外星人解剖。录像中显示了一个小小的人形生物,它躺在一块平板上,身体被部分切开,看起来很像坊间流传的外星人形象——灰色的皮肤,大大的黑眼睛,一个大得反常的秃头,还有两条长长的胳膊。这段录像实在太假,就连 UFO 的鼓吹者都怀疑它是伪造出来骗钱的。但是和它相关的传说还是在 UFO 圈子里得到了广泛的接受和议论,就好像它们是已经有研究证明的确切事实似的。

鼓吹者说,这些"小灰人"的心肺连成一体,胰腺和脾脏也连成一体。他们宣称这条情报是从 51 区之类的地方泄露出来的,依据的是对外星人身体结构的仔细研究。这是一个可笑的说法,但我们从中也很容易看出这个虚假的解剖学描述背后的"逻辑"。

这样说的人显然认为那些外星访客在技术上超越了我们。这个想法完全合理,也是显而易见的,因为外星人能来,我们却不能去。然而他们对这个想法作了过度引申,他们假定外星人的身体也比我们先进,而在那些缺乏科学训练的人看来,连成一体的心肺似乎要比两个分开的器官先进。

但实际的情况正好相反。心肺结合恰恰是一个巨大的劣势。

人类的心肺相互分离有许多相当重要的原因,其中最重要的一点是这个安排更能抵御疾病。即使心脏感染了某种细菌,它也不会扩散到肺,这样我们就能更好地打败细菌了。而如果心脏和肺部长到了一起,那么任何疾病的攻击都会造成更加严重的问题——我们一下子会有两个器官受到感染。

在另一些叙述中,UFO 的鼓吹者用伪科学来"解释"外星飞船的飞行原理或者通讯机制。有这么一篇题为《外星人就在海底》(Aliens in Our Ocean)的文章,刊登在一份叫做《接触》(Encounters)的杂志上。作者在文中讨论了如何用人类的军事力量抗衡外星人的武器系统。他这样写道:"我们应该考虑的问题,是一个能够改变引力相的旋转并振荡的高电压电磁驻波能否用波长更长的冷波来干扰……我不想写得太专业,但是下面句子中的术语还是必须的:'这种发生器制造的能量应该聚集起来,从而能瞄准并用作武器,以摧毁外星人的飞船和光束武器。'我知道在射电天文学里，射频是用一道氢原子光束来测量的，我还知道这位失踪的科学家一直在水下测试他的设备。"[10]

这段话究竟是什么意思，大家可以随意猜测。作者混合了科学术语和生造的新词，为的是镇住那些对现代科学没有多少了解的读者。比如她说的"冷波"（cool wave）是什么意思？文章的最后一段尤其使人困惑。作者说射电天文学家用"一道氢原子光束"来测量射频。这实在是一个非常含糊的描述，但是看来她似乎搞错了一件事情：天文学家是以氢原子光谱为标准来测量射频的，他们使用的技术称为"光谱分析"（spectroscopic analysis），这和所谓的"氢原子光束"没有任何关系。这又是怎么扯上"在水下测试他的设备"的科学家的呢？她的意思是射电天文学家使用的氢原子光谱和氢原子有着某种关系，因为氢是水分子中的一种原子？如果真是这个意思，那这位作者就应该得一个创意写作奖了。

还有一个例子，就是外星人绑架事件的体验者常常把飞碟的控制室描述得平淡无奇，它们几乎全部是从 B 级电影和旧科幻小说里照搬来的。这些被绑架者是在用电视电影里看来的画面描述一艘外星飞船的内景，但他们又说这艘飞船是比我们先进数千年的生物设计的。这样一种生物设计出来的陈设和器械，难道不应该是绑架者完全无法辨认的吗？如果将 20 世纪 50 年代的一个普通人从他的起居室里请出来，放进 20 世纪 90 年代后期的一个青少年的卧室，他能认出其中的任天堂游戏机或者甚至一台普通的个人电脑吗？

这种散漫的想法在 UFO 文献中还有许多例子。眼下《X 档案》风靡，社会上又弥漫着所谓"前千禧年紧张"（premillennial tension）的气氛，于是这种想法就有了深厚的群众基础。悲哀的是，这类文章反而打击了对外星生物怀有真正兴趣的人，也影响了对于地外生命的严肃探究。正因为这些怪人怪事不断增多，才使得那些掌握权力和金钱的人不愿再扶持严肃的科学研究。甚至有人提出，UFO 研究者提出的一些极端看法，尤其是鼓吹外星人绑架的那些，其实都是危险的。UFO 研究者瓦利(Jacques Vallee)认为，外星人绑架现象已经使 UFO 研究远远偏离了它的出发点。他声称："传统科学正显得越来越困惑、越来越迷茫，已经无法解释外星人绑架现象。而 UFO 研究者也在变得越来越教条武断。更多的人开始对太空，对更高的觉悟发生兴趣。"[11]

觉悟的提升是件好事，但如果不加约束，它就会引起更大的混乱和潦草的思想。任何信仰体系(UFO 传说就是一种)只要危害了科学，就是一种危险。UFO 鼓吹者面临一个矛盾：如果外星人真的来到了地球，那他们就一定是运用科学做到这一点的。取得这样伟大的成就，一定有许多外星科学家花了许多年的时间提炼想法、探索宇宙运行的规律。他们可能采取了兼容并蓄的策略，引入了许多人都会称作"另类"的机理和思考方式，再佐以丰富的数据和高超的才智。但是他们绝对不会像 UFO 研究者中的一些人那样轻信谣言并采取反智的立场。

外星人绑架是人脑受到隐藏动机刺激的产物。当事人可能是在满足自己的性幻想，也可能是在压抑更加痛苦的经历，并在表面加上一层外星人绑架的掩饰。在我们这个时代，家庭的安全感逐渐丧失，正统宗教也跟不上现代人的需求，而人又天然地要追求精神和情绪的满足，这个压力造成了轻微的群体癔症，也催生了外星人绑架故事。

我真心希望有外星人经常访问地球，也希望银河系中真有一张辽阔的大网，而我们只是其中的一小部分。但是这类想法既没有实证，也没有符合逻辑的理由。尽管如此，宇宙中仍有可能存在一张天网，它由一个先进的外星文明维护，他们的发展水平领先了我们几千年。也许某一天，我们也会成为这个高级俱乐部的一员，但我要抱憾地说，现在的我们还远没有拿到这个资格。终有一天，当我们回顾当年的外星人绑架信仰，我们将会意识到这是一种典型的错乱，其中体现的是我们这个时代的精神状态。

第十四章

邪教之邪

杀一个人,你是凶手;杀几百万,你是帝王;杀死全部,你就是神。

——让·罗斯唐(Jean Rostand)

当圣迭戈警方在 1997 年 3 月 26 日进入圣迭戈郊外的兰乔圣菲社区时,他们仿佛看到了一部医学恐怖电影。这里没有血洒的墙壁,没有大块的血污,也没有肢解的人体,这是 20 世纪末的一处死亡现场,它的由头却在 23 世纪。

警方在一处房屋内找到了 39 具尸体,每一具都穿着一条工作裤和一双崭新的耐克运动鞋。他们都是邪教组织"天堂之门"(Heaven's Gate)的成员,每个人的身边都放着一只袋子,里面装着一身替换的衣服。他们的上衣胸袋里都放着护照,裤子口袋里都塞着一张五美元的纸币和一卷两毛五分的硬币。头上都盖着一块一米见方的紫色丝绸披肩。

调查发现,这些人是在三天之内分批死亡的。每人都在死前享用了最后一餐,拍了一段兴高采烈的录像遗言,接着吃下一块加了大量镇静剂的布丁并用伏特加稀释,最后在自己的脑袋上蒙了一只塑料袋。

第二批自杀者将塑料袋从第一批自杀者的头上取下并蒙到自己头上。最后只留下两名妇女,她们从第二批自杀者头上取下塑料袋,将现场清理干净,将垃圾袋和其他零碎杂物扔进垃圾箱,然后以同样的方式安静赴死。

从某些方面说,在 1997 年 3 月自杀的这些"天堂之门"的信徒,和其他自杀的邪教信徒有着显著的相似;但是在其他方面,他们又有着很大的不同。虽然和其他邪教一样,天堂之门也有一名精神病态的领袖阿普尔怀特(Marshall Herff Applewhite),他也向信徒许诺了一个现实之外的世界,但不同的是,它的信徒对自己的死亡欣然接受,对自己的"将来"也十分乐观——在这个邪教内部似乎没有压迫,也没有独裁。

这些信徒常常在社区里出没,女信徒向邻居分发波旁酒蛋糕,根据信条,这东西她们自己是不能吃的。信徒们无论男女都剃掉了头发,还穿上朴素的上衣掩饰性别。包括阿普尔怀特本人在内,至少有 6 名信徒在自杀前很久就接受了阉割。

有评论者说,"天堂之门"的信徒"死于媚俗"。这是一个相当精确的说法。信徒不间断地观看科幻作品,包括录像、电视、书籍、杂志和网络,以至于他们的生活也成为了幻想,他们自认为是故事的主角,他们的任务不是去死,而是进入剧情的下一阶段——用他们自己的话说,那叫"卸下躯壳"。讽刺的是,在这 39 名自杀者中有一个名叫托马斯·尼柯尔斯(Thomas Nichols)的,他有一个姐姐名叫妮雪儿·尼柯尔斯(Nichelle Nichols),在最早的《星际迷航》电影里扮演乌乎拉。

这个组织背后的哲学(如果可以称作"哲学"的话)当然十分简单——然而简单的计划也总是最有效。它完全是由组织的领袖阿普尔怀特独自发明出来的。

阿普尔怀特是一位非常现代的精神领袖,但是我们将会看到,他和历史上的其他精神领袖开创的先例完全符合。他在集体自杀那年 65岁,人生经历可谓丰富。他早年和家人在得克萨斯州生活,父亲是长老会牧师。阿普尔怀特自小在一个严格管教的环境中成长。他上了亚拉巴马大学,并在 20 世纪 60 年代中期退学。他富有音乐才华,有一副动人的歌喉,年轻时一表人才。他曾在大学里表演音乐剧,还在休斯敦的一所小型学校里工作过一段时间,在那里制作了几部音乐剧。后来他卷入了和剧团中一名男孩的性丑闻,被迫在 1970 年离职。

从那时候起,阿普尔怀特的心思似乎渐渐离开了社会。他曾经几次酗酒吸毒,陆续进了几家精神病院,和他有过接触的一些人把他看作是"穷人的李瑞(Timothy Leary)* "。

到 20 世纪 70 年代末,他遇见了自己的精神伴侣,内特尔斯(Betty Lu Trusdale Nettles)。内特尔斯是一名护士,对神秘现象很感兴趣,曾经自命为星相学家和"心灵导师"。她比阿普特怀尔大 5 岁,两人相识之后,她很快抛弃了丈夫和 4 名幼子,和这位新伴侣远走天涯去了,从此再也没有回家。

20 世纪 80 年代之前,这对伴侣始终在美国各地游历。他们在南部待了很长时间,成立了几个不知名的教派,他们有了一些追随者,还犯了一些偷车和藏毒的小罪。为了表示名字"没有意义",他们使用了"波"(Bo)和"皮普"(Peep)之类的化名。他们的组织有时叫做"人类个体变形"(Human Individual Metamorphosis),有时又叫"完全征服者匿名联盟"(Total Overcomers Anonymous),后来又改成"便衣耶稣"(Undercover Jesus),接着又是"外星人当下之化身"(E. T. presently incarnate)。最后,内特尔斯和阿普尔怀特干脆简单地自称为"二人组"(The Two)。

内特尔斯在 1985 年死于癌症之后,阿普尔怀特开始重塑他的"哲学",并聚集了一群忠诚的追随者。他的新哲学混合了诺斯替主义和新世纪/网络技术幻想。这个教条鄙视人的身体,这大概是因为他一生都在和体内的性欲魔鬼交战。阿普尔怀特是同性恋者,他和内特尔斯都一再强调两人的关系完全不包含性爱。这个教派将我们日常生活的

---

* 李瑞,美国心理学家,提倡用迷幻药物帮助精神成长。——译者

身体领域称为"肉体空间"（meatspace），而信徒更喜欢在网络空间里流连。他们的最终目标是彻底离开肉体空间，升入他们所谓的"下一层次"。

信徒对自己的作为感到十分平静而"快乐"，因为他们相信自己会步入一个更新更好的环境。他们认为将有一个先进的外星种族飞到地球附近，并将他们接到外星球。他们后来甚至认为自己就是外星生物，只是在粗陋的人体中暂时寄居而已。一旦任务完成，他们就准备上路和皮普（也就是内特尔斯护士）会合，去过幸福的生活了。

这就是1997年初的情况，信徒们丧失了理智，准备采取行动。促成他们行动的有两件事。首先，阿普尔怀特得知自己患了重病，可能无力回天。这意味着他已经不必担心后路，还可以拉上其他信徒一起赴死——他们都将成为他自我膨胀的殉葬品。更重要的原因也许是，信徒们发现有一艘飞船正在接近地球，他们对此坚信不疑。

1995年，有两位天文学家发现一颗彗星正在接近地球，他们中的一位是新墨西哥州的职业研究者海尔（Alan Hale），另一位是亚利桑那州的业余观察家波普（Thomas Bopp）。这颗彗星后来就命名为"海尔-波普彗星"。当这条消息先在互联网上出现、后来又登上了全世界的新闻头条时，"天堂之门"的信徒确信它的彗尾中藏了一艘飞船，而且这正是他们一直在等待的信号。

在传说中，彗星和其他快速移动的天体向来是与灾难和毁灭联系在一起的。得知彗星来临，"天堂之门"的信徒相信自己即将得救，而其他人即将灭亡——他们快乐地称之为"被铲下去"。令人吃惊的是，即便到了这时仍有一名信徒加入教团，她将家人和孩子抛在了身后，其中包括一名7个月大的婴儿。

1996年11月发生了一个决定性事件。业余天文学家希拉梅克（Chuck Shramek）拍到了海尔-波普彗星的一幅照片，显示彗尾中有一个明亮的碟形物体，看起来很像是一只典型的飞碟藏在彗星后面。这幅照片立即引起了轰动，在互联网上到处被人转帖，接着全世界的记者也追踪报道，就此催生出了一则 UFO 传说。

那个物体其实只是一颗恒星，编号 SAO 141894。它和地球相距甚远，但是通过地球上的望远镜观察，却仿佛就在彗星的尾部里似的。其实只是由于希拉梅克的观测和摄像设备精度不足，才造成了这个天体就在太阳系内且酷似 20 世纪 50 年代的一个 UFO 的假象。

但是"天堂之门"的信徒对这个科学解释不闻不问，他们执意坚持自己的信仰，也就是希拉梅克最早宣扬的那个故事。这个故事激励着他们，也坚定了他们的信心，他们为之深深吸引，也体会到了教义中所谓的"闭合"（closure）——天堂之门就快关上了。

彗星最接近地球的时分就是他们的行动信号，当天晚上，第一批信徒在兰乔圣菲社区自杀。他们相信自己将被传送到飞船上去，皮普（也就是内特尔斯）会在那里接他们回家。虽然对这次事件已经做了彻底调查，但是直到今天，还是没有人知道自杀者为什么需要紫色的丝绸披肩、25 美分的硬币和五美元的纸币。有人打趣说，那些硬币是给邪教徒在飞船上"打电话回家"用的；还有人说那其实是个笑话，是信徒的黑色反讽，是他们在表达最后的拒绝和不屑。真相我们大概永远不会知道了。

"天堂之门"只是全世界现存的千百个邪教之一，到 20 世纪末，这个数字还在稳步增长。有些邪教组织奉行"孤立主义"，信徒将自己与外界隔绝，退回到自己的天地中去生活。有的邪教可能变得危险，还有的可能自我毁灭。也有的组织比较外向，在外人眼中更像是正统的宗教运动，而不是愤世嫉俗者组成的孤立的另类团体。

邪教有许多共同特征。他们的信徒往往是受过良好教育的年轻人；信徒拥戴一位领袖，将他视若神明；他们自有一套古怪的语言，用来隔离自己、排斥外人；最重要的是，他们创造了一种完全另类、与世隔绝的生活方式。

正是这最后一个因素在近几十年中为邪教招徕了许多信徒。就像我们看到的那样，如今西方的后工业社会弥漫着一股失望的情绪，虽然物质财富和生活水平自第二次世界大战以来有了巨大提升,但是许多人并不觉得这就是幸福生活的理想状态和最佳归宿。他们要追求精神的满足,却无法在正统宗教里找到答案。邪教和各种奇怪的信仰系统填补了这个空缺,种类越来越繁多的意识形态吸引了数目越来越庞大的信徒。

自称为"天堂之门"的这个团体有着邪教的许多特征:它的领袖是个疯子,就像任何内向并具有自我毁灭倾向的团体的领袖一样;不过它的意识形态还是和近几十年来那些鼓吹"不信我就下地狱"的自大狂略有不同。和其他的一些教派相比,"天堂之门"还是很温和的。

1978年11月,一个邪教的900多名成员一起喝下了一种含有氰化物的特制饮料,其中包括260名儿童。他们的尸体在一处公社里散落得到处都是,这个公社是在圭亚那的丛林中开辟出来的,名叫"琼斯镇"(Jonestown)。这些人已经在那里定居了将近四年,自从这里的领袖、美国杂牌牧师吉姆·琼斯(Jim Jones)在1977年来此坐镇之后,定居者的人数就一直在稳步上升。

琼斯是一个精神错乱的人,我们将会看到,他完全符合一个疯狂领袖的形象。起初有信徒认为,琼斯镇的生活是一段有益的体验,但是渐渐地,这里就变成了一座人间地狱。信徒将琼斯奉为神明,琼斯也彻底控制了他们。他变得越来越专横,既是一个宗教的绝对领袖,又是一个世外小国的伪首脑。他的内心不断膨胀,自以为能够行使绝对权威,并具有不朽的神性。他对儿童折磨残害,任何人只要表现出一点异议就会被他谋杀。有一点叫人难以相信:他竟然拆散家庭,并且当着母亲的面惩罚那些对他稍有违逆的幼儿。

有一件事值得一提:政府在琼斯镇的自杀现场发现,有相当一部分人是死于枪伤,琼斯自己也是受枪击而死的。没有人知道琼斯的这个疯狂"政权"在最后几个小时内发生了什么。有可能是信徒终于对领袖造了反,但这个可能性很低。更有可能是有一小派信徒不愿意执行他的最后计划,因此需要别人"帮上一把"。

　　还有一个人的精神错乱和琼斯不相上下,毁灭倾向也一样严重,他就是大卫·考雷什(David Koresh),所谓"大卫教派"(Branch Davidians)的领导人。1993 年 4 月,他统治的 85 名信徒在得克萨斯州韦科的天启牧场死于一场火灾。考雷什妄想自己具有神性,自称为"耶和华·考雷什"。

　　考雷什生于 1959 年,本名豪厄尔(Vernon Howell)。他的童年相当不幸,母亲生他时只有 14 岁,父亲不知所踪。他由外祖母和阿姨带大,5 岁时母亲再嫁。他仇恨继父,一有机会就离家出走。他在学校里受人欺负,还被人看成弱智,但其实他的智商与常人无异,还具有运动才能。20 世纪 70 年代后期,他加入了基督复临安息日会,但后来遭到开除,因为有人发现他和教区牧师的 16 岁女儿关系暧昧。

　　考雷什迷恋性爱。在韦科的那场火灾中丧生的 21 名儿童中,有17 个都是他的孩子。他在 1983 年和一名安息日会教士的 14 岁女儿结了婚,但过了不久又和妻子 21 岁的姐姐上了床。在韦科的那座悲剧牧场里,他将信徒和家人拆散,规定男女不能在同楼层睡觉,好方便他引诱那里的几乎每一个妇女。

　　和 10 年前琼斯镇的情况一样,考雷什每况愈下的精神状态也使得一些信徒产生了拼死出逃的想法。考雷什有一批受过特殊训练的部下,专门在房屋内部巡逻,阻止信徒逃跑。而且他也和琼斯一样,对信徒折磨残害、谋杀强奸。

　　这样的邪教还有许多,可悲的是,截至 20 世纪末,这份清单还在继续延长。有的领袖心狠手辣,比如考雷什和琼斯,他们的手段堪比希特勒(Hitler),只是没有后者的政治智力、历史机遇和优越时机。但是和历史上的那些暴君一样,他们仰仗的也是同一股精神力量的不同变体。他们支配那些脆弱者的头脑,摧毁他们的肉身,扼杀他们的生命,除此之外就什么也不会了。

　　还有一些领袖的意图并不明显。有人说,荣格和弗洛伊德其实都是精神领袖。他们各有自己的追随者,也对某些基本过程提出了另类的解释——在他们俩是对于人心的解释。他们也都具有精神领袖的一些精神品质,其中的一些甚至是只有这类领袖才有的特质。

在多数情况下,邪教都会随着领袖的死亡而消失。据我们所知,在这个星球上已经没有什么考雷什或者琼斯的严肃信徒了。兰乔圣菲的尸袋已经搬走,地球也继续快乐地运行着,丝毫没有受到外星人的干预,在这种情况下,"天堂之门"也理应后继无人了。不过有些邪教领袖的精神却的确会在他们死后被继续传承。

比如山达基教(Scientology)的创立者就是一个例子。

山达基教现在已经正式成了一个"宗教"或者"教会"。它是英国注册的慈善机构,在全球号称有 800 万信徒,单在英国就有 10 万人之多。但是在许多人看来,山达基教仍不过是一场精致的骗局,完全建立在幻想和错觉的基础之上。实际上,直到 20 世纪 70 年代,英国内政部还宣称山达基教"对社会有害"。可是对另一些人来说,山达基教就是他们的信仰,教会也有几位名人信徒可以标榜,比如好莱坞明星特拉沃尔塔(John Travolta)、汤姆·克鲁斯(Tom Cruise)和阿利(Kirstie Alley)。

山达基教是一个名叫哈伯德(Ron Hubbard)的男人在 20 世纪 50 年代创立的。他当时入不敷出,也没有稳定的工作,但是却写出了一本名叫《戴尼提》(Dianetics)的书来阐述自己的人生哲学。书一出版立刻风行,到今天依然畅销,它的读者主要是全世界人数不断增多的山达基教会成员。

哈伯德的生平有许多版本,其中的一种把他说成是一位全能的超人:他是大作家,创作过许多好莱坞经典;他是战争英雄,获得过荣誉勋章;他还是成就斐然的科学家、富于魅力的领导人。另一个版本称他是手法高超的骗子,说他在正确的时机提出了合适的想法,并且顺其自然获得了成功。

有趣的是,在山达基教中也可以看到阿普尔怀特的影响。哈伯德提出了一个概念,说我们的体内都寄居着"希坦"(Thetan),只是大多数人自己并不知道。通过对精神的审查或清洗,我们就能变成"活跃的希坦",具体的做法是祛除痛苦的记忆。他为此设计了一套体系,并在这个基础上写出了《戴尼提》一书。他还发明了一台机器,即所谓的"电心理测量仪"(electropsychometer),说是能清除人心中不受欢迎的物质,使信徒达到开悟状态,成为活跃的希坦。

哈伯德显然是一个精神领袖,他符合一个精神领袖的形象。但是和耶稣、荣格以及其他大致相似的人物一样,他并没有将自己的意志强加在一小群信徒头上。他没有将注意力转向内部、创造一个自我毁灭的社区,而是把观念传播了开去,吸引了广泛得多的听众,因此他的教派直到今天都欣欣向荣。

那么门徒呢?他们又是一群什么人?我们很容易把精神领袖的追随者想成是头脑简单的人,智商不高,也容易上当。但这几乎肯定是错误的。邪教信徒的社会经济背景通常差异很大,在受教育程度、智商和年龄上都各不相同,在性别比例上倒是大致相同的。天堂之门的社区成员中有许多老人,社区成员的平均年龄大约为50岁,最年长的72岁。

当然,这些邪教信徒都对"正常"世界不满。其中确实有许多容易上当、内心不安的人,但是愚蠢或智力低下并不是他们的共性。有些人就是厌倦了一成不变的生活,想到别处去寻找心灵的满足而已。许多信徒都已经用尽了正统办法,试过了传统的信仰,但是出于种种理由,依然觉得欠缺了些什么。

关于极端邪教的追随者,最惊人的不是他们加入某个团体的原因,而是他们为这个新的场所付出的虔诚。在信徒中,有离开家庭,抛下幼子和爱人的母亲;有抛弃妻子的丈夫;有任由自己的孩子被领袖虐待的父母;也有目睹爱人被屠杀却听之任之的人。

这种盲目的虔诚体现了许多东西:精神领袖拥有的权力,权力对他们的腐蚀,以及他们对于权力的滥用。它也显示了人心可以如何被塑造和控制,信徒如何放弃自我,领袖又是如何控制信徒。历史已经展示了这种共生关系所能制造的恐怖——不然又怎么解释第二次世界大战时的数千德国人在元首的邪恶支配下参与了集中营里的恐怖行径呢？又怎么解释美国海军陆战队在越南屠杀无辜的幼儿呢？

对邪教的研究引出了许多问题：人的内心隐藏着怎样的黑暗？创意和疯狂又在哪里汇合？因为这些问题的存在，我们至今还无法详细地了解这种在领袖和信徒、羊倌和绵羊之间的反常权力关系。不过心理学家已经在着手揭示其中的许多动机、揭示这个奇妙的心灵世界中隐藏的力量和复杂性了。这是一片边缘领域，疯狂和艺术在这里相遇，性欲的沉迷和情感的干枯在这里汇合。希望对这片领域的研究，能帮助我们解开精神错乱、精神分裂以及情绪失衡的症结。对邪教的研究本身就是饶有趣味的，但是对这些极端品格和行为的观察还能解答其他的一些古老问题：自我是什么？先天和后天的因素在我们的心智成长中起到什么作用？欲望又为何常常会压倒理性和逻辑？

第十五章

魔咒的崛起

下列情况也可以视作谋杀未遂：对任何人使用特殊药物，使他们虽然不致死亡，却陷入时间或长或短的昏睡之中。如果被害人在摄入这种药物之后遭到活埋，则无论被害人之后是否获救，下药行为都应以谋杀罪论处。

——海地刑法第 249 条

1930 年，法国人类学家德鲁凯（George de Rouquct）博士前往西印度群岛的海地去做实地调查。他能说一口流利的克里奥尔语，很快就博得了一位地主的欢心，地主带他去参观了海地人所说的真实的僵尸。他不准德鲁凯触碰这些僵尸，但可以凑近观察。德鲁凯后来这样描述了这次经历：

傍晚时分，我们遇到四个男人从附近劳作的棉花地里归来。我一下就被他们独特的步态吸引住了，那和其他当地人的轻柔步伐完全不同。和他们同行的监工把他们叫住，让我仔细观察了几分钟。

他们的衣服是用粗麻布缝制的，他们的手臂悬在身体两侧，随着脚步奇怪地摇晃着,仿佛没有生命一般。他们的脸上和手上都看不到肌肉,皮肤贴在骨头上,就像一块起皱的棕色羊皮。我还注意到他们都没出汗,虽然他们一直在烈日下工作。我连他们的大致年龄也无法判断,他们可能是年轻人,也可能年纪很大了。

不过这几个人最鲜明的特征还是他们的眼神:他们全都直勾勾地望着前面,目光呆滞,没有焦点,就跟瞎了一样。他们对我的存在没有丝毫察觉,哪怕我已经走到了他们面前。为了测试其中一个人的反应,我用手指对他的眼睛做了一个戳刺的动作。他没有眨眼,也没有退缩。

我的第一印象是这些人都是白痴,在监工的安排下用劳动换取食宿。但是巴蒂斯特(Baptiste)(就是地主)却向我保证他们都是僵尸,是人死之后用巫术复活,充当免费劳力的。[1]

海地的伏都教是一种古老的宗教。它起源于非洲中部和西部的部落,在 17 世纪和 18 世纪早期随着奴隶贸易传入海地。伏都教之所以在美国大陆不太知名,是因为美国黑人已经逐渐融入了主流人群,而海地独立很早(18 世纪末 19 世纪初),所有人口几乎完全是几百年前来到此地的奴隶的后代。

伏都教的基本教义在外人看来是相当混乱的,它由不同的教条和信仰杂糅而成。这种宗教意识形态的混合甚至还有了一个专门的名字:综摄(syncretism,这个名词还用来形容不同语言的片断构成克里奥尔语的现象)。有一句海地老话说,海地人里有 95% 的天主教徒,还有 110% 的伏都教徒。

伏都教徒信仰的是一位神明,他们称之为"Djo"或"Mawu",但是这位神明和基督教的上帝有着本质的不同,他的地位十分崇高,不屑过问人间的俗事。伏都教徒相信,人在出生时与动物无异,直到在体内灌注了一种称为"lao"的灵魂,它在成人仪式的时候注入体内,作为人生的向导。人性的另外一面称为"ti bon ange",意思是"好的小天使",大体相当于"意志"。按照伏都教教义,在成人仪式上,当"lao"注入人体,"ti bon ange"就可以被抽取出来存进一只罐子里,然后放进神庙的内室。当生命的拥有者逝去,旁人再将这个罐子打开,让"ti bon ange"在逝者的坟墓上方盘旋7日。一个人认真生活的目的在于充实"ti bon ange",这样他就能在16次转世为人之后,回到神的身边了。

和其他古代信仰一样,伏都教也随意吸收了天主教的一些元素。这些元素有的来自将奴隶运到海地的白人,还有的来自16、17世纪就已经生活在海地和美国大陆的欧洲人。伏都教在吸收欧洲宗教的时候似乎没有什么像样的规律,你在海地参观伏都教的神庙时千万不要大惊小怪,因为你很有可能会看见里面供奉着大雅各(St. James the Greater)之类天主教的圣人的画像,或者圣母马利亚(Virgin Mary)的小雕像,而它们的边上就是彩虹蛇精灵爱斯利(Erzuli)或者象征爱的洛阿神(loa)。

"伏都"(Voodoo)一词来自非洲丰语中的"voo",意思是"内省",而"doo"的意思是"未知"。对于这种宗教的每个信徒来说,"伏都"的意思都是略有不同的。除了伏都之神和圣人等级这些基本教义之外,这种宗教还有一些比较奇怪的元素,其中的许多都遭到了外人的错误理解和错误解读。

首先,在欧洲人看来,伏都教只是一种丑陋甚至邪恶的文化现象。说起伏都教,他们只会联想起僵尸和在人偶上扎针。这些确实是伏都教的元素,我在本章中也会详细探讨,但是伏都教的信徒还坚称,像其他宗教一样,他们的信仰也具有治愈的作用。它不仅是在信徒之间传达情绪和精神感觉的通道,据说还是贫民之间的一种相互支持的系统。我们不要忘了,海地是一个非常贫穷的国家,资源十分有限。伏都教对这个国家的赤贫阶层尤其重要,这些人生活在海地最偏远的角落,除了宗教之外一无所有。

我们还要记住,另外一种传播广泛得多的宗教——天主教,它最虔诚的信徒同样是生活在第三世界国家的人民。有人解释说,这是因为穷国的居民更加倚重宗教信仰,尤其是宗教中的原教旨主义(有的人称之为造成分裂的）流派。还有人指出，那些生活在工业化国家的居民教育水平较高，心思也较复杂，所以不太容易相信那些在他们眼中已经过时的信仰体系。值得一提的是，正是在这些工业化国家里，宗教曾经扮演过比现在重要得多的角色。

还有一点同样不能忽视：尽管伏都教中肯定包括残忍野蛮的元素〔尤其是僵尸的制造和对于魔咒（mojo）的沉迷〕，我们所认为的正统宗教中也同样隐含着原始的教义。在谴责伏都教的教士"波哥"（bokor）之前，我们不妨先回想一下宗教裁判所、北爱尔兰的教派杀戮，以及某些国家一直以来对避孕和堕胎的落后思维所造成的痛苦和煎熬——那些自诩现代的国家，有的甚至还是欧盟的成员呢。

撇开伏都教的教义，也不论它和其他信仰体系的比较，我们先来看看它引起的一些争议活动，它号称能够制造僵尸的宣言，以及它纯粹用精神影响远方事物的力量。我们可以从两个"超自然"的角度着眼考察，它们是伏都教中的两个基本元素，据说都体现了伏都教的强大力量：一个是海地巫师的精神世界和他们使死人复活的异能，另一个是魔咒的威力——所谓魔咒，就是用仪式性的魔法施加诅咒和妖术并致人死亡的行为。

在海地的有些社群，尤其是和大城市少有接触的偏远部落，波哥都是最重要的人物。波哥是伏都教的教士或黑魔法师。许多海地人都害怕他们，觉得他们拥有强大的力量，绝对不能招惹。无论你相不相信伏都教，你都最好对波哥存有一份畏惧之心，因为某些形式的僵尸是真实存在的，而一旦变成了僵尸，你的命运就会像俗话所说的那样，"比死还悲惨"。

伏都教教徒相信，僵尸是一个人死而复生之后的形态——他被波哥唤醒，为的是完成一项特别的任务。信徒宣称波哥能够捕捉一个死人的灵魂或精神，并将它和躯体分开。他们将这缕精魂存放在一个特殊的罐子里，并随意差遣死者的躯体。在信徒看来，这是一个纯粹的超自然过程，其成败取决于那名可怕的教士的手段。下面就举一个著名的例子来作说明。

1962 年 5 月 2 日，年轻男子纳西斯（Clairvius Narcisse）在海地小镇德沙佩尔的史怀哲医院"逝世"了。他的"死因"是一个谜，但是他在死前的几天开始发烧，接着呼吸衰竭。他被宣告死亡，没过几天就下葬了。然而 18 年后，他的妹妹安杰利娜（Angelina）在家乡的市场购物时，忽然听见身后传来了一个熟悉的声音。她回头一看，大吃一惊：眼前是一个她以为早已死去的人，她的哥哥纳西斯。

哥哥看起来头脑糊涂、语无伦次，安杰利娜安慰他平静下来，并将他带回了家里。到这时，他才逐渐说出了过去 18 年的经历。

纳西斯的记忆已经十分模糊，但他还能想起近 20 年前在医院中的那一幕幕情景。他记得自己先是喘不过气来，接着就变得神志恍惚。他听见人们在说话，听见了医生宣告他死亡。但是他无法动弹，也说不出话来。那简直是一场活生生的噩梦。

有两名医生对纳西斯做了检查，其中一名是美国人，两人都没能确定他的病因。但是因为他的皮肤变得惨白，心跳也慢到了无法察觉的地步，医生宣告了他的死亡，旁人也开始做下葬的准备。

纳西斯还记得棺材盖合上的声音，一根钉子钉进棺材时刺破了他的面颊，他听见了妹妹的哭泣，心想这下可死定了。那之后过了不知多久，有一缕光线照到了他脸上。他感觉自己被拖出棺材，接着有几个人开始袭击他，把他打得半死后拖走。

之后的两年，他被送到海地北部的法外之地，给人当作奴隶驱使。一个波哥给他下了药，经常打骂他，奴役他的地主也常常虐待他。有一天，一个同为僵尸的工友忽然从恍惚中醒来，袭击波哥并杀死了他。这个操纵者一死，使奴隶们保持顺从的力量就开始渐渐消失，后来他们就全都逃走了。纳西斯又在海地游荡了 16 年，直到有一天听说自己的哥哥离世了，这才下决心返回家乡。

起初，家人对他的故事觉得困惑：尤其是他决定回家的原因。他解释说，一开始就是哥哥出钱给当地的波哥把他变成僵尸的。哥哥为什么要这么做？因为纳西斯惹恼了他。

纳西斯最终适应了家乡生活，也得到了父老乡亲的接纳。他甚至成了全国闻名的人物，他在电视上露面，是第一个宣称自己做过僵尸的人。

在理性的怀疑者看来，这个故事显然不能证明有巫师在俘虏人的灵魂，或者有"活死人"在海地的乡村游荡。但如果纳西斯不是"活死人"中的一员，那他又遭遇了什么呢？他遇到的那些僵尸都是些什么人？波哥又是如何施展如此强大的法力的？

20世纪80年代，在波士顿的哈佛植物博物馆工作的人种生物学家戴维斯(Wade Davis)博士来到海地，对伏都教以及波哥在这个国家偏远地区的活动开展了详细研究。他把自己的发现总结成了两本著作：《蛇与彩虹》(*The Serpent and the Rainbow*)和《穿过黑暗》(*Passage of Darkness*)，书中用科学对伏都教仪式中的许多现象作出了解释。他的一个关键发现是波哥始终在用一系列药物控制僵尸，无论是在他们"死亡"之前、之时还是之后。

第一个阶段是行动的酝酿。那些成为僵尸的受害者往往是别人仇恨的对象，要不就是一个不受欢迎、别人想要除掉的人。纳西斯就是典型的例子。他在病倒前曾和一名女子有些瓜葛，而那名女子也是他哥哥喜欢的对象；他还把村里的若干妇女搞大了肚子，却完全没有结婚或赡养她们的意思。他的哥哥忍无可忍，终于委托当地的一名波哥来除掉这个任性的弟弟。

制造僵尸的化学过程相当微妙，需要使用特定的药物。波哥会制作一种叫做"粉末攻击"(coup de poudre)的药粉，他们在调制时举行仪式、装神弄鬼，其实那不过是几种能够致命的化学物质的简单混合。

按照仪式，粉末攻击必须在6月调配，调配时需要用到一种"雷石"(pierre tonnerre)，这种石块要在地下埋藏一年，然后由波哥掘出。另外还要加上人类的颅骨和其他各种骨头，两条四齿鲀(最好是雌性)，其中必须有一条龟纹圆鲀，以及一条海蛇(多毛纲动物)，植物油，一种叫做"恰恰"（tcha-tcha）的植物的小枝,半打"痒痒豆"（pois gratter）,两条蓝色蜥蜴,一只海蟾蜍,各种狼蛛,几只白色树蛙,再根据口味加入各种昆虫。

这些成分要这样调配:先将海蛇系在海蟾蜍腿上,然后放进一只罐子里埋好。据说这样海蟾蜍就会"愤怒而死",根据伏都教的说法,这会增强它在罐子里分泌的毒液的效力。在这个过程中,波哥绝对不能触摸这两种成分,因为其中的毒素可能渗入皮肤,而且在这种浓缩状态下十分致命。

就在海蟾蜍和海蛇发挥作用时,波哥将那块颅骨连同雷石和其他一些配料放进火里烧烤,直到将颅骨熏成黑色。与此同时,他又将植物和昆虫一起研磨,并加入之前在颅骨上切下的一些碎屑。研磨后的物质再和颅骨、雷石一起磨成细粉,并加入海蟾蜍的毒液。将这种混合物放进棺材,在地下埋三天。如果棺材里躺的正好是颅骨的主人,那么制作出来的药水就会更加强大。

三天之后,粉末攻击就做好了。下药时的传统做法是将药水在被害人的家门口喷洒一个十字,但成功率更高的做法是在被害人的背上直接喷洒,或者偷偷洒进他的鞋袜中。毒性通过皮肤渗入,不出几个小时,被害人就会呼吸困难,并很快"死亡"。

这张配方里的有效成分其实只有两种。第一种是**河豚毒素**,来自雌性河豚。这既是一种麻醉剂,也是一种毒药。作为麻醉剂,它的镇定效力比可卡因强约 20 万倍;作为毒药,它的致命性又比氰化物强 500 倍。第二种关键配料也是一种强大的麻醉剂和致幻剂,它来自海蟾蜍分泌的体液,称为**蟾毒色胺**。

将这两种成分混合,就调出了一杯能够致命的鸡尾酒。如果手法高超、剂量合适,它就能使被害人表现出如同死亡的症状。被害人的精神变得恍惚,呼吸也浅得难以察觉,他们的肤色变得惨白,如同尸体。这个效果在海地等国的医院里尤其突出(特别是纳西斯被做成僵尸的1962 年),因为在那些国家,精密的心脏检测仪器还是稀有之物。

配方中的其他成分主要是为了满足仪式的目的，波哥在几百年的实践中总结出了它们的作用：制造阴森的气氛，并在幼稚的海地农民和信徒的心中注入更强烈的恐惧。

至此，第一阶段已经完成。我们有了一个表面上已经死亡，其实却仍有微弱生命体征的人。旁人将他下葬、致哀，然后安静地离开。到这时，波哥和他的帮手才会回来继续工作。

制作僵尸的第二步是使"死者"恢复活动。这又是一项精细的工作，需要把握准确的时机。被害人要是埋得太久，就会真的死掉；但如果能在恰当的时候挖出来，他就可以使用了。复活被害人的过程会用到难以想象的残忍手段，而这笔账都应该算到出钱给波哥的人头上。这些金主不满足于杀人，还要雇用波哥将敌人变成"活死人"。

回到墓地之后，波哥和帮手打开棺木，将被害人瘫软的身体拖出来一顿毒打。这看起来似乎是一种没有必要的暴行，它也确实是暴行，但波哥会这么做，却还有两个理由。第一个理由是神秘主义的：他们要确保僵尸的"意志"也就是他的"ti bon ange"被封锁并且不能回到体内，这样才能使被害人绝对服从。有时波哥会做得更绝：要是他和帮手的心眼特别坏（或者收到的佣金特别高），他们就不会把"ti bon ange"封进罐子里，而是将它转移到一只昆虫体内。根据伏都教的信仰，这种做法几乎会断绝被害人复活并与神明相聚的可能。这不仅使他成为不死僵尸，也会彻底摧毁他可怜的灵魂。

从纯粹生物学的角度来看，这样的殴打也是必要的，因为使被害人精神恍惚的蟾毒色胺具有不可预知的副作用，有时候中毒的僵尸会变得性情狂暴。当河豚毒素的效力开始减弱时，殴打能使他们镇定下来。

到了这个阶段，僵尸还几乎无法为人工作，但是将他赶出社群的工作已经完成，波哥也挣到了酬劳。不过为了挣更多的钱，他还需要再做一些工作：他要另外调制一剂药水，把僵尸变成一个顺从的奴隶。

惨遭殴打之后，被害人被领到一个十字架前接受洗礼，并获得一个新的名字。这往往是非常侮辱人格的一种仪式。接着他还要被迫吃下一种面糊,其成分有甘薯、甘蔗汁,还有一种叫做"曼陀罗"的成分、俗称"僵尸黄瓜"。曼陀罗同样是一种致幻剂,使人精神谵妄,其中含有一种名为"阿托品"的药物,能解除河豚毒素的效力。于是,这种新的混合物使僵尸摆脱了粉末攻击引起的恍惚,又使他的精神始终陷于谵妄。被害人仿佛吃下了一剂药力永存的 LSD,他们能够行走,能够完成田间劳作之类的简单任务,也能吃能喝,但他们和现实已经脱离了关系,他们再也不会说话,对周围的一切也只是懵懵懂懂。

按照纳西斯的说法,有的僵尸会从这个状态中突然苏醒,这常常是因为奴役他们的地主忘记了给他们按时吃药,或者错误地让他们吃下了某些禁忌食物,尤其是盐。根据传统,僵尸是绝对不可以吃盐的,因为这会将他们带回真实世界。这很可能与曼陀罗的代谢分解有关。在大量盐分的作用下,这种药物的效力会在代谢中降低,被害人的谵妄也会渐渐消除。接下来的事就很好理解了:僵尸(往往是一个声名狼藉的人或者罪犯)勃然大怒,反抗监工,将对方杀死后逃走。

上面的描述涵盖了海地的波哥制造绝大部分僵尸的情况。没人知道有多少人被做成了僵尸,但是几个世纪以来,这个数字可能已经累积达到了好几千。研究者认为,处于僵尸状态的人寿命不会太长,他们的身体受到地主的压榨驱使,大脑也因为持续服用致幻药物而严重受损,最后往往会因为脑出血而真的死亡。

近年来又有人提出了僵尸的其他几种可能的成因。[2] 伦敦大学学院人类学和精神病学系的利特尔伍德教授(Roland Littlewood)研究了几例海地僵尸,得出了和上面描述的生化过程完全不同的解释。他声称有许多僵尸不过是社群中的精神病人。他猜想在有些偏远地区,精神病人(主要是偏执型精神分裂症患者)会被卖作奴隶。至于这些可怜的病人是否长期服用致幻药物则不得而知。

很有可能,海地的僵尸群体是由各种受害者共同组成的。肯定有波哥对精神病人举行了仪式,并宣称自己创造出了"活死人"。还有的僵尸很可能是罪犯和闲散游民,他们落到波哥手里,仿佛落入了一场漫长的谋杀。

无论僵尸是怎样造就的,变成僵尸的可能始终都是许多海地人心中一个真实的威胁。有时,死者的家人会故意将死者肢解后再下葬,这样即使波哥能将他们复活,也无法作为奴隶使用了。海地的几任统治者,比如"老大夫"弗朗索瓦·杜瓦利埃(Francois Duvalier)和"小大夫"让－克洛德·杜瓦利埃(Jean-Claude Duvalier),都是一边禁止伏都教活动,一边宣扬其意象和神秘观念。其中老大夫甚至宣告他自己就是一个强大的波哥,他还将自己的保镖兼私人黑帮用最强大的伏都教巫师来命名,称之为"麻袋叔叔"(Tontons macoutes)。虽然小大夫在1986年遭到了罢免,但是伏都教信仰并没有因为他的禁止而减弱。海地的前几任统治者已经从政坛销声匿迹,伏都教却继续流传了下来。

关于伏都教,我们要考察的另一个主要方向是用心理暗示伤人,甚至杀人。教士在远处施展仪式性的黑魔法以达到这些目的。这就是所谓的"魔咒"。

魔咒是一种危害他人的诅咒。传统的做法是伏都教士用尖针刺进被害人的蜡像,使被害人感到剧痛,甚至死亡。但是世界各地的黑魔法师还有另外的一些诅咒方法。澳大利亚土著居民使用一种叫做"骨指"(bone-pointing)的技术,施法时无须和被害人有身体接触。在一场精心策划的仪式中,巫师用一根特殊的骨头指向被害人,接着被害人在别人的眼中就像死了一样。他很快会被群体驱逐,常常在绝望中自杀身亡。也有些巫师用木头雕像代替真人。如果能从被害人身上搞到头发或指甲,魔法的威力就会加强。

和僵尸一样,对许多海地人来说,魔咒同样是他们信仰中的一个非常真实而强大的方面。当美国海军陆战队在1994年登陆并短暂占领海地时,许多海地人都相信有几个波哥团体在用符咒和魔法阻止美军。就在同一年,一位美国法官真的因为这个原因判了一个海地男人入狱,罪名是诅咒法官——被告是一个著名的伏都教教士,有人发现他把法官的一缕头发放进了一种特别调制的药剂里。

伏都教教士主持的这类耸人听闻的仪式,很容易被他们自己和信徒所夸大。信徒愿意相信这些,并且怀有恐惧;教士则利用信徒的癔症和焦虑以达到自己的目的。于是民间就出现了大量绘声绘色的故事,表面上看,它们都证明当教士用一根骨头指向某人,或用一根尖针刺穿某个人偶时,真的有魔法发挥了作用。

20世纪30年代,人类学家开始向欧洲人介绍巫师施展黑魔法、运用邪恶魔咒的故事,巴泽多(Herbert Basedow)博士就是其中之一。他写了《澳洲土著》(*The Australian Aboriginal*)一书来介绍澳大利亚土著居民部落,书中描写了一次骇人听闻的魔咒仪式:

> 一个人在发现自己遭到敌人的骨指之后,那样子是很可怜的。他目瞪口呆地站起来,直望着那个奸诈的骨指者,他的双手举到身前,仿佛在抵挡这致命的诅咒。在他的想象中,诅咒正在源源不断地注入自己的身体。他的脸颊变得苍白,眼神变得呆滞,脸上的表情也可怕地扭曲起来……他想要尖叫,但声音往往呛在喉头,旁人只看见他的嘴里泛出了白沫。他的身体开始颤抖,肌肉不由自主地牵动。他身子一仰倒在地上,一时间似乎昏厥了过去。但是很快他就开始挣扎,似乎身负剧痛,他的双手捂住面孔,嘴里发出呻吟。过了一阵,他恢复了一些镇定,朝自己的蓬屋爬去。从这时起,他就变得病恹恹的,情绪烦躁,不肯进食,也不再参加部落的日常活动。除非部落医生(Nangarri)帮忙,以反魔咒解围,不然被下咒者的死亡就只是时间问题了——而且是很短的一段时间。要是部落医生及时出手,那么他还有得救的可能。[3]

和制造僵尸一样,魔咒事件也有两个关键元素能解释这个看似荒诞而可怕的现象是如何发生的。第一个元素:几乎所有的被害者都是在当地制造麻烦的人物。因此整个魔咒仪式可以看作是法庭在宣布判罚。这些人生活在孤立的小型社群之中,在那里唯一的法律就是强者支配弱者。同样,在有些事件中,那些被麻烦人物伤害的成员也可以请求部落医生干预。上面的仪式中,"被害人"被几乎每一个人排斥,由此陷入了深深的抑郁之中。再加上内心的愧疚,以及自孩提时代起就被灌输的对于部落医生的恐惧,他的心情就更糟糕了。

第二个需要考虑的元素是对于致幻药物的随意使用。虽然巴泽多在著作中并没有特别提到这一点,但是众所周知,全世界的大多数原始部落都会用某些药物来取乐或举行仪式。这些药物包括酒精、酶斯卡灵,以及其他不太有名但同样强大的物质。在仪式中,药物的作用加上群体对个体的排斥,自然就产生了非常强烈的效果。

这种叠加的作用是异常强大的,绝对不可小视。人种生物学家戴维斯指出,那些诅咒的对象往往对群体构成了威胁,于是群体便合谋将他置于死地。有时他们会故意在被害人面前哀悼,就好像他已经死了一般。

这种密谋激发并助长了科学家所说的"放弃情结"(giving-up complex)。这种情结和有些绝症病人的心态类似——他们"失去了活下去的意愿"。一个人在恐怖的仪式中受到诅咒,从前的家人和朋友都把他看作了死人,尤其是他还被药物改变了精神状态,在这种情况下,这个人会产生放弃情结也在意料之中。

在戴维斯看来,这是一种"全社会共同排斥"的情况。他说:"虽然被害人的身体依然活着,但是心理上他正在死去,而在社会层面上,他已经死了。"[4]

这个过程要顺利完成,关键在于当事人对仪式的效果要全盘相信,其中既包括受害者本人,也包括整个社群。美国约翰斯·霍普金斯大学的弗赖辛格(Gottlieb Freisinger)教授宣称:"一个社群必须先具备特定的气氛和信仰,其中的个人才有可能被法术杀死。"波士顿大学的心理学家科恩(Stanford Cohen)则认为,"只要在被害人心中注入了恐惧和无助,法术就可能致命。"[5]

戴维斯说得很对:"即便是最传统的医生,也承认心理在我们的健康中所起的作用。"他还说:"人的信念越是强烈,他的愿望就越容易成真。"[6]

为了展示心理暗示的效果如何受到当事人信念的影响,研究洗脑技术的专家萨金特(William Sargent)教授对一名相信自己受到诅咒的妇女实施了电击疗法。他说服对方电击能够破除诅咒,她果然痊愈了。

然而这就是事情的全部真相吗? 在一个社群中,肯定有较能抵抗压力的人吧? 也许是的,尤其是考虑到许多所谓的受害者其实都是些令人不快的家伙,比如盗贼、杀人犯、强奸犯,或者是犯了众怒,从而被部落医生"关照"的人。但是无论他们的性格多么坚强,一旦被社群孤立,他们的实际生活都会受到严重影响。

首先,如果社群将受害者当作了一个死人,那么这个被施了法术的人就很难再正常生活了,无论是吃饭喝水,还是寻找住处和工作,都会遭到阻挠。他唯一的选择是离开社群,但旁人又很可能会阻止他离开。这样下去他的健康势必受损,身体也会迅速衰弱。但是即便到了这时,他的迅速衰弱也肯定有着生物化学方面的原因。

20 世纪 20 年代,医生在治疗身心饱受摧残的第一次世界大战的士兵时发现了一种新的综合征,它源于一种叫做"迷走神经抑制"(vagal inhibition)的过程,这个过程是肾上腺系统的过分活跃引起的。当血液中充斥着大量肾上腺素时,流向手足的血量就会减少,从而使血液向肌肉集中。道理很简单:肾上腺素注入身体就是为了刺激肌肉,使之为"战斗或逃跑"做好准备。然而,当流向手足的血液供应减少,这些身体部位的细胞含氧量就会降低,向它们输送血液(和氧气)的微小毛细血管也变得对血浆更加通透。血浆渗入这些毛细血管周围的组织,又使血压进一步下降。

这个恶性循环会导致血压持续下降,如果不加阻止,被害人就会死亡。这个过程会在短短几天之内发生,魔咒故事中常说到当事人逐渐"衰弱",这肯定是一个主要原因。

由此可见,无论是波哥制造"活死人",还是部落医生或教士用心理暗示致人死亡,都是真实而强大的现象。不过它们也并不是什么

"超自然"现象,两者都可以用现成的科学定律来解释。在活人变成僵尸的例子中,波哥使用一种复杂的混合药物,再加上古老的仪式,在社群中制造出恐怖气氛,以供他施展权威。魔咒或法术的运用则是一系列社会学元素的组合,再加上大量使用药物,就能对受害者造成强烈的伤害。在这两种情况下,恐惧都是仪式和活动的核心。在法术的例子中,恐惧或许就是启动一连串生化事件,并最终导致被害人死亡的关键。

海地有一句谚语,精确总结了伏都教这种古老、根深蒂固而又高度分裂的宗教当中的复杂层面。它是这么说的:"你离伏都教越近,在它的力量面前就越是脆弱。"虽然我们对波哥的作为已经有了科学的解释,但这句谚语所阐述的现实和力量并没有因此而减弱分毫。

第十六章

奇迹和奇观

一桶美酒创造的奇迹，比一座装满圣人的教堂还多。

——意大利谚语

怎样才算是一个奇迹呢？

从某种意义上说，奇迹的概念乃是超自然现象的核心。我们也许认为幽灵是"奇迹"，甚至外星人乘着亮闪闪的飞碟访问地球也是"奇迹"。其中的原因，克拉克说得很令人信服："一切足够先进的技术，初看都与魔法无异。"[1] 换句话说，任何"奇迹"的实质和意义，其实都取决于目击者的感知。如果一个奇迹的目击者具备足够详细的知识，那么他所目睹的事件就不再是奇迹了。有人因此主张，奇迹的对象不单是轻信者，更是那些缺乏知识的人。

此外，我们所理解的"奇迹"与正统宗教的关系比其他任何超自然现象都要紧密。18 世纪的苏格兰哲学家休谟（David Hume）就知道这一点，休谟对奇迹的怀疑不少于后来的任何一位科学家，比如他写道："基督教不仅在创立时就与奇迹相伴，而且直到今天也依然无法离开奇迹，没有了奇迹，任何一个理性的人都不会相信它。只凭理性，并不足以使我们相信它的真实。任何受信仰推动而接受它的人,无不亲自感受到了一种持续的奇迹,它颠覆了理智的所有原则,使人坚定地相信与常识和经验截然相反的说法。"[2]

《圣经》或其他神学作品中并没有提到传心术、讨厌的雪人或人体自燃之类(不过有人会说,那些古代的宗教文本其实描述了大量外星人造访地球、绑架人类的事例),却有许多处写到了"奇迹事件"。实际上,这些事件在连篇累牍的超自然记载中有着专属的分类,称为"圣经奇迹",包括了水变成酒、破开红海,以及死人复活等等。

在《圣经》之后也产生了一些"奇迹",它们有的属于神秘现象,还有的符合传统的宗教信仰。其中**圣伤**(stigmata)和**不朽**(incorruptibility)可说是最重要的两种。本章考察的就是这两种现象,以及《圣经》中对于奇迹的各种记载。

《圣经》的《旧约》和《新约》都各自包含了几十个奇迹故事。在非基督教信众看来,它们的作用不过是使基督教赖以成立的信仰体系显得可信一点儿而已。尽管大多数宗教都宣扬信仰无须建立在证明之上、真正的信徒并不需要奇迹,但是福音书和《圣经》较早的章节又确实包含了大量奇迹,从而在故事之中传达教义。虔诚的信徒会说,这些故事其实不必收录,没有了它们,《圣经》和基督教的根基照样坚固。

我们在考察《圣经》和其他古代圣书中记载的奇迹时,一定要记住它们诞生在人类对宇宙的运行原理还没有多少认知的年代。对生活在那些年代的古人来说,无论家居生活还是大千世界都是一个谜。他们相信大自然受到一位或几位神的支配。今天的我们已经借助科学了解了自然界中的几种基本力,他们却对描述这些力的物理定律一无所知。在那些古人来看,生命是由超自然的力量支配的,而这些力量是人类绝对无法掌握的。在这样的认知环境中,人们自然会相信海洋可以被分开,疾病和瘟疫出自一位愤怒的神明之手,人可能被闪电击中,或者化作一根盐柱,因为这些事情都是神明可以做到的。

《旧约》中的奇迹无不气势宏伟,《新约》中的奇迹则更加个人,注重的是耶稣基督的操行。这些奇迹在基督教的文献和教义中居于核心地位,那么头脑冷静的科学家又如何看待它们呢?

《旧约》的奇迹中,规模最大的一个就是分开红海。这个故事描写了埃及人想要奴役摩西(Moses)的人民,但这位伟大的先知却分开红海,领导族人来到了安全而自由的彼岸,然后他命令海水闭合,淹没了前来追赶的埃及士兵。

在一个理性主义者看来,这类"天助我也"的故事根本就缺乏逻辑基础——上帝为什么非要帮助一个人类部落而冷落另外一个呢?认为有一个仁慈的上帝时刻眷顾"我们",这未免有点种族歧视的嫌疑。(就连"上帝仁慈"这个信念本身也是自相矛盾的,因为在这个古老的故事里,上帝对埃及士兵似乎并不那么仁慈。)但是我们暂且抛开这个异议,先来研究一下摩西分开红海这个故事中的种种细节。

要走通《旧约》中描写的那条路线,出逃的奴隶必须到达一个名叫"培尔-拉美西斯"(Per Rameses)的地方,那几乎完全是一片由沙草组成的沼泽。这片沼泽可以涉水通过,只要有高明的向导,小队人马就能避开危险区域。然而不熟悉地形、又带着战车辎重的军队就可能会遇到麻烦了。也许摩西只是凭借着他对地形的熟悉带领族人穿过了这片危险地带,这丝毫称不上神奇。而拼命追赶的军队由于不识地形,最后葬身于此。这个解释也得到了语言学的支持:在希伯来语中,摩西带领族人穿越的那片区域称为"yam suph",这个词的恰当翻译不是"红海",而是"芦苇海"。

至于上帝对一部分人降下灾难和瘟疫以帮助另一部分人的狂热传说,也有人作了冷静的分析。其中最生动详细的一则同样提到了摩西,称为"十灾",据说上帝为劝说埃及人释放希伯来奴隶而降下了这些灾难。"十灾"是一系列异常严厉的处罚,先是尼罗河水变红,然后全国出现大量青蛙,还有蚊子传播瘟疫。接着牲畜死亡,人们病倒并全身溃烂,天上落下冰雹。再是蝗灾来袭,黑暗笼罩了埃及三天,最后是所有头生子死亡。

这一连串事件对任何国家都是沉重的打击，但是《旧约》却并没有描述这些惨剧的细节：它没有给出这些事件的精确时间跨度。这些事件在我们今天看来是一系列互相关联的自然灾害，但《旧约》的那些偏心的作者却有滋有味地把它们描写成了一个个恐怖故事。

首先，我们知道尼罗河曾经好几次"变红"，原因是位于上游高地的埃塞俄比亚冲下的污染物质。这些污染物的主要成分是旱季时在慢慢流动的水塘中积聚的死水，掺杂些红色的沙土和淤泥。河水一旦污染，青蛙就会上岸。而当河水退去，之前被淹没的土地上就会留下许多在污水中栖息的微生物，并成为蚊子和苍蝇孳生的场所。污染物还会在当地催生许多种严重疾病，尤其是炭疽疫，它们感染动物，害死牲畜，并使人身体溃烂。年老者和年幼者是最容易得病的，而这些人中又以婴幼儿对社会最为重要。因此在任何灾难的记载中，婴幼儿的大量死亡都会得到特别关注。后人阅读这些记载，就感觉好像死去的只有头生子似的。

最后，这样的一连串灾难必然带来希伯来人向往的效果——埃及人会放他们自由。你也可以从埃及统治者的角度来看这个问题：埃及社会已经被一连串自然灾害逼到了崩溃的边缘，希伯来人如果再出走，国内的劳动力就更稀少了。

《旧约》中记载的其他灾难也同样可以用冷静和清楚的逻辑来解释，毕竟我们掌握的知识已经远远超越古人了。比如杰里科城墙的坍塌或许就能用地质学解释：我们现在知道，这座城市的旧址正好是一个频繁发生地震的区域。同样，死海也位于一条地震多发的裂谷之中。研究者认为，那一带曾在公元前 2350 年发生过一次强烈地震，一举摧毁了死海之滨的五座城市，它们是埃斯－沙非（es-Safi）、卡纳齐尔（Khanazir）、奴梅拉（Numeira）、巴艾德拉（Bab-edh-Dhra）和费法（Feifah）。研究者认为，其中的两座就是《旧约》所说的索多玛和蛾摩拉，在《圣经》中，它们是被愤怒的上帝降下的火焰和硫磺所毁灭的。对完全不知地震学为何物的古人来说，一场地震不啻是上帝的惩罚。其实直到今天，我们在形容自然灾害时所说的"不可抗力"，其字面意思仍然是"上帝的行为"（Acts of God）——任何一张保险单上都是这么写的。

到了《新约》，那些奇迹变得关乎个人，场面也小了许多。耶稣将清水变成了酒，有研究者认为，这要么是一种错觉（一个巧妙的戏法），要么是耶稣在水里加了一点东西，使它尝起来像酒。有人提出他可能只是在水里加了糖来调味，后来故事越传越离奇，终于变成了化水为酒。

《新约》还记载了耶稣使死人复活的故事，这个本领较难解释，但研究者并未放弃。有人认为那同样是耶稣在运用心理暗示或者错觉，也有人认为那些"死者"不过是紧张症发作或暂时昏迷罢了，而耶稣正好知道如何将他们唤醒。还有人宣称，《新约》里最大的奇迹，也就是耶稣本人的复活，同样是一个巨大的骗局。他们说耶稣并没有死在十字架上，而是在断气之前就给放了下来，然后由他的一群追随者治好了。

当然了，虔诚的信徒会无视这些异议，坚持自己的信仰。这一点都不奇怪，因为信仰的力量是异常强大的，怀疑者如果认为奇迹说不合胃口，无法接受，最多提出不同看法就是了。在这个问题上，休谟也颇有一些话要说。他在近两百年前写道："当有人告诉我他看见死人复活，我立即会在心中考虑两种可能，一是此人想叫人上当或者自己上了当。二是他说的事情真的发生过。我将这两个奇迹相互权衡，然后根据我发现的可能性高低来作判断，结果我总是排斥那个较大的奇迹。"[3]

这是任何一个怀疑者都会真心拥护的有效推理，但是它并没有考虑人们**希望**相信什么。从实证和逻辑的角度看，休谟的观点是绝对正确的，但是同样一件事情，大多数人却会任凭自己被情感和信仰蒙蔽，因而看不清楚什么才是最有可能发生的。

我在本章开头说过，无神论者和冷静的观察者认为，奇迹只有对内心固执狭隘的人才是奇迹，这些都是没有深刻质疑能力的人。但是即便如此，那些深入思考、彻底调查的人也只能提出不同的看法。因为

《圣经》中描述的事件都发生在遥远的古代,它们通过几条复杂而蜿蜒的途径流传至今,要说清当时究竟发生了什么是极其困难的。怀疑者能做的,顶多是根据分析而非迷信,提出较为合理而清晰的解释来。

正因为如此,我才更喜欢看怀疑者考察那些现代的"奇迹",并且用科学的基本原理解释它们。说来有趣的是,正统宗教(尤其是天主教)对这些现代奇迹并没有多少耐心,教会明确表示(态度相当正式)这类事件不能够视为信仰的对象,也不能作为上帝存在或教义正确的证明。天主教会对许多事件开展了严格调查,为的就是在其中找到漏洞。在详尽考察之后,他们承认其中的一些确实有点意思,但是依然与教义关系不大。

怀疑论者会说,教会的这类调查是不得已而为之,目的是将教义与科学调和,而且那些关于超自然现象的说法会威胁教会的权威,所以绝对不能承认,比如那些圣伤论者相信的圣母马利亚显灵,或某些信徒鼓吹的圣人死后尸身不朽之事。

在种种现代奇迹之中,最耸人听闻的大概就数所谓的"马利亚显灵"(Marian apparitions)了。鼓吹者宣称圣母马利亚对信仰者显露了真容。这个说法有成百上千名目击者,而且可以追溯到好几个世纪之前。有趣的是,这些目击者当中有很高的比例是儿童,这个趋势到了近代尤其明显。

在有些事件中,圣母的形象和目击者之间还有互动。有人报告自己看见了圣母,圣母还对他们开口说话,并且张开双臂仿佛要拥抱他们。圣母向他们传达了信息,似乎还是通过心灵感通的方式。

最著名的圣母显灵事件来自一个少女的亲身经历,少女名叫苏比鲁(Bernadette Soubirous),当年 13 岁。1858 年,苏比鲁自称在法国的卢尔德看见了圣母马利亚。根据她的证词,圣母穿一袭白衣,以一个小女孩的形象出现,年纪与她相仿。她一共看见了这个形象 18 次,圣母渐渐透露了更多消息,关于她自己,也关于她显灵的目的。

圣母告诉苏比鲁要在这个地方建一座小教堂,后来又叫她在溪水中洗脸。然而那一带并没有溪水。当着众人的面,苏比鲁在地上刨了几下,土壤中立刻就有清水涌出。不久之后,一个盲人用这水清洗了眼睛,据说当场恢复了视力。没过多久,卢尔德就成为了世界上最重要的圣地,每年有数十万信徒前来朝圣。(见第十二章)

1917 年又发生了一次几乎同样著名的显灵事件,地点是葡萄牙的法蒂玛。三名农家儿童在自家村庄附近的一块偏僻农田里看见一名全身发光的女子飘浮在一棵树木上方。女子自称从天堂来,每个月的 13 日都会现身。下一个月的 13 日,三名儿童又一次见到了该女子。在接下去的几个月里,消息渐渐传开了,村里的大人也跟着三个孩子来到了女子出现的地方。

当年晚些时候,有超过 7 万人闻讯来到法蒂玛附近的这片田地来瞻仰奇迹。然而看见圣母的却始终只有那三名儿童。不过那年的 10 月 13 日下午,倒是有许多围观群众宣称自己见证了太阳在天空中“晃动”的奇迹。事发前刚刚下了一场暴雨,将众人全部打湿。根据目击者报告,在太阳呈现异象之后,群众被暴雨打湿的衣服就立刻全干了。

那么,对这些说法该怎么解释呢?

首先,我们可以认为最初的一个或几个目击者发作了癔症或是在自我欺骗,之后在他们的煽动之下,其他人的思维和情绪也变得错乱起来。

群体癔症和传染性癔症其实都是相当常见的现象,心理学家已经做了广泛研究。我们在对幽灵、骚灵和外星人绑架事件的探索中已经对此有所了解。人类的头脑是一件非常有力的工具,具有强大的潜能,其中的许多还是隐秘而少有人知的。如果一个人的信仰十分坚定,或者情绪剧烈起伏,他的头脑就会变出一些强大的戏法。接下来,如果他的身边还有一群容易受到心理暗示的人,那么他的妄想就会引起更多人的妄想。比如在圣母显灵事件中,那些受到暗示的群众都是笃信宗教的。

这类体验常常和宗教事件相连,这一点绝非巧合。强烈的宗教情感往往是人类所能拥有的最强体验,它甚至可以比人与人之间的爱恋更加剧烈深刻。当这样一股力量在人心中发动,其他平凡而隐秘的动机就可能受到潜意识的歪曲。

以苏比鲁为例,她本来就笃信基督教,当年又正值青春期,相伴而来的激素失衡很可能夸大了她的信仰。也可能是她的信仰十分坚定,使得这两股力量彼此助长。而在合适的环境中,虔诚的信仰是可以传染的,她可能使别人相信了自己看见的是真实的形象。从那时候起,这个奇迹就流传开来,生生不息。

法蒂玛那三名儿童的情况可能有别的原因。也许他们起先只是为了出名而串通了口径,后来却渐渐相信了自己的说法。赶到现场的7万名目击者中,没有一个能断言自己看见了这三个孩子看见的景象,这本身就说明那里实在是没有什么可看的。至于太阳表现出的那些奇怪行为,或许也只是一个反常的气象现象罢了:罕见的光照条件造成的错觉其实比一般人认为的更加普遍。群众在看见太阳晃动之前刚刚淋了一场暴雨,更加证明了这个观点——明亮的日光穿过湿润的大气,最容易引起视错觉和海市蜃楼一般的景象。(见第九章)

这样看来,圣母显灵现象其实是强烈的自我欺骗和大量群体暗示共同作用的结果。一片宗教狂热的浓烈气氛,再加上群众深切的信仰意愿,结果就导致许多人看见了圣母显灵。直到1997年还发生过类似的一起惊人事件,只不过显灵者是一个略微不同的人物,她和宗教没有直接关系,这一点倒是颇为反常的。

戴安娜王妃逝世之后,棺木停放在圣詹姆士宫,宫殿大厅的几张长桌上摆了一列本子,供排队致哀的群众留言。人群默默等候,强烈的悲伤情绪弥漫在空气之中。王妃惨死的真相一波三折,媒体大量报道,英国民众整天耳濡目染。对某些人来说,詹姆士宫大厅中的悲怆气氛已经开始变得难以忍受了。

到第三天,正当群众在9月温暖的阳光中排队时,有人忽然宣称在大厅悬挂的一幅画上看到了戴安娜的脸。消息很快传开,几小时之内,又有几十个人一口咬定自己也看见了王妃的面容。接着又有人宣布在通向大厅的走廊两侧的玻璃窗上看见了她。电视台和报纸记者采访了排队的一些群众,他们都宣布自己看见了王妃的形象。不过这次事件最引人注意的一点是传闻不断丰富的过程:就像传话游戏一样,起先只是有人在一幅画中看见了戴安娜的头部轮廓,到后来就发展成了"神圣的"戴安娜浑身沐浴着天堂光辉的形象。唯一出人意料的是,居然没有人号称看见王妃死后三天复活并在他们身边排队的样子!

显灵现象还有一种形式:许多人自称看见宗教人物的雕像在流血,或是在分泌或者吸收其他液体,甚至有人还看见雕像在移动。

"哭泣的圣母"在全世界都有报道,其中的许多都只是戏法,很容易看穿。这类戏法往往手段拙劣:在圣母雕像体内放一只气泵,雕像上的孔洞就会吸收预先准备好的人血。再将雕像某些部位的珐琅质刮掉(一般是眼睛,偶尔也有手掌),鲜血就会从这些部位汩汩流出了。

比较高明的手法是先让液体从雕像表面的小孔吸入,然后取出气泵,让毛细作用将液体送到希望雕像流血的部位。

几年前,另一股偶像崇拜的狂潮登上了新闻头条。有报道称,有人在印度的印度教神庙里将盛了牛奶的勺子放到神像嘴边,随即被神像喝下。这个消息很快传开,不出几天工夫,远在伦敦东部和纽约的信徒就纷纷跑到当地的神庙里去喂神像喝奶。科学界很快作出了意料之中的解释:制作神像的材料具有较强的吸水性能,所以才将牛奶吸了进去。实际上那根本不必是牛奶,用随便什么液体喂都行。

但也有一个案例是较难解释的,它发生在意大利的那不勒斯,知者甚众。

据圣真纳罗(St. Gennaro)遗物的保管者说,过去600多年以来,这位圣人的血液一直保存在一个容器里,每年那不勒斯举行仪式的时候,它都会被拿出来使用。在仪式中,游行队伍穿过那不勒斯的部分城区,其间盛放圣血的容器系在一根链条上甩动。游行开始时,容器里还只是一团凝结的棕色物质,但是在神父手中甩动一两个小时之后,它就渐渐变成了一种红色液体,像血液一样能轻易地流动了。

许多虔诚的天主教徒都将这视为奇迹,但是教会并没有认可这每年一度的活动,梵蒂冈也绝对没有批准或认定它是一件信仰物品。

1902年,几位科学家对这团圣血作了分析,但教堂只容许他们隔着玻璃研究。(甚至到了今天,当地的教会首领仍不允许有分毫液体从容器中取出。)科学家们使用了称为"光谱分析"的技术,他们用光线透过玻璃容器,并观察产生的光谱,由此对这团物质的化学成分有了一些了解。他们发现,容器中确实含有血液,但是也混入了一些无法确定的污染物。

奇怪的是,这个结论似乎反而使信徒们得到了安慰,就连一些现代作家也认为它为奇迹提供了佐证。比如研究超自然现象的兰德尔斯(Jenny Randles)就写道:"这驳斥了一些人主张的圣血完全是化合物的说法。"[4]

这种说法让人摸不着头脑——毕竟血液本来就是一种化合物。在更加晚近的1991年,意大利化学家加拉斯凯利(Garlaschelli)教授又对圣血做了研究,并证实了1902年的结论:容器中盛放的确实是混合了其他物质的血液。但是加拉斯凯利还提出了一个理论来解释这些血液在游行过程中的变化:他认为这团混合物具有**触变性**,能够在外力作用下从固体变成液体。

防滴涂料就是一种具有触变性的物质。它被刷子涂上表面时是液态,因为有刷子的运动和油漆工施加的力。当油漆工不再用力,它就迅速凝结成了固态,不再滴落了。

说回圣真纳罗的血液。虔诚的信徒错误地认为,是他们的祈祷改变了血液中的化学物质,使这位早已死去的圣人的血液重新流动了起来。但实际情况只是一个纯粹的物理过程改变了一种复杂混合物的化学成分罢了。容器中的物质可能的确含有圣真纳罗的血液,它在混合了容器中的其他物质之后又获得了能够改变形态的罕见性质,也就是触变性。

有一个现象和宗教人物（往往是圣母马利亚）显灵有着密切关系，那就是在大量事件中都出现了"圣伤"，比例之高令人惊奇。所谓"圣伤"，就是身体上自动出现流血的伤口，而这些伤口又往往和耶稣基督钉上十字架时的伤口有关。

文献中最早记载的圣伤者是阿西西的圣方济各（St. Francis of Assisi）。他在 1224 年目睹了圣母显灵，随即开始出现圣伤。和现代的圣伤者一样，圣方济各的手掌和脚掌中央都出现了伤口，也流了很多血。根据传说，他的圣伤非常明显，甚至能在手掌中看见真正的钉子，直到他死后才消失。据说有数百名朝圣者在瞻仰他的遗体时看见了圣伤。当然了，时间已经过去 700 年，这类传说已经很难验证了。所谓手掌中的钉子云云，很可能只是圣方济各遗物的保管者为了自身的利益编造出来的。

到今天，圣伤现象的研究者已经归纳出了 5 个常见的圣伤部位。这些"典型圣伤"分别出现在双手、双足以及身体侧面。最后一处代表的是耶稣受难时长矛刺入他身体的部位。有时伤口也会在圣伤者的眉毛上方和头部周围出现，这代表的是戴在耶稣头上的荆棘王冠，但这种伤口是比较少见的。

自阿西西的圣方济各之后，文献上记载的圣伤事件有 300 多起。直到不久之前，出现圣伤的女性都要远远多于男性，但这个差距也在逐渐缩小。这或许是因为男性不再像过去那样压抑自我，并开始坦承自己女性的一面了，其中就包括他们的圣伤体验（虽然这依旧十分罕见）。

最著名的现代圣伤者是圣毕奥神父（Padre Pio），他是意大利的一位天主教神父，在 1915 年 9 月的一天祈祷时首次出现了圣伤。到 1918 年，他已经有了全部 5 种典型的圣伤，许多次都有众多目击者看见他的伤口大量流血。

另一名现代圣伤者是生于 1898 年的巴伐利亚女子纽曼（Therese Neumann）。在许多年里，她每到周五就会在 5 个典型部位和眉毛上出现明显的圣伤。每周五她都会损失大约 500 毫升血液,有报告说她的体重也会下降 3.5 千克。更奇妙的是,有目击者信誓旦旦地说她的伤口到了周日必定痊愈,正好对应基督受难三天的时长。

在思索这些现象的物理学解释之前,我们有必要先对它们背后的心理学原理作一番考察。

我们要再来谈一谈癔症这个话题,以及宗教虔诚所能产生的巨大能量。我们在别处已经看到(第七章),只要经过适当训练,意识就能控制身体的反应。高手能够克服疼痛,表现出惊人的耐力。从某种角度,我们可以把对宗教的执迷和有些宗教狂热分子的修行看作是对身体耐力的"训练"或准备。长期的克制的确能在某些人身上结出惊人的成果,而这些成果是其他过惯"正常"舒适生活的人所无法想象的。如果这些人能用意念使自己的身体发生反常的变化,那也是不足为奇的。

这一点可以用圣伤研究揭示的一个引人注意的事实来佐证:圣伤在历史上首次出现(也许就始于阿西西的圣方济各)之前的几年,才刚刚有人开始在绘画中生动地表现基督钉上十字架的场面。在 13 世纪之前,艺术家从来不曾精确地描绘基督受难时的身体细节。一直到大约 1220 年,也就是圣方济各的身体出现圣伤的三四年前,信徒们才在绘画中看到了钉子穿透肉体的逼真场景。更能说明问题的是,在这些早期的画作中,耶稣的伤口总是画在手掌和脚掌的中心。我们现在知道,将基督固定在十字架上的钉子是钉在他的手腕和脚踝上的,而不是圣伤者出现伤口的那些部位。

我们并不能由此推断圣方济各或其他 300 多例圣伤事件都是伪造的(其中有一些可能的确是),然而我们是否能认为,那些伤口是笃信者充满痛苦和执迷的头脑中的某些奇异机制所造成的呢?圣伤者,是不是在他们认为应该出现伤口的部位制造出了伤口呢?

有的研究者相信,圣伤者身上的许多伤口都只是自残的结果。比如心灵研究会的丁沃尔(Eric Dingwall)博士就在 20 世纪 20 年代对这類現象开展了全方位研究,他的结论十分明确,认为所有圣伤都是由不良的生活方式造成的。他举了德帕齐(St. Mary Magdalene de Pazzi)的例子,她在16世纪80年代成为了圣伤者。丁沃尔发现,德帕齐常常带领手下的修女绝食,还对自己的全身上下进行鞭挞,她手下的许多修女都饱受身体的折磨,有的出自别人之手,有的出自祈祷时的自残。丁沃尔指出这样的修行自然会在修行者身上留下伤疤。

然而他的结论并没有满足现代的研究者,因为在有些事件中,平日里正常生活的人身上也出现了圣伤。比如第一位黑人圣伤者,加州女孩罗伯逊(Cloretta Robertson)。1972年,10岁的罗伯逊出现了第一处圣伤。她并非虔诚的天主教徒,家里的宗教氛围也不浓厚。不过值得一提的是,在她手掌流血之前的一周,她刚刚在电视上观看了一个关于耶稣受难的节目,并且深受感动。

这个例子和纽曼等人的现代圣伤事件说明,人体自动出现的伤口背后都有着强大的心理学原因。

剑桥大学的康韦尔(John Cornwell)教授提出了一个理论,认为圣伤的成因可能是一种名叫"精神性紫癜"(Psychogenic purpura)的身心失调。这是一种罕见的疾病,患者的身上没有伤口,却会自动流血。在有的病例中,患者在流血之后才出现伤口。这种疾病和圣伤之间还有一个共性:患者在出现流血症状之前往往遭受过严重的情绪创伤。也有一些患者在接受催眠暗示之后身体开始自动流血。

几乎可以肯定的是,大多数圣伤都是为了折服他人而做出的自残行为,这些伤口是自残者在用身体表明信仰,是病态虔诚者的时髦徽章。不过除此之外,有少数圣伤事件似乎的确是真实的。但它们并非"神明的干预"所造成,而是对宗教形象投入强烈情感的结果。在少数人身上,反常的生化反应混合强烈的情绪力量,使他们内心的执迷有了外在的表现。

还有一种"奇迹"也许比圣伤更加神秘,它也是我们在这个类别中考察的最后一种。那就是尸身**不朽**。

死尸完全以自然的方式保存,却没有腐烂,这是一种相当罕见的现象。文献中记载的几乎每一具不朽的尸身都属于基督教会中的某个重要人物,尤其是那些圣人。史料之所以记录了这么多圣人或受人爱戴的宗教人物死后不朽的事例,原因是这些人最有可能在下葬之后另行改葬,遗体的状态也最容易受人关注。

20 世纪 50 年代,耶稣会的超自然现象研究者瑟斯顿(Herbert Thurston)神父开展了一项研究,他分析了 42 位早已逝世的圣人的遗体,结果发现其中 22 具的保存状况要好于同时代一般人的尸体。

在所有不朽的案例中,记录最详尽的大概要数苏比鲁的遗体了——就是那个自称看到圣母显灵并在卢尔德建立圣地的女孩。那次见证之后,苏比鲁成为了一名修女,后来她年纪轻轻就在法国讷韦尔的吉尔达修道院逝世,年仅 34 岁。1909 年,苏比鲁逝世 30 年后,她的遗体被发掘出来,根据一个目击者的说法:"那上面看不到一点腐朽的痕迹,也闻不到一丝尸体的臭味。"[5]

不朽常常是和其他异象一同出现的。有些圣人的遗体不但没有尸身腐败的臭气,反而散发出一股好闻的味道,常有人形容那是"水果的香气"。有的遗体还会渗出油来。圣玛格丽特(Marie Marguerite des Anges)的遗体据说就分泌出了大量油脂,被修道院用来点燃小礼拜堂的油灯。但令人啼笑皆非的是,她在生前曾祈求将遗体火化,作为祭品献给圣餐。

不朽现象不局限于宗教人物。在乌克兰的基辅有 73 具保存完好的尸体,它们躺在敞开的棺材里,在自然的作用下变成了木乃伊。在西西里岛巴勒莫的几处地下墓穴中,数百具尸体就这样不加处理地暴露在空气之中,其中的一些已经在那里存放了 200 多年,但是没有一具像百年老尸那样彻底腐坏,也没有一具化成了骷髅。

虽然看似离奇,但尸身不朽现象却可以用基本的生物化学知识来解释。有一条重要的线索透露了其中的原理:死者的遗体散发出水果般的芬芳。笃信宗教的人常常过着极端自律的生活,而他们最常见的举动就是禁食。他们体内的脂肪含量因此要远远低于常人。动物死亡之后,体内的细菌开始分解身体的架构。它们首先分解的物质就是脂肪,然后再开始分解体内的蛋白质。如果死者是一个非常消瘦的人,他的体内就没有多少脂肪可以分解,这时细菌会直接开始分解蛋白质,这称为蛋白质的**脱氨作用**。这个分解过程的化学产物是酮,而酮恰好有着水果般的芳香。

还有一系列重要的生化事件能够解释有的圣人在逝世多年之后仍然肉身完好的现象:细菌在分解尸体时是先从肠道开始分解的,然后再向外推进。如果一个人是绝食而死,他肠道内的细菌就会因为缺乏食物而大量饿死或进入休眠状态。与此同时,死者的皮肤开始脱水并逐渐硬化。如果空气条件适合,这层皮肤就会变得如同皮革,即使体内有存活着的细菌也无法将它冲破。最后的结果就是尸体表面完好,但内部已完全腐烂,各种器官和连接组织都已被细菌消化殆尽。

那么,从这些分析中我们能得出怎样的结论呢?

显然,有一些人遭受圣伤的例子是真实的。同样,不朽(至少是外在表现的不朽)也是一种有详细记载的相当真实的现象。而圣母显灵却几乎肯定是由癔症反应和被宗教热忱夸大的心理暗示所引起的。《圣经》中描写的种种"奇迹"都是靠不住的,因为它们都经过了一代代的修改和重写之后才流传到今天;在它们产生的遥远古代,世间万物还不是凡人所能理解的。《旧约》和《新约》中的所有奇迹几乎都可以用简单的科学观念来解释,只要再加上一点逻辑和常识,并保持健康的冷静态度就行了。一旦加入了情感寄托或者"信念",你就不可能再提出什么符合实际的回答了。

宇宙中蕴含着许多秘密,人类正为解开这些秘密不懈努力着,这真是令人喜悦。而解开这些生命之谜时的兴奋正是推动我们探索的动力。然而正像我们在本书描写的许多现象中看到的那样,这些谜题中的多数都需要一定的知识方能正确解答。要是不加辨析,或者执迷于某一个观点,那么任何谜题的确都可以轻易解答,但是在普遍而最深刻的意义上,那些解答却都是不正确的,除了使我们自我满足之外什么都做不到。

这类错误回答可以用那个老笑话来作比喻:一个研究者想弄清蜘蛛是怎么听见声音的。他把一只蜘蛛放进一只盒子,在盒子的一头制造了一个声响,蜘蛛逃到了另外一头。接着他把蜘蛛取出,切断了蜘蛛所有的腿,再将它重新放回盒子,制造声响。这一次蜘蛛没有动弹,于是研究者认为,蜘蛛的耳朵一定是长在腿上的。

第十七章

寻找生命的秘密

我要介绍一个宏伟的奇迹,那就是神圣炼金术的药剂,它是秘密哲学的奇妙科学,是全能的上帝赐予人类的非凡才艺。人类发现这个奇迹,绝不是依靠自己双手的劳作,而是靠其他生灵的启发和教导。

——诺顿(Thomas Norton),《炼金术的顺序》

(*The Ordinall of Alchimy*),1477 年

老人的帽子下面露出了几缕灰色的长发,跳跃的火焰发出金光,映在一张布满汗水的消瘦脸庞上。老人拨了拨火,透过烟雾望着火焰中闪着彩色光芒的容器,然后退后几步,坐到凳子上继续观望。室内充满烟雾,除了这一小片光芒之外,其他地方都黑沉沉的。在微弱的晨曦中,那些玻璃器皿和金属工具影影绰绰,盛着水银的罐头摆在木头架子上,隐没在阴影之中。罐头下面是几排书籍,微光中隐约可见封面上手写的神秘字符,下面是熏成褐色的书页。

这名炼金术士已经独自工作了好几周,每一次都在夜间开工。他好几次不知不觉地睡着了,接着又猛地醒转,看见魔鬼掐着自己的喉咙,野兽在空中盘旋着嘲笑他,过了一会儿,这些形象又渐渐褪去了。

忽然他看见了：就在那里，在容器底部，一线初生的光华，一块闪烁的宝藏。他凑了过去，双手合拢，小心地避开火光。他压抑住心中的激动，端详着容器底部那块球形的发光金属。他拿起一把金属钳，将玻璃容器从火焰中取出，就靠着火光细细观察。确定没有看错之后，他把凳子移到了房间另一头的一张低矮工作台前，在笔记本的空白页面上写下了令他梦想成真的技术。他笔迹潦草，写写停停，时不时望向坩埚底部一滩纯金中央的那一锭物质——那就是他梦寐以求的**哲人石**。

炼金术的历史已经有数千年之久，到今天仍有它的信徒。有人说这项技艺的源头可以追溯到没有史料记载的远古时期，像摩西之类的人物都是炼金高手。但这几乎肯定是一个夸大的说法，是炼金术士常用的宣传词。

已知最早的炼金术著作大概是 *Phusika kai mustika*（意为，论自然和神秘的事物）一书，作者是孟狄斯的博洛斯（Bolos of Mendes）。书中介绍了如何制作染料，如何炼制贵重的金属和宝石。这本书的具体写作时间不详，成书于公元前 250 年左右。书中并没有描写制作所谓"长生不老药"的方法或者过程（那是后人才开始痴迷的东西）。因此在许多方面，它都和 1500 年后的欧洲炼金术士研读的那些翻译著作并不相同。

从中世纪到科学启蒙时期，大多数炼金术士都相信炼金术的智慧源于许多个世纪之前的远古时代，他们认为它的源头可以追溯到一组特定的概念，称为"赫尔墨斯主义"（Hermetic tradition）。

这个名词的字面意思是"神秘知识的集合"，据炼金术士的信仰，它不知源于何时，是由一些超自然实体"赐予"人类的。"赫尔墨斯主义"的说法来自希腊神明赫尔墨斯（Hermes）。除此之外，据说还有一位神秘的赫尔墨斯·特里斯墨吉斯忒斯（Hermes Trismegistus，意思是"三重伟人赫尔墨斯"）写出了几部最重要的早期炼金术著作。这位赫尔墨斯受到历代炼金术士的推崇，据说他"能看见事物的全部。而且一旦看见，就能理解；一旦理解，就获得了揭示和表演的能力。他知道的,都写了下来;写下来的,大多藏了起来。他保持沉默,绝不声张,于是每一代人来到世上,都必须重新寻找这些知识。"[1]

所谓炼金术能在神秘的远古找到根据是一个错误的说法,而炼金术士一再鼓吹这个错误,自然是为了他们自身的利益着想,因为这就能使他们的观点显得更加隐秘而高贵了。此外,炼金术士还必须对自己的技术保密,就像上面的引文所说的那样,"每一代人来到世上,都必须重新寻找这些知识。"

但实际上,欧洲炼金术士使用的几乎全部技术,连同他们视为神圣的那些文本,都无法追溯到《旧约》那样久远的年代,而是源于公元200—300年左右的亚历山大城。

西方炼金术最早的理论基础来自亚里士多德(Aristotle)的四元素说。这个学说认为世界由四种元素构成,而且在适当条件下,某一种元素可以**转化成**另外一种。亚里士多德还认为每种元素都具有特殊的性质,关乎人类的情绪和性格。按照这种哲学,火和血液相关,主激情;水在黏液中体现,太多了使人懒惰;土寓于黑胆汁,可令人忧郁;空气在黄胆汁中存在,和愤怒的情绪相连。根据这套观念,任何一种物质都可以转化成其他物质,只要更改它们内部四种元素的比例就行了。比如价值较低的铅可以转变成珍贵的黄金,只要调节其中火、土、气和水的比例即可。

自从亚历山大城在公元4世纪末陷落之后,炼金术的技巧又在阿拉伯人的手中得到了重大发展。亚历山大图书馆被毁,许多书本就此亡佚,关于炼金术的知识也只留下了一些提纲,但是从这些提纲中却发展出了一种略为不同的炼金术。记载了大量炼金术原理的古叙利亚语文本被译成阿拉伯语,使这门学问传播到了近东以外的地区。不过炼金术最重要的变革并非其流程的发展或特定实验方法的变化,而是这门技艺有了新的"灵性"和玄学基础。

我们可以认为,炼金术有两个基础课题:一是寻找哲人石,二是炼制超越自然的长生不老药。这两个都不是来自摩西之类的古人传下的文本,而是来自古代中国。中国人也许是世界上最早的炼金术士,是他们最先想到了制造一种"魔法"物质,用它来将"低级的"金属变成黄金。据史料记载,也是中国人最先开始寻找一种能够起死回生或者永葆青春的药物。他们对这项研究相当狂热,以至于在罪犯身上试验了各种配方——那真是最早的小白鼠了!

这项很可能源于亚历山大的技术,在经过阿拉伯哲学家的研习之后,终于传入了欧洲。罗马帝国陷落之后,西欧也沉入了蒙昧的中世纪。直到公元11世纪,随着阿拉伯哲学和科学传入、西方贸易开始,欧洲人才重新拾起了学问。许多在亚历山大诞生,经过阿拉伯人修改的早期炼金著作被译成拉丁文,使这门技艺在欧洲大陆流传了开来。

欧洲历史上的许多创造都可以归功于13世纪的大哲学家罗杰·培根(Roger Bacon)。从某些方面说,培根是一个远远超越时代的人。他重新发现了火药(最早的发明者大概是比他早1000多年的中国炼金术士),还绘制了一幅望远镜的设计图,而在他之后的几百年,荷兰眼镜制造师利伯希(Hans Lippershey)才在1608年重新发明了望远镜。培根虽然奉行许多传统的知识,尤其是基督教的正统教义,但他也是一个亲手实践的炼金术士,他写过一本叫做《炼金术之镜》(*Speculum Alchimiae*)的著作,在1597年出版。据我们所知,他还第一个认识到了实验的价值,并写出了三本富有远见的小书:《大著作》(*Opus Majus*)、《小著作》(*Opus Minor*)和《第三部著作》(*Opus Tertium*)。这些书中概括了他的哲学思想和他在好几个领域的实验技术,而且在今天的我们看来,其中的许多技术都和炼金术有关。培根的著作奠定了他在后世的名声,但是也有人认为他的想法太接近神秘主义,违背了正道(那个年代的正道指的是亚里士多德对于自然的公认观点)。*

教皇尼古拉四世(Nicholas IV)把他视为破坏分子,以异端罪判处

---

* 这里要澄清一个可能的误解:虽然前面写到早期的炼金术理论以亚里士多德的四元素说为基础,但是却不能将亚里士多德本人看作一名炼金术士。他那些几乎完全错误的科学观点成为了正统自然哲学(也就是科学)的基石,并统治学界达1400年之久,它们和炼金术士奉为神圣的许多概念是截然对立的。

在培根时代,还有两位名家在我们今天认为"可敬"的科学中混入了魔法,他们就是大阿尔伯图斯(Albertus Magnus)和他的学生阿奎那(Thomas Aquinas)。这师徒俩提出了"同性相吸"的自然哲学原理,还研究了火的性质。除此之外,据说他们还用哲人石和一种神秘的不老药(exlicir vitae)制作了一个自动人偶,它能像家丁一样说话做事。和那个时代的其他研究者一样,一个哲学家不能只了解事物的原理,他还要显露一些手段、表演一些"魔法"来证明自己。大阿尔伯图斯据说就能控制气候、影响季节。那个时代的学术氛围不讲究建构理论,而是要凭着一股敢于创造奇迹的精神和对于驱动世界的神秘性质(也就是我们认为的自然力)的信仰来规范生活。正是在这样的氛围中,炼金术士的观点流行了起来。

炼金术士不满足于提出一套严密的哲学或"科学"。他们追随自己的幻想和欲望,并通过个性十足的方式追逐这些理想,从而使别人无法归纳他们的技艺。炼金术的小册子有很多,但它们很少对某种方法或技术达成共识。

到15世纪,有人重新发现了失落的赫尔墨斯文本,并给它们起了"赫尔墨斯文集"(Corpus Hermenticum)的名字,这对炼金术的研究是一个巨大推动。这本文集从一个寻求真理的人的视角来写,他被一个全能的生物带到了宇宙的奥秘跟前。书一开头写道:"很久以前,当我开始思索万事万物,我的心思就翱翔到了天空的高处,我的身体感官则在睡眠中关闭——但那不是常人因为吃得太饱或身子疲惫时陷入的睡眠。这时,我觉察到了一个巨大得没有边际的生灵,他呼唤我的名字,并对我说:'你想要看见什么、听见什么、学会什么、思考什么?'我问他:'你是谁?'他说:'我是太阳神的知识,是王权的心灵。'我说:'我想要了解万物,想要明白它们的性质,并得到上帝的知识。'"[2]

1460年,佛罗伦萨的公爵美第奇(Cosimo di Medici)向全世界派遣特使,命令他们找回记载了赫尔墨斯之术的古代手稿。一个僧侣前来求见,说自己手上有赫尔墨斯·特里斯墨吉斯忒斯本人的一部著作,成书的年代是古埃及。后来到了1614年,才有人发现这部手稿其实是公元2世纪或3世纪写成的。但是到那个时候,它已经鼓舞了欧洲大陆和其他地方的几代炼金术士,文艺复兴时期的人们对赫尔墨斯主义和神秘学说兴趣大增,这大概就是最主要的原因。

到16世纪,已经有几百名魔法师在欧洲各处游荡,游说容易上当的富商和贵族赞助他们的研究。还有一些富人也迷上了这门技艺,他们都是有钱人家的少爷,为了追求无限的黄金,反而失去了家中的财富。这些人往往在贫困中悲惨地死去,他们的人生一事无成,都在追逐梦想中浪费掉了。

特莱维斯的贝尔纳德(Bernard of Treves)就是这样一个例子。他1406年出生于意大利帕多瓦的一个富裕贵族家庭,却终生痴迷炼金术,为了这个幻想将继承的财富挥霍一空。他一生在欧洲游历,一项项地尝试那些疯狂的技术,被一个个小偷和骗子榨干了钱财。最后他在希腊罗得岛上沦为一介乞丐,死时87岁。

不过,在中世纪和文艺复兴时期,欧洲的许多大哲学家都曾和炼金术有过瓜葛。在那个科学尚未诞生的年代,后来逐步进化成"科学"的观点和一看就是"魔法"的理论还难以区分。还有一点也很明确:许多早期的技术,许多牛顿之前的零星科学知识,都和亚历山大派魔法师的奇异观点之间有着千丝万缕的联系。

从12世纪早期到16世纪中叶,将近500年的时间里,欧洲成为了新的世界炼金术中心,"智者"们在国家之间自由旅行,寻找隐秘而价值连城的奇迹。许多炼金术士将自己的冒险和实验记录了下来,但他们的配方几乎全是用密码写成的,这使得外人无法轻易重复,除非是本来就对这门技术有所了解,或者做过特殊准备的人。有的人终其一生都在尝试破解别人的密码,并在世代流传的"智慧"中加入自己的解释。

在有些国家、有些时代,炼金术士得到了君主的容忍,甚至是鼓励和赞助。而在另一些国家,炼金术士和魔法师却受到斥责,他们的行为也被视作违法。

在英国,炼金术士的命运好坏参半。1404 年,英王亨利四世(Henry IV)将炼金术活动列为死罪,因为他觉得炼金术士一旦成功就会大量制造黄金,从而动摇国家经济、改变现有格局。英女王伊丽莎白一世(Elizabeth I)却启用炼金术士,要他们增加皇室金库的黄金储量。她有一名宠臣迪伊(John Dee),此人既是一位富有才华的自然哲学家,也是一个满脑子妄想的炼金术士和神秘主义者。

15 世纪的意大利生活着一个名叫奥格莱罗(Jon Aurelio Augurello)的炼金术士,他向当时的教皇利奥十世(Leo X)进献了自己的新作《炼金》(Crysopeia),其中描写了制作黄金的过程。他希望教皇会因此奖赏他一些什么。他如愿了——利奥十世将他召到教庭,并在盛大的仪式中从自己的口袋里掏出一只内里空空的钱包,赏给了这个身无分文的炼金术士。教皇说,既然术士你精通魔法,能自制黄金,那么一定需要一只钱包来存放这些黄金吧。

还有一些统治者的做法就比较极端了,无论支持反对都是如此。维尔茨堡的弗里德里克(Frederick of Wurzburg)为炼金术士专门准备了绞架,且经常使用。而教皇约翰二十二世(John XXII)自己就炼金,还极力怂恿别人也来尝试这门技艺。

有几百名炼金术士在书中写下了自己的技术,但他们故意用密码或者诗一般的语言隐藏其中的含义,使同行无法复制其研究。一个很好的例子是公元 2 世纪的一名女炼金术士克列奥帕特拉(Kleopatra)的著作,她在开头这样写道:"从四种元素中取出砷,无论是最高还是最低、白色还是红色、男性还是女性,都要等量取出,这样才能使它们结合。就像雌鸟用热量温暖鸟蛋、使它们达到预定状态一样,你们也要温暖自身的组合,使它们达到预定状态。"[3]

当然了,另一个隐藏的目的是为了掩盖他们彻底失败的真相——他们根本没有找到无限量的黄金。事情很简单:以转变物质为目标,大多数炼金术士都只是在竹篮打水而已。

炼金术士是永远无法成功的,因为他们的目的是改变物质的基本结构,使用的手段却不过是一口锅炉加上一些简单的化学物质。这种转变只有在今天的核反应堆的中心才有可能实现。在那里,重原子核分裂成较轻的原子核,这个过程称为"核裂变"。现在我们已经可以用其他金属制造黄金了,但是其中耗费的能量(和成本)远远超出成品的价值。

炼金术士使用的方法是很原始的。在炼金术风行于欧洲的15、16世纪,术士们一般先将三种物质在研钵中混合:一是某种金属矿石,通常是掺有杂质的铁;二是另一种金属,通常是铅或者汞;三是一种有机酸,最常用的是从水果或蔬菜中采集的柠檬酸。他们将这三种东西放在一起研磨,有时达6个月之久,以确保它们完全混合。下一步是将混合物在一口坩锅中小心地加热,温度只能缓缓上升,达到最佳温度后还要保持10天。这是一个危险的过程,其间会产生有毒的蒸气。许多在狭窄而通风不畅的房间里工作的炼金术士都被汞蒸气毒倒,还有的渐渐发了疯。

在完成了加热环节之后,再将坩锅中的物质取出并放进一种酸液中溶解。一代又一代的炼金术士试验了各种溶液,并在这个过程中发现了硝酸、硫酸和乙酸(可能是阿拉伯人在公元4、5世纪发现的)。这个溶解过程一定要在偏振光(只在一个平面上振动的光)的照射下方可进行。术士们认为他们可以用镜面反射阳光的方式来制造偏振光,或者在月光的照射下工作。

成功溶解之后,下一步就是将物质蒸发并且重组——也就是提纯了。提纯是整个过程中最精细也最费时的一步,术士们常常要尝试几年才能达到满意的效果。这也是又一个极度危险的环节——实验室里的火要始终烧着,因此在几百年中夺走了许多生命。

要是实验者没有被火焰吞噬,实验原料也没有因为操作不当而遗失,术士们就可以开始下一个步骤了。这一步和神秘主义的关系最为密切。根据大多数炼金术书籍的描述,提纯何时终止,需要一个"征兆"来做决定。但是征兆以何种形式出现,又在什么时间出现,却没有定论,全由炼金术士个人决定。可怜的术士只有耐心等待,一直等到他认为吉利的时刻才停止提纯,再开始下一个步骤。

接着将物质从提纯设备中取出,并加入一种氧化剂,通常是硝酸钾,这种物质肯定为古代中国人所知,亚历山大派的术士们很可能也知道。然而,在硝酸钾中加入了金属矿石中的硫和有机酸中的碳,炼金术士就会获得一种名副其实的爆炸性物质——火药。

13 世纪时,罗杰·培根很可能就是在这个阶段发现火药的。也是在这个阶段,许多逃过了毒气和大火的术士都和实验室一起被炸上了天。

如果一个术士完成了所有这些复杂而耗时的环节,接下来,他就能进入最后的阶段了:这时他将混合物封闭在一只特殊的容器内部,并小心地开始加热。在冷却之后,容器内有时会出现一种白色固体,称为"白石"(White Stone),据说它能将低级的金属转化成白银。再接下来就是最体现抱负的阶段了:经过一系列精细的加热、冷却和提纯过程,就能造出一种称为"红玫瑰"(Red Rose)的红色固体;在这个基础上更进一步,炼金术士相信,就能做出最终的成品、传说中能将任何物质转化为纯金的那块哲人石了。

在炼金术的文献中,所有这些过程都作了象征性的描述,外面还包裹了一层层神秘的语言和隐秘的含义。比如将最初的原料放在一起并加热熔合,在文献中称为"使双龙互斗"。这样能够释出这些物质中的雄性和雌性元素,它们分别由一位国王和一位王后代表,两者在释放之后还要"结婚",也就是重新组合——这也是一部极富盛名的炼金术著作背后的概念,这部著作名为《化学婚礼》(The Chemical Wedding),写的是一个象征性的爱情故事,从某一个层面分析,它描述的就是物质的转化过程。

除了炼金术的物理学方面之外,我们还应该看看其中的心理学元素,因为炼金术士的工作还有纯粹"灵性"的一面。

炼金实验中的这个灵性元素也是炼金术士的哲学中的关键。有些作者因此提出，对许多术士而言，炼金术的具体过程是次要的，他们真正寻找的是**内在**的哲人石或长生药。换句话说，他们手上进行的是一连串寻常的工作，内心走的却是一条开悟的道路——要转化成黄金的正是**他们自己**。因此，炼金术士对"心灵的纯粹"十分看重，在双手碰到坩锅之前，他们往往要为转化工作开展长达几年的准备。

荣格对炼金术很着迷，写下了许多关于它的文字。他特别感兴趣的是炼金术士的动机和他们真正寻找的东西，他的结论是炼金术的符号与梦中的意象密切相关。这个观点终于将他引向了他思想中最重要的一个突破，即"集体无意识"的概念。荣格认为，在无意识的深层次上，个人的心灵与人类的集体心灵原是一体，因此所有人都共有一些相同的符号或者意象。这些意象他称为"原始意象"，他认为这些原始意象会在我们的梦中显现，并且在无意识中影响我们觉醒时的思考方式。荣格对自己的梦境很感兴趣，并做了仔细研究。在有些梦境中，他就看见了炼金术的符号。他写道："我在发现炼金术之前做过一连串的梦，其中总是出现相同的主题。我梦见自家的房子边上坐落着另一座我不认识的房子，我每一次都在梦中纳闷：这房子看起来一直在那儿，可我为什么就不知道它呢？终于在一个梦里，我走进了这座房子。我发现里面有一间奇妙的书房，大部分是 16、17 世纪的藏书。猪皮封面的对开本旧书又大又厚，一本本地陈列在墙上。翻开其中的几本，发现里面装饰着铜板雕刻的奇怪字符，插图中也画着一些奇怪的符号，都是我从来没有见过的。我当时并不知道它们是什么意思，直到很久以后，我才明白它们都是炼金术的符号。在梦中，我只能感受到它们和整间书房散发出的一股独特魅力。"[4]

荣格认为，那些炼金术士在无意中接通了集体无意识。他们认为自己走上了一条通向开悟的灵性道路，而其实只是在运用仪式解放自己的下意识心灵。这和其他仪式性活动并没有太大不同，无论是信仰治疗师的仪式、伏都教舞者的狂喜，还是基督教的布道，体现的都是这一原理。荣格写道："炼金术寻找的石头象征着某种绝对不会遗失或消融的东西、某种永恒存在的东西，有的炼金术士将它比作自己在灵魂之内对于上帝的神秘体验。要烧掉包裹在石头表层的多余的心灵元素，往往需要长久的磨炼。在大多数人的一生中，至少有一次能够产生对于自我的深刻内心体验。从心理学的角度看，真实的宗教态度就是努力发现这个独特的体验，并渐渐与它保持和谐（那块石头本身必须是某种能够永存的东西），这样才能使自我成为个人时刻关注的一位内在伴侣。"[5]

对炼金术士而言，炼金术中最重要的元素就是实验者要亲身参与转化的过程。真正的炼金术士相信，实验者的情绪和精神特征与实验的成败是息息相关的。这也是使炼金术区别于正统化学的最重要因素（这门科学在 17 世纪末开始取代了炼金术）。炼金术士对这一点的重视简直无以复加，在许多怀疑者看来，这门技艺也因此进入了**魔法**的领域，从此和科学无关了。

但是炼金术的鼓吹者却宣称，传统炼金术和现代物理学之间其实有许多对应的地方，他们特别提到了量子力学，认为这门学科的一些前沿概念具有和炼金术一样的拟人特征。但这种说法是相当缺乏根据的。

引起混淆的主要原因是，量子理论的一些版本认为实验者也在实验中扮演了角色，能够影响实验的结果（见第六章）。这虽然听起来好像和炼金术士的信念有关，但实际上，量子力学的实验结果，和炼金术士影响坩埚中的原料之间并不能相提并论。

量子理论是一门如数学般精确的科学，它以一组严格自洽的基本概念为基础，和其他科学学科也能紧密衔接。最重要的是，这是一门**有用的学问**。没有了它，就不会有激光、电视和卫星通讯，不会有现代的一切技术设备。量子理论的实用性是毋庸置疑的，而炼金术却在推进科学前沿方面毫无作为。现代物理学是可证伪的，最重要的是，**它是能够重复的**。虽然在外行人看来，科学的语言殊难理解（有人宣称这一点和古代炼金术很像），但那依然是一种严格而共通的语言，能够自圆其说,也能相互交流——这一点和炼金术士的学说是大不一样的。物理学家是现代的真理追求者,和古代那些无畏的探索者不同的是,他们不会藏在一层神秘的密码后面,也不会在研究中掺入宗教感情或个人情绪。

简单地说,现代化学和古代炼金术的一大不同是,它不以信仰体系作为基础,它是一门具有公认规则和数学完整性的统一学科,牢牢地建立在经验知识和符合逻辑的实验之上。

话虽如此,我们还是应该记住一件事:从炼金术产生的古代到它开始衰落的 17 世纪,千百年来,炼金术士确实对化学的诞生有过贡献。他们发明了许多种技术,包括加热、灌瓶、再结晶和蒸发;他们也首先使用了大量化学装置,包括加热设备和专门的玻璃器皿。

将近 2000 年前,亚历山大城的魔法师们发明了最早的蒸馏技术,在那之后,一代代炼金术士对这项技术不断改进。到今天,蒸馏设备已经是任何一间化学实验室中的必备用品了。没有了蒸馏器,酒精就无法大量生产;没有了巨型蒸馏设备,炼油厂就无法将原油分解成各种成分。

炼金术的这些实际应用对现代科学的研究产生了相当大的影响,但它在另外一个方面却产生了更大的成效:炼金术深刻影响了 17 世纪的几位重要科学家,包括牛顿、巴罗(Isaac Barrow)和玻意耳(Boyle)。其中牛顿受到的影响最大,他对炼金术的态度不仅是浅尝辄止,就连他的那些著名定律都是从对神秘学说的沉迷中得来的。[6] 简单地说,以牛顿的研究为基础的现代物理学,并不是完全建立在科学实验和数学之上的,牛顿的炼金术实验也对它的建立作出了很大贡献。

牛顿对于这项神秘研究十分保密,因为一旦让外人知道,对手们就会指出它和牛顿的正统科学研究之间的矛盾。而当时在明面上,炼金术还为法律所禁止,研究者可被判处死刑。然而到传记作者开始审视牛顿的人生时,他已经去世,他对神秘事物的兴趣也就不必再讳言了。很快,学术界就开始公开讨论这个话题。牛顿的早期传记作者在他丰富的藏书和他收集的大量论文和笔记中发现了足以定罪的证据,这使他们相当困惑:这位历史上最受尊敬的科学大家,这位运用科学方法的典范人物,居然将一生中的大部分精力都耗费在了对炼金术而不是纯粹科学的研究上。他们还证实了牛顿的少数几位好友在他生前就知道的事:他花了大量时间细读《圣经》中的年代和预言,并研究自然魔法;最匪夷所思的是,他还尝试解开赫尔墨斯之谜,获得所谓的"本始智慧"(prisca sapientia)。这些都极大地影响了他的科学思维、引导了他的那些划时代的发现。

后来,大经济学家兼牛顿研究者凯恩斯(Moynard Keynes)仔细阅读了牛顿的秘密文件,包括那些早期的牛顿传记作者所忽略的文档、手稿和笔记。他在1936年的皇家学会上发表演讲,宣布牛顿是"最后一位魔法师,最后的巴比伦人和苏美尔人,最后一个伟大的头脑,他观察可见世界和心智世界的眼光,和不到一万年前开启我们智力传统的那些先驱毫无二致。艾萨克·牛顿,这个在1642年圣诞日出生的遗腹子,是能够得到那些古代魔法师真诚敬意的最后一位神童。"7

牛顿去世时,他的藏书中有169本关于炼金术和化学的书籍,其中包括了炼金史上最重要的几位人物写出的著作。据说到他的时代为止,他搜集的炼金术文本是质量最高、范围最广的。其中有一份《蔷薇十字会宣言》(Rosicrucian Manifestos)的抄本,收录在英国炼金术士沃恩(Thomas Vaughan)1652年翻译的《蔷薇十字会的名誉和忏悔》(*The Fame and Confession of the Fraternity R. C.*)一书中,牛顿在上面写满了注释。* 牛顿还读过另外两本关于蔷薇十字运动的重要著作,分别是《蔷薇十字会守则》(*Themis aurea*)和《十二国金表符号》(*Symbola aureae mensae duodecim nationum*),作者都是著名的炼金术士梅尔(Michael

---

* 蔷薇十字会是一个秘密组织,成员自信拥有超自然的力量。他们曾在17世纪的法国、德国和英国引起不小的风波,后来却渐渐退出了历史舞台。不过也有人相信他们今天依然存在,并且在世界政治事务中发挥着关键的引导作用。他们想必已经十分厌倦这项工作了吧!

Maier)。牛顿在这三本书上也都写下了许多注释。

牛顿收藏的炼金术书籍中,有9部是梅尔的,8部是西班牙著名炼金术士柳利(Raymund Lull,罗杰·培根的同时代人)的,4部是本笃会修士瓦伦丁(Basilius Valentinus,他和可怜的特莱维斯的贝尔纳德是同伴)的。另外还有沃恩以笔名"和平的热爱真理之士"(Eirenaeus Philalethes)所写的著作,16世纪英国炼金名家里普利(George Ripley)留下的文本,以及波兰炼金能手桑迪伏吉斯(Michael Sendivogius)的文字。其中最重要的,也许是牛顿最早购买,也是参考最多的一份炼金术文献:另一位英国重要炼金术士阿什莫尔(Elias Ashmole)的六卷本《英国炼金术汇编》(*Theatrum Chemicum Britannicum*)。

这些书籍中都提到了一个重要人物:炼金术士帕拉塞尔苏斯(Paracelsus)。这个名字几乎是早期医学实践的同义词。帕拉塞尔苏斯1493年生于苏黎世附近,他曾经遍游欧洲,寻访古人的秘密,一路上虚掷了许多才能,也花光了赚来的钱财。最后和大多数寻访者一样,他也在贫穷中死去,并为主流知识界所不容。不过他有一个与众不同的兴趣,就是将炼金术用于医疗。

他写道:"炼金术的特殊作用即在于此:要将阿卡那(arcana,一种来自上天的力量,帕拉塞尔苏斯相信它寓于金属之中)提炼出来,并将它们导向疾病……医生必须根据星辰来判断药物的性质……药物若不是来自上天就全无价值,必须从上天得来方可……所以要知道,只有阿卡那才是力量、才是德性。而且它们是多变的物质,不具形体;它们是混沌,清澈透明,蕴含着星星的力量。"[8]

牛顿的藏书中还出现了一位重要人物,阿格里帕(Cornelius Agrippa)。据说他在心灵和身体上都具有非凡的能力,然而此人同样受到了虚无迷梦的误导,始终没能将这些潜力发挥出来。他和帕拉塞尔苏斯属同一时代,游历很广,先后为神圣罗马帝国的马克西米利安(Maximillian)皇帝、法国国王弗兰西斯一世(Francis I)和奥地利女王玛格丽特(Margaret)效劳。英王亨利八世(Henry VIII)曾邀他入阁,他拒绝了。他一生写过好几本书，其中的一些或经过翻译、或编入合集，为牛顿所收藏。他最重要的一部著作是《人类知识的自负和空虚》（*Vanity and Nothingness of Human Knowledge*）。其他著作中探讨了炼金术的各种转化手段，当牛顿开始自己的炼金术研究时，他最感兴趣的很可能就是这些著作。

相比之下，16、17 世纪的炼金术士，比如梅尔、沃恩、弗卢德（Robert Fludd）和阿什莫尔等人，在方法和理念上就现实多了。

梅尔 1566 年生于德国，他也是一位学术人士，曾多年担任神圣罗马帝国皇帝鲁道夫二世（Rudolph II）的御医，身份显贵。皇帝在 1612 年驾崩之后，梅尔开始在欧洲各地旅行，他和其他炼金术士及哲学家多有交往，建立了一张关系网络。他到过英国，并曾和炼金术士兼蔷薇十字会成员弗卢德密切合作。1614—1620 年期间，他写出了一套著作，在炼金术界产生了很大影响。其中有一本以炼金术符号为主题，名为《阿塔兰塔的逃亡》（*Atalanta fugiens*），这本书的内容十分深奥，混合了炼金术、理性主义和正统宗教。有人认为这部著作树立了一种精神典范，并为后来成立的皇家学会所继承。

牛顿不仅是史上收藏神秘学说书籍最多的私人藏家，他自己也留下了几百万字的炼金术著作（超过他撰写的科学文字）。这清楚地证明了他对炼金术不仅是阅读和研究那么简单，他还是一个积极的实验者和记录者。那么他在这门技艺上又有哪些成就呢？

牛顿对科学的最大贡献始于职业生涯的早期。据史书记载，他在 1666 年取得了解释引力作用的伟大成就，当时的他刚刚搬回伍尔斯索普和母亲一起生活。牛顿的确和其他学界同仁一样，在 1665—1666 年的大瘟疫期间逃离了剑桥，他也的确搬回了乡间的住宅与母亲同住。他甚至的确可能坐在一棵苹果树下思考过引力的意义，并看见苹果掉了下来。这或许真的启发了他的思想，但是要认为整个引力的概念都是他在那一瞬间发明出来的，那就未免太可笑了。今天的研究者认为，这个苹果的故事很可能是牛顿编造出来的，为的就是掩盖他在炼金术的帮助下得出这个著名理论的事实。

牛顿用了近20年的时间才把引力理论解释清楚。他在1684年开始撰写那部巨著《自然哲学的数学原理》,1687年出版,直到这时,他的引力理论才算正式完成。从他在伍尔斯索普的花园里开始思索,到《自然哲学的数学原理》最终问世,20年间,有许多东西影响、塑造了他的理论。其中最重要的是数学。自学生时代起,他就用数学公式表达了两个不同物体(比如两颗行星)的距离和引力之间的关系,这个公式称为**平方反比律**。但当时的牛顿并不能解释其中的原理。

一个物体能不接触另一个物体而影响它的运动,这在17世纪还是一个无法想象的概念。这个现象在今天称为"超距作用",我们都习以为常了,但牛顿时代的人们却是无法理解的,他们将这看作是一种魔法,或是一种超自然的属性。和同时代的人相比,牛顿对引力的态度是很开放的。

牛顿是在1669年左右开始研究炼金术的,当时他已经回到剑桥大学,也差不多在这个时候拿到了数学教授的聘书。他前往伦敦,向其他炼金术士购买禁书,然后避开权威人士和学界对手的眼光,私下开展了实验。起初他的实验还很原始,但是在阅读了手头的文献之后,他很快将这门技艺推到了前辈们设定的局限之外。他秉持真正的科学态度,用符合逻辑的做法开展精确的实验,并详细记录了自己的发现。当其他炼金术士在黑暗中摸索了几年仍毫无头绪时,牛顿却在研究中有条不紊地推进着。

牛顿和那些前辈炼金术士还有一个很大的不同:他对制造黄金从来不感兴趣。他研究炼金术只有一个目的,就是找到支配宇宙的隐秘规律。他或许没有料到自己会因为研究炼金术和其他神秘学说而发现一个引力理论,但是他肯定知道,自己的研究会揭示出一些根本的定律或隐藏的古代知识。

当牛顿观察坩埚中的物质时,突破发生了:他意识到这些物质都受到**力**的支配。他看见有的粒子相互吸引,另一些粒子却相互排斥,它们之间既没有实际的接触，也不存在有形的联系。换句话说，他在炼金术士的坩埚里看见了超距作用。他写信将这个发现告诉了朋友玻意耳，并形容自己看到了"自然界的秘密法则，它规定了液体对某些物体亲切，又对另一些物体疏远。"[9]他很快意识到这或许也是引力的作用方式；在坩埚和炼金火焰这片小天地中发生的现象，或许也在外面的广大宇宙、在那个行星和恒星构成的世界中发生着。

这些影响都在《自然哲学的数学原理》中结出了果实。在后人看来，这本书很可能是有史以来最重要的科学著作。不过讽刺的是，它的源头却并不只是牛顿的科学天才，还有他对古代神秘学说的迷恋。《自然哲学的数学原理》催生了工业革命、现代科学，以及各种我们在今天的生活中习以为常的技术。

炼金术和它的应用在牛顿手里就走到头了，不过总有些人不愿接受这个事实。说来也许意外：时至今日，竟还有人相信炼金术。经验科学的出现使炼金术就此没落，但它并没有灭绝，它活过了启蒙运动，躲开了维多利亚时代的理性主义，还有在那之后的技术发展、原子理论的诞生。它始终拥有一批追随者。

有些人至今认为地球是平的，阿波罗登月是美国国家航空航天局伪造的，炼金术就是这些人最后的避难所。在他们看来，这门古老的技艺是一片温暖的港湾，炼金术的名人堂里满是和他们一样的怪人及才智之士。讽刺的是，正是那些过往的炼金术大师得出了一些可行的成果，并在这个过程中创造了人类文明史上的一批重要科学门类。

第十八章

我们都是星星做的

谢谢你的幸运星……

在一切超自然的概念中,占星术影响的人数或许是最多的。在那些追随新世纪思潮和另类哲学的人中间,它也是最受尊敬、得到最多记载的一种超自然概念。但是在科学家看来,占星术却是一种最模糊、最陈旧的消遣,它根植于人的原始思维,具有极强的误导性。

对理性主义者来说,占星术是一个恼人的谜,因为那些平时表现得理性和智慧的人,也会在晚餐会上漏出一句"占星术可能有点道理"或者"也许占星术里是有一些我们不明白的奥秘"。这时,一旁的理性主义者就会怀疑自己是不是选错了朋友。多少次有人在聚会上提起占星术,就立刻有人宣布他知道在座各位的星座?

根据有些统计数字,99%的人都知道自己的星座,大约50%的人经常查看星象。有一家公司设立了一条"星象专线"(Astroline),宣称每年都会接到超过100万个电话。为什么公众会对占星术有如此浓厚的兴趣?为什么统计会得到这样令人担忧的结果?这是一个相当复杂的问题,但也很值得研究。

首先,占星术已经成为了一种大众现象。说来讽刺的是,维多利亚时代的人们虽然痴迷于各种神秘现象,但他们对占星术或星象倒没有特别的兴趣。只有当大众媒体出现之后,这种兴趣才兴盛了起来。最初是报纸上出现了星座版面,这是所有小报最爱刊登的内容,它始见于20世纪30年代,是为促进销量而诞生的。到了20世纪80年代的某个时候,已故的大众媒体占星家帕特里克·沃克(Patric Walker)撰写的星座专栏,据说使英国《星期日邮报》(*Mail on Sunday*)的周销量增加了惊人的20万份。

我将在本章中区分两种占星术,一种是报纸上刊登的这种,另一种是严肃占星者眼中的"科学"占星术。但是我们只要看看当代广受欢迎、大获成功的占星家如格兰特(Russell Grant)和神秘梅格(Mystic Meg),就会明白公众对这些娱乐占星家有着很大的需求。

占星术的魅力当然有部分来自它的娱乐性。星象诉说的是每个人最关心的话题——"我",这使它们散发出了永不消逝的吸引力。报纸上的星座专栏充满活力,它不断向读者提供新鲜的故事,而且总能抚慰人心。在这个变化不息的世界里,许多人都感觉自己已经变得连一个数字都不如了,而星象为他们创造了一种私密的感觉,使他们能够沉浸其中,并且感到舒适。

而且,和许多超自然的把戏一样,占星术对从事者没有任何要求。那些推动文明前进,使我们的生活水平远远超过祖先的真正科学,在许多人眼里都是敌对、可怕而费解的。要借助科学理解宇宙,你需要接受训练或者用心读书。而占星术却是一条捷径,据说它能使人顿悟,并授人以所谓"秘诀",许多人认为那才是"宇宙的真谛"。

对那些在科学或其他"费解"的智力活动之外寻求真理的人来说,就连正统宗教都是难以接近的。宗教的要求和科学一样繁多,但那要求不是智力或理性的,而是情绪和灵性的。大多数正统宗教都要求信徒尊奉一组完整的理念或一套信仰系统,而这个系统中的许多成分可能都是不讨人喜欢的。到了世纪之交,又有许多人,尤其是年轻人,觉得正统宗教一点也不酷,这使得它们愈加不受欢迎。西方的宗教似乎已经赶不上现代生活的潮流,它好像已经无法容纳许多人的需求,它的教义也被历史的大潮冲到了角落。对于那些这样看待宗教,却又追求在生活中保留一点灵性的人来说,占星术就成为了一条直接通向自身的捷径。

名人们似乎尤其容易受到占星术的吸引。英女王的母亲据说就咨询过占星术士,已故的戴安娜王妃据说也在1997年8月逝世前几天和一个透视者(无意中接收到未来事件图像的人)兼占星家长谈过一次,她还长年雇佣着一个占星家。最近还常有流行明星、好莱坞演员和电视名人坦白自己是占星术的信奉者和使用者,信奉占星术已经成了一条时髦宣言。为了迎合这个需要、推动这股潮流,书店的架子上摆满了关于这个主题的各种书籍——恋爱星座、占星术与身体、你的星象、性别和星座,等等。其目的都是为现代人做心灵按摩,抚慰他们紧张的神经——生在这个时代,有这样的需求也是可以理解的。

我们已经知道了占星术的长盛不衰具有真实而富有人性的原因,那么它的理论基础又是什么呢?拥护者宣称它是一种"科学",然而它真的有科学根据吗?

占星术是一种非常古老的活动。没人说得清楚它到底是在什么时候或什么地方诞生的。占星术士们神经兮兮地宣扬它的历史有多么悠久,号称它起源于亚特兰蒂斯大陆,然后由那片大陆上的古人传授给了苏美尔人和巴比伦人。历史真相多半没有那么神奇:占星术萌芽于大约一万年前,但它的起源地点仍然是一个谜。有的理论认为,具有5000年历史的巨石阵就是为了占星的目的建造起来的。还有的理论认为占星术的源头更早,且发端于中东。

最早将人类和星象联系起来的文本叫做"金星石板",或《当安努神和恩利尔神……》(*Enuma Anu Enlil*),它的时间可以追溯到公元前1800—前800年的巴比伦文明,其中谈到了星象,也谈到了"预兆"。石板上这样写道:"在第11个月的第15天,金星在西方消失。它3天时间没有露面,到了第 18 天,它在东方出现了。这时泉水将会涌出,阿达(Adad)将会带来降雨,埃亚(Ea)带来洪水。和解的消息将在国王之间传送。"

早期希腊文明吸收了占星术,当时的哲学家们对它推崇备至。从古希腊一直到大约伽利略(Galileo)的时代,在天文学和占星术之间都是不作区分的。人们用数学工具研究星星的运动,也用同样的工具来占卜星象,绘制个人星图。*

我们在上一章已经看到,中世纪晚期,当阿拉伯的哲学和科学在11、12 世纪传入欧洲时,现代欧洲文化诞生了。当时的人们沉迷于炼金术和古代神秘主义或赫尔墨斯主义,并为"本始智慧"所倾倒。到了大约 15 世纪初的文艺复兴时期,亚里士多德、阿基米德、盖伦(Galen)、德谟克利特(Democritus)等人的著作在修道院和私人图书馆中重见天日。对于这些古代作家的教导和作品,人们的兴趣达到了新的高峰,他们继承了这些 2000 年前的旧思想,并开始了蓬蓬勃勃的新研究。现代人对于占星术的迷恋也由此拉开帷幕。

通过种种形式,对占星术的兴趣延续到了启蒙时代之后。但是到了 18 世纪末、19 世纪初,这股兴趣却又开始衰落了,据说这部分是因为一切"现代"的东西都变得时髦了起来。人们开始大张旗鼓地追求一个技术的时代,那副急切的样子是颇值得赞美的。牛顿等人将整个宇宙浓缩成了一个机械的概念:行星被引力固定在轨道上,引力虽然是一种神秘的力量,但是凭借人类的智力和数学足以理解。忽然之间,那些古代的神明和各种实体不再显得无所不能和超越人类了。人类文明匆匆驶过工业革命,进入了一个现代医学和现代天文学的时代。在这个由达尔文、马克思(Marx)和爱因斯坦统治的新世界里,还相信占星术是很尴尬的一件事,因为这太落伍了。

---

* 伽利略既是第一批现代天文学家之一,也是一名占星术士。不过历史学家认为他对占星术只抱一种"玩玩"的态度,操弄此业只为了支付账单,绝没有把它当作"科学"看待。

许多科学家和理性主义者都认为,事情就该像当时那样。道金斯(Richard Dawkins)把占星术称为"超级胡言乱语",还宣称"有些人的思维太开阔,开阔到脑子都掉出来了"。工业革命之后,西方世界的正派公民们在对上帝和机器的信仰中心满意足,并不认为有必要到别处去寻求心灵安慰。他们一定会觉得,现代人对正统宗教的不敬是一种亵渎。在东方宗教、另类哲学和占星术中寻找安慰也是一种轻浮的做法。

时至今日,占星术似乎又开始复兴了。然而占星术里也分了许多类型。我们要对这门学问作恰当的评论,就必须明确地定义占星术究竟是什么。

对严肃的占星家来说,报纸上的那些占星大师(格兰特和神秘梅格之流)都不过是一群江湖骗子,纯粹是为赚钱而来的。在他们看来,在电视节目和小报专栏里四处可见的星座垃圾贬低了这门严肃的学问;真正的占星术应该是建立在非常严格而复杂的定律之上的。所以,我们暂时可以忽略媒体上的这部分占星术,将它们扔进智力活动的垃圾桶——这正是那些"严肃的"职业占星家对于我们的要求。

然而,就算那些地位崇高的占星家自称掌握了复杂的技艺、有古老而精致的数学概念作为基础,也并不表示他们说的就是对的。的确,为某人建立一张完整生辰图所需的技术,不是一个小报专栏作家所能具备的。但实际上,就连这种所谓的专门技术,用到的也只不过是中学水平的数学知识而已。画出一张生辰图需要考虑的因素只有 6 个,这还比不上建造一堵墙壁这样简单的工程。

占星家需要了解基本的几何学知识,加上一些三角函数,还要知道一点点简单的天文学。但这些都是一个聪明的 12 岁少年就能掌握的。用一句恰当的流行语来说:"这又不是核物理。"

除了这个相当有限的数学能力之外,职业占星家还大量使用古代流传下来的智慧解读星象。虽然这些"严肃的"占星家给自己的营生披上了一层"专业"的伪装,并且十分强调占星中用到的数学技巧和掌握占星术所需的训练,但他们的动机仍然是可疑的。专业占星家和批评家联合起来谴责小报上的占星专栏,但是这些高级占星人士的动机却和那些专栏作者没什么两样。在所谓复杂数学的包装之下,他们不也一样在推销幻想么?他们和专栏作者的真正区别,只是两者迎合的市场不同罢了。在英国有像斯特伦克尔(Shelley von Strunckel)和布朗普顿(Sally Brompton,毕业于伦敦的一家"占星研究学院")这样自诩精英的占星家,她们专为大众占星市场中的"高层"读者写作,并且为富人和名人担当私人顾问。

这样一项简单的活动中竟还有这样的市场分工,结果就产生了花样繁多的信仰和人群。占星术的领域之庞大、内部对立之复杂,或许超过任何一种超自然活动。其中不仅有高级占星家和"低层次"小报星座骗子的区分,还有对占星术作用的不同认识:有人相信星座中蕴含无所不包的力量,它们塑造我们的人生,决定我们结婚的对象、从事的职业和健康状况;也有人只把占星看作一种分析手段,有点类似塔罗牌或《易经》。

有的占星师认为星座能够影响人的健康。这个观念最初是由炼金术士、占星师和神秘主义的全才帕拉塞尔苏斯普及的。他相信世上的四元素(亚里士多德认为的构成万物的四种实体)和天上的恒星之间存在紧密的关联。他将这四种元素的行为、恒星的运动和病人的健康连成了一个三角,并从中导出了一个今天仍为一些占星师所推崇的星座炼金术。

还有些人完全无视过去100年来的科学发展,他们认为星座对人的影响比心理发育、遗传基因或生活环境要大得多。比如美国占星师埃利奥特(Rose Elliot)就写了一本叫做《生命循环》(Life Cycles)的书,书中号称儿童的成长无关教养或基因这样的平凡因素,而是受到了星座力量的左右。照她的说法,儿童在第一次和父母(书中多处称为"可怕的二人组")分开时的行为并非是那些平凡的因素所塑造的:亲子间的关系、弟弟妹妹的出生、孩子本身的性格、孩子和父母的遗传特征、孩子成长的环境等等。不,儿童表现出的行为,是因为火星会在两岁时返回他星图中的出生方位,而火星代表战争和侵略,因此会动摇孩子的心情。显然是这样的。

以上就是关于占星术的背景知识。这是一个分化严重的领域,有精英组织,也有大众团体。和许多话题与风潮一样,它也包含了许多持有不同意见和观点的人,以及对这门技艺的不同方面有所侧重的人。这也是一项非常古老的活动,它的根源已经隐没在了历史的迷雾之中。不同时代的人们曾经操弄它、塑造它,但是它有一组最核心的意识形态却是自远古以来就不曾改变的:占星术士相信,太阳系内部的行星和外面的恒星对我们的个人成长、我们的生活际遇有着根本的影响,天体能够主宰我们的命运,主宰整个世界的方向。在占星术士看来,世界大事不是由混沌理论支配的,不是人类尝试用自己的想法和欲望左右的一串随机事件。它们是被行星和恒星发出的某种无形力量早已决定好的,这股力量推动它们发生,也维持着它们的平衡。

如果你是怀疑论者,请暂时把怀疑放到一边;如果你是占星术的热烈拥护者,也请暂时抑制自己的欲望和心愿。大家先来想想:占星术的原理是什么?

除非恒星在通过某种目前未知的力量对我们的人生产生作用,否则我们就只能通过那几种已知的传统力来解释它们的影响。宇宙中的确可能存在其他的力,但是当科学对宇宙的原理绘出一幅越来越清晰的画卷时,未知的力和奇异的机制存在的可能性就变得越来越小了(虽然任何一个谨慎的科学家都不敢断言我们已经发现了所有的力和机制)。为了解释恒星和行星可能对我们的人生和性格产生的影响而特地假设出某种未知的力,这样的做法是不会得出任何结果的。如果星象真的支配着每个人和宇宙的相互作用,那么可能的机制就只有那几种而已。

占星术士长久以来的解释是,宇宙中存在某种引力,它的作用产生了术士们所说的种种影响。那些遥远行星和我们之间的引力造成了某种神秘的联系,使我们都受到了这个机制的左右。也就是说,当恒星和行星在各自的轨道中运行,它们产生了某种**流体**或力量,或"能量体系",从而塑造着我们,并决定着我们的举止。而这又进一步塑造了个人的行为和民族的未来。

这个观点的主要漏洞在于,引力是一种极微弱的力。它和自然界的其他三种基本力,即弱核力、强核力和电磁力相比,其实是最弱的一种。计算可知,一个婴儿在刚出生时,她和产房中的接生人员之间的引力,要比她和太阳系中任何一颗行星之间的引力大 100 万倍;而这两个人之间的引力和她与远方恒星之间的引力相比,更是一个名副其实的天文数字。

要知道其中的原因,我们只需稍微思考一下牛顿在 300 多年之前关于引力的发现即可。牛顿创造了一个宏伟的理论,即所谓的"万有引力理论",它指出宇宙中的每一个物体都在对其他物体施加引力。对占星师来说,到这里还可以接受。问题在于,这个引力不单是微弱,它还取决于两个物体之间的距离,距离越是遥远,引力就越微弱。

牛顿还证明,不同物体间的引力大小可以用他所说的"平方反比律"计算出来。比如有甲乙两个物体围绕太阳运转,假设它们质量相同,但甲和太阳之间的距离只有乙和太阳之间距离的一半。

这意味着甲和太阳之间的引力,将是乙和太阳之间引力的 4 倍。同样,如果再有行星丙,它的质量和甲、乙相同,但和太阳的距离是甲的 3 倍。那么丙受到的太阳引力将只有甲的 1/9。

宇宙中的所有物体都遵循这条平方反比律。这就是为什么那个接生人员(虽然是一个较小的物体,但距离很近)对新生儿施加的引力要比几亿千米之外的一颗行星大得多。

占星师和占星术的拥护者常引用牛顿的引力定律来解释他们所谓的行星影响力,但他们在这一点上完全弄错了。我们最常听见的论据是这样的:"月球能引起地球上的潮汐,是因为两个天体之间有引力作用,既然如此,月球和其他行星为什么就不能对人脑产生引力呢?毕竟人体也几乎完全是由水构成的。"

这个论据的前半部分是正确的。地球和月球之间的引力,以及地球和太阳之间的引力,的确创造了潮汐效应。* 然而这是因为其中涉及的都是大质量物体。月球和一个人类个体之间的引力,是无法与月球和整个地球之间的引力相提并论的。

那么,还有什么力能用来支持拥护者的说法呢?其实很少。我们可以举出任何两个物体之间的潮汐力。这和引力有关,但是在计算它的效果时,距离的影响甚至更大,因此这种力对我们的作用只会更小。

除了这些可能的效应之外还有三种基本力:弱核力、强核力和电磁力。但是和引力相比,这三种力都只在短距离内发挥作用。弱核力造成不稳定原子核的衰变。电磁力只在带电物体之间产生,它是电相互作用和许多化学过程的原因。强核力在相距 10^{-12} 厘米尺度的亚原子粒子之间产生作用,只要距离稍微增加,它的作用就会缩小到接近于零。

不过,这些难题并没有阻止许多人用富于想象的创意来解释占星术的工作原理。恒星中也许隐藏着存在的解释或者人生的意义,其中的机制或许是能够发现的,这个激动人心的想法使一些平时受人尊敬的科学家也落入了陷阱。

比如《占星术消息》(*The Message of Astrology*)一书的作者罗伯茨(Peter Roberts)教授就认为,人类的身体有时能成为一种神秘活动的管道,这种活动就是他所谓的"共振行星相互作用"(resonant planetary interaction)。这是罗伯茨编造的一个伪科学术语,他认为行星在对人施加某种神秘的力,这种力以波动的形式穿越宇宙,而波动的频率又和每个人体内存在的一种"生命力"产生了共振。可惜他并没有说明这种

---

* 有一件事说起来有趣:还有一种称为"陆潮"(land tides)的现象,同样是引力造成的。但因为陆地是固体,所以这种效应要微弱得多。同样值得一提的是,月球之所以总是同一面对着地球,也是因为引力的作用——地球作为较大的物体早就把月球"消旋"了。太阳系中较大的卫星都有这个现象。

共振是从何而起、如何作用，又是如何影响人类的，他使用的术语也都含糊不清。所以实际上，这个理论并不能告诉我们任何事情。罗伯茨在科学界还有一位同志，他同时也是一名占星师，即西摩（Percy Seymour）博士，写过一本叫《占星术——科学证据》（*Astrology：The Evidence of Science*）的新时代小册子。

问题在于，这些说辞同样是非常模糊的，和那些宣扬来自外星奇异能量的占星师相比，它们并没有告诉我们更多知识。凭着"共振行星相互作用"之类的含混观念，西摩无视科学界的反对，依旧谈论着来自宇宙的外部力量在我们出生时的影响。在不久前的一份报纸中，一位记者（此人显然是占星术的支持者）这样写道："贬低占星术的科学家常常摆出一个标准的反对意见（在他们看来，引力或者任何力量都不可能在出生时影响我们的人生），就是行星的磁力共振太微弱，会被医院或家里诸如取暖器之类的电气设备所淹没。西摩博士轻松反驳了这个观点，仿佛完成了一张中学一年级的简单考卷：'先来想想那个歌剧演员振碎玻璃酒杯的老把戏吧。这只有在演员的声音和玻璃杯的原子以同样的频率共振时才会发生。因此在医院里，不存在行星共振被电气设备淹没的问题，因为这些设备都在不同的——也就是"错误的"频率上运行。如果你的收音机没有调到某个电台，你是不会听到节目的。'"[1]

这是一个聪明的比喻，然而这个"解释"其实什么都没解释，它也绝对没有"仿佛完成了一张中学一年级的简单考卷"。西摩博士说附近的机器设备发出的都是"错误的"频率，可他又是怎么知道的呢？他的证据是什么呢？无论他还是任何一个占星术的拥护者，他们究竟有什么无可辩驳的证据可以证明，宇宙中真有一种奇异的共振在影响所有人的生活呢？连这都证明不了，更何况指出这种振动的频率？这些全都是纯粹的假想，我只希望他在作为天文学家的正式研究中不要这样草率。

再进一步，这些作者所谓的"磁力共振"，究竟是指什么呢？除了观察粒子和电磁力之间已知的相互作用,比如核磁共振波谱仪中心的那一种,还有人用其他手段发现过这股神秘力量的效果吗?

正像西摩教授指出的那样,占星术的拥护者还常常使用另一种力量来解释行星对人生的影响,那就是磁力。然而磁力同样是一种极微弱的力,只能在很短的距离内发挥作用——你自己用指南针和一小块磁铁就能证明这一点。

为了应答这个反驳,拥护者又举出了候鸟靠磁力线导航环绕地球飞行的例子。既然如此,他们问道,为什么磁力就不能作为星象影响人生的机制呢?我的回答和反对占星师滥用牛顿引力定律时的理由一样:候鸟并没有在行星之间迁徙。它们对磁力线的运用固然神秘而奥妙,但那些强大的磁力线都是从**我们这个地球**的巨大铁芯中产生的。如果占星师们再要坚称有某种磁力在影响人生,那么这种影响也必定受到地球本身磁场的绝对支配。从某种意义上说,这也可以用那个接生人员和其他行星的引力大小来作比喻——地球磁场的作用,要远远超出太阳系其他行星发出的某种无形磁力。

以上总结了占星术的拥护者所主张的其他行星对于我们的影响,以及科学家提出的反驳。但是除此之外,科学和占星术的辩论还有许多内容。比如另外两个平凡得多的问题,那就是过去 300 年来占星术对于实验的运用,以及天文学的发展。

我们先来看第一个:占星术从科学实验中获得了什么?

在这方面最著名的例子是心理学家戈克兰(Michel Gauquelin)的研究,他对占星术拥护者的说法开展了定性考察,并尝试用统计分析来得出关于占星术的结论。他的研究在《梦和占星术的错觉》(*Dreams and Illusions of Astrology*)一书中作了总结。[2]

占星术的信徒们认为天体的影响会对人的性格产生巨大作用,戈克兰对这个观点很感兴趣,他决定在人的星象和职业之间作一个对比。他收集了法国医学院 576 名成员的出生数据,结果惊奇地发现,许多成员的生辰图中都显示火星和土星刚刚升起,或者正居于天空的正中,而且这个趋势相当显著。为了验证这个结果是否真实,戈克兰又随机抽取了几百名各种职业的从业者,并对比了他们的出生信息,这一次却没有在生辰图和职业之间找到相关。

戈克兰来了兴趣,他又在其他群体中开展了实验,以寻找其中可能显现的模式。他发现有大量体育赛事的冠军是"火星型",也就是火星在他们的生辰图中居于显著位置。他还发现艺术家和作家多半为月亮主宰,而木星在军事将领、记者和政治家的出生数据中十分显著。

戈克兰在 1991 年逝世,他从来不是占星术的支持者,但是他认为这里头有某种未知的科学准则在发挥作用,而且人性和自然的数学原理之间存在某种奇怪的联系。他显然不相信自己偶然发现的这个联系揭示了行星间的某种神秘力量在直接影响我们的人生。不过占星术团体还是对他大肆吹捧,把他说成是自己的一员。他们一次次祭出他的发现,说那"证明"了占星术的原理是正确的,说我们没有自我意志或独立思想,一切都受到星象的支配云云。

科学界的反应同样强烈,他们在戈克兰还在世时就排挤他,到今天依然对他的结果嗤之以鼻。甚至有人用术语"非稳健"(non robust)来评价他的研究,意思是它们经不起严格检验。实际上,他的那些发现的可靠性也的确是有些可疑的。

统计学结论之含糊是出了名的,许多人认为它绝对不能当作明确的证据,除非有其他实验结果或独立的分析佐证。统计分析有一条关键原理,那就是**样本大小**必须合适。也就是说,任何统计分析中都必须包含足够多的材料,否则分析就是完全无效的。举例来说:假设我们想确定抛硬币时正反面出现的概率,但是时间有限,只能抛掷 10 次。那一天,我们正巧抛出了 7 次正面和 3 次反面。我们由此推断,正面总有七成的出现概率,而反面总是三成,但这个结论是相当错误的。

一个更加严谨的实验者或统计分析师会多花几天时间做这个实验,他抛掷硬币的次数可能达到 5000 次。那样的话,他肯定会得到和我们完全不同的结果,比如 2500 次正面,2500 次反面,由此得出正反面的概率各为五成。

这两项实验的唯一区别在于样本规模。这个原理对任何统计分析都是有效的。如果民意调查者在一次选举之前调查了 10 个人,他们得出的结论肯定和同一天调查 10 万个选民不同。戈克兰的研究也是如此。他每次研究都只调查了大约 500 人的生辰图,这个数字太小,样本大小不足,无法得出任何有效的结论。

不仅如此,他还在第一次实验中采用了四个标准。他将对象的出生时间和四个行星事件相对照:火星初升、火星位于天空正中、土星初升、土星位于天空正中。这更加削弱了他的结果。

这绝不是抱有怀疑的科学家提出的无关紧要的反驳。如果超自然研究者想要赢得别人的尊重,想让自己的说法在别人眼中显得可靠,他们就必须遵守科学用来衡量自身的严格规范,否则他们的观点就只是假想和猜测。撇开样本大小不说,戈克兰的研究还受到了其他怀疑,因为后来的统计分析得出了和他相反的结论。英国在 1971 年对人口中的十分之一(约 300 万人)开展了统计分析,结果显示职业和星象之间没有任何相关性。更令占星术的信徒难堪的是,当时的占星术协会主席哈维(Charles Harvey)在这个结果公布之前曾作过一些预测,他号称护士大多在女性星象下诞生,而工会领袖大多在男性星象下诞生。曼彻斯特大学的史密瑟斯(Alan Smithers)教授研究了这次统计的结果,发现其中确有这个趋势,但是他也宣称,有大量矿工都是天蝎座和摩羯座的,而它们都是女性的星象。

这场辩论的最后一条证据是戈克兰本人的一些研究结果,它们和他最初的发现完全相反,只是占星术的拥护者都故意不提它们。在一项对 2000 名陆军将军的测试中,他根据之前的发现推测他们的生辰图应该倾向白羊座。但实际上,这些将军的星座却是随机分布的。重要的是,这一次的样本规模较大,因此在统计上也比较可靠,而且这次测试只在一个军阶和一个星象之间寻找联系。

与之相伴的还有一项非常简单的研究,它考察了在同一时间、同一家医院出生的人的性格。结果显示,这些婴儿都长成了不同的人,从事了不同的职业,和不同的对象结婚(这些对象自己出生的星象也和占星术的预测不符),并患上了不同的疾病。

其他比较平凡的研究也得出了很能说明问题的结论。分析师早就发现,许多占星术语都是十分含糊的,比如"你拥有巨大的潜能,只是现在还没发挥出来"和"你的性格虽有缺陷,却往往能够取长补短"之类的废话。占星术的批评者把这类说辞称作是"巴纳姆陈述"(Barnum statements),因为巴纳姆这位美国演员说过:"每分钟都有傻瓜出生。"

值得一提的是,当一组被试看见关于自己星象的巴纳姆陈述时,其中的九成都认为这些陈述符合自己的情况,就连那些最粗俗的小报上的星座专栏,他们都有办法将其中的内容和自己的人生经历或自己的希望和抱负联系到一起。其实有的星座专栏根本是蓄意捏造的,或者是记者为了糊口硬写出来的,但读者依然相信它们。科学家迪安(Geoffrey Dean)也指出,当星座专栏中包含简洁而特定的人格描述,比如"你的想象力很丰富"时,读者反而会觉得它们不如巴纳姆陈述那样准确。[3]原因很简单:巴纳姆陈述含糊其辞,谁都可以照着自己的意愿来理解。

还有几项实验更能说明问题。戈克兰曾做了一组将性格和生辰图相联系的测试,他在《这里是巴黎》(Ici Paris)杂志上刊登了一则广告,给任何一个来信的读者提供免费的星象分析。他收到了150封来信,并寄回了相应的星象。然后他询问每位来信者他说的准不准。结果有九成来信者表示他的分析完全符合他们的性格。戈克兰没有透露的是,自己给他们寄去的全都是相同的星象,它属于彼得罗(Petroit)医生,一个臭名昭著的法国连环杀人犯。

关于占星术的实验和统计分析就说到这里,那么占星术的所谓"科学原理"又如何呢? 我不得不指出,这项神秘研究同样是失败的。

首先我们要明白一件事:所谓"星座",只是原始人类为了更好地理解宇宙而编造出来的图像。构成这些星座的恒星并不是真的汇聚在一起,其中的大多数都相距了几百或几千光年。只是在地球上的人类看来,它们才似乎显示出北斗或者大熊的形状。

占星师的说法中还有一个疑点,那就是神秘的"星座力"产生作用的时间。就人类胚胎所受的影响而言,难道怀孕的时刻不该比出生的时刻重要得多吗?毕竟出生只是更换了一个生活环境而已。

即使撇开这些问题不谈,你又怎么解释这个现象:占星术自诞生以来,一直建立在太阳系内只有6颗行星的前提之上,数千年中都没有变化。古人只观测到了水星、金星、火星、木星和土星,而太阳系中的其他两颗行星都是最近250年里才发现的——天王星是威廉·赫歇尔爵士(Sir William Herschel)在1781年发现的,海王星发现于1845年。

天文学家指出,既然这两颗行星在古代并不为人所知,那么就算占星师所说的天体影响真的存在,那些早已绘制的生辰图也必定是错误的。奇怪的是,占星师在受到这个质疑时都缄口不语。即使开口辩解,他们说得最多的也是这两颗行星的发现并不重要。古德曼(Linda Goodman)是一名广受欢迎的占星师,也就这个主题写过许多本书,她在被人追问这个问题时说了一句有趣的话:"行星在被人发现之前,对人的生命都没有影响。"[4] 在外人看来,这句声明已经动摇了占星术赖以建立的根基。

很显然,占星术并不能自称为一门真正的科学。它没有对天王星和海王星的发现起到任何作用,也没有为发现任何实实在在的东西贡献任何有用的素材。许多占星师都自豪地宣称这项技艺的中心教条从古到今一脉相传。比如古德曼就说:"在所有科学门类中,只有占星术延续千百年而岿然不动。它原样传到了我们手里,并没有因时间而改变,我们对此不必惊讶,因为星象就是真理,而真理是永恒不变的。"[5]

令拥护者失望的是,占星术不可能既是"科学"又"永恒不变",因为这两者是相互矛盾的。科学的本质是实验,哪怕是早已确立的信条,都可以拿来质疑。没有了这种精神,科学就会成为一门僵死的学问,就像占星术一样僵死。

有两件事可以证明这个观点。第一件是关于所谓"火神星"(Vulcan)的。19世纪50年代,海王星的发现者之一勒威耶(Jean Joseph Leverrier)算出在水星的轨道内部应该还有一颗离太阳更近的行星。他之所以这样认为,是因为观察到了水星的轨道和预期不符,如果太阳附近就它一颗行星,它的轨道是不会如此的。我们今天已经知道了没有什么火神星存在,勒威耶观察到的现象应该用广义相对论来解释,而不是因为在水星轨道的内部另有一个天体。但这并没有阻止占星师们步入歧途。

也许是意识到自己在天王星和海王星的发现上走了错路,占星师们对火神星表现得格外积极。在听说这颗想象的行星之后,他们很快将它纳入了这个伪科学体系。再以古德曼为例,她在1968年的著作《星座》(Star Signs,书出版时,科学家早已将火神星归入乌有乡了)中写道:"这里必须提一下目前尚未观察到的火神星,那是处女座的真正主宰,据说不久之后它就会露面……许多占星师都认为,火神星,这颗雷霆之星,将在未来几年之内出现在望远镜中。"[6]

在这场关于占星术基础的讨论中,最后要考虑的是十二星座的效用问题。天文学家很早就知道了一种称为"进动"(procession)的现象。所谓进动就是摇摆,是任何旋转物体都会出现的行为。地球也会在自转时**进动**,因此对地球上的观测者而言,太阳和星座的相对位置每隔几百年就会发生变化。而太阳和星座的相对位置当然就是占星术的核心——所谓星象,就是一个人出生时太阳所处的星座。十二星座和日历都是在2000年前制订的,当时的古人将特定的日期与特定的星座对应。比如出生在11月23日和12月21日之间的就属于人马座。

然而过去2000年里,日期和星象的关系已经至少变动了一个星座,人马座成了天蝎座,水瓶座倒成了巨蟹座。许多占星师都喜欢把人的性格和他们出生时的星座相联系,那么这个变化对他们意味着什么,就请各位读者自行考虑了。

占星师们对这个打击视而不见,还硬说这根本没有关系,这进一步证明了占星师绝非科学家。科学家是不会无视那些可以证明、可以重复的实验证据的。

也有占星师愿意就这个问题辩护一番，说星象"记得星座在2000年前的影响"。[7]然而这些星座"科学家"又怎么解释，2000年前的星象似乎并不记得星座和日期在更早之前的关系呢？毕竟，地球并不是在2000年前才开始进动的。

从以上种种我们得出什么结论？显然，对于科学家，对于任何将自己的世界观置于理性、逻辑、观察和经验之内的人来说，占星术都是不能认真对待的。无论占星师如何看待自己，无论他们如何划分严肃的占星师和那些只顾赚钱的媒体专家、江湖骗子，占星术都是没有理性基础，也没有实际效用的。无论你的朋友在几杯葡萄酒下肚之后说了什么，占星术里都没有任何真相。世界并非按照占星师的幻想运行。塑造每个人性格的只有两种因素——先天和后天，也就是基因和环境。

这就是世界本来的面目，不需要再加入什么神秘的成分。遗传和环境（经历）本身就是奇妙的因素，我们向往的一切丰富、刺激和神奇的多样性，它们都能给予。它们共同创造了一个多姿多彩的世界，里面充满了形形色色的人，有善有恶，有媸有妍。有了这些，还要星座干什么呢？

但是除此之外也有"真正的占星术"，那是另外一组观念和事实，它们给人的鼓舞和启发远远超过任何一个非理性的占星师。是的，在某种意义上，我们的确和天体存在联系，但这个联系却是任何占星师都发现不了，也解释不了的。

那些布满宇宙的恒星，那一座座我们在晴朗夜空中望见的渺小熔炉，并不都是在同一时间形成的。其中的一些正当壮年，比如我们的太阳；另一些仍在孕育之中；还有许多是比我们的太阳更加年长的恒星。

有些恒星在很久以前就已经死了。恒星的死法有几种，这取决于它们在生前是什么类型。有些向外膨胀，然后爆发，并向宇宙喷出大量物质和能量。这样的事件称为"超新星爆发"，它是自然界中存在大量不同元素的原因之一。某颗古代超新星中的一些元素聚成了一个气球,进而演化成了我们的太阳。大约 46 亿年前,正在冷却的太阳上剥落了一个等离子(温度极高的气体)小球,它最终变成了地球。

就这样,曾位于另一颗恒星内部的物质成为了构成地球的材料。虽然我们对自身抱有各种宏伟的想法,但实际上,我们只是构成我们身体的物质的集合,而构成我们身体的元素和化合物无不来自于地球。我们都是一个生态系统的组成部分,只是这个生态系统并非自给自足,其中的物质也不限于周围的直接环境。在地球和太阳之间,地球和地球上的生物之间,以及生物和生物之间,都发生着持续不断的物质交换。

你和我体内的原子都曾位于一颗恒星的内核,它和地球的距离或许有数千光年之遥。终有一天,你我的一小部分,或者是你正在阅读的这本书的一小部分,将会进入另一个太阳的核心,然后从那里出发,再去构成一个外星生物、一本外星书籍,甚至是和这一样的一个句号。

第十九章

来自天空的火

> 我宁愿相信两个北方佬教授在说谎,也不相信石头会从天上掉下来。
>
> ——杰斐逊(Thomas Jefferson),1807 年

西伯利亚的那片废弃的通古斯地区如今人烟稀少,将近一个世纪之前,它那数千平方千米的土地上更是居民寥寥。这就是为什么在 1908 年 6 月的一个清凉傍晚,当这个地区发生现代史上最剧烈的一次爆炸时,在场目击的只有几个人。那天傍晚,一个直径约 100 米、重量约 10 万吨的物体在距离地面大约 6 千米处发生了爆炸。

当时的几名目击者大多位于爆炸中心 70 千米外的一处贸易站,其中的一个说道:"我当时正坐在房子的门廊里等着吃早饭,眼睛望着北方……忽然天空分成了两半,在森林上空,整个北半边的天空仿佛都被火焰吞没了。"另一个目击者回忆说:"突然之间,我看见北边的天空裂开了一道大口子,火焰从里面倾泻下来。我们都吓坏了。但这时天空重新关闭,紧接着我们就听见了枪击似的轰鸣声。我们以为有石块从天上掉下来,吓得赶紧逃跑,连泉水边的提桶都来不及拿。"[1]

没有人知道那个物体究竟是什么。最合理的解释是那是一颗彗星的彗核，当时正好飞到了地球的公转轨道上。另一种解释认为那可能是一枚陨石，也就是一大块石头，或者一颗小行星，产生于太阳系的内部。甚至有人觉得有必要把这个事件纳入 UFO 阴谋论，他们认为有一艘大型外星飞行器在当天发生了爆炸。

无论爆炸的原因是什么，都造成了巨大的破坏。对这次爆炸的强度有不同的估计，但是几年后有人探访这个区域时，他们发现事发时的短短几秒之内，就有超过 2000 平方千米的森林（约等于大伦敦地区）被彻底摧毁了。全世界的地震仪都记录到了这次事件，震感传到了几千千米外欧亚大陆的另一头。虽然人们的估计各不相同，但是保守地说，这次爆炸至少相当于一枚 2000 万吨级的炸弹，大约比 1945 年的广岛原子弹剧烈 1000 倍。

这个我们现在所谓的"通古斯事件"预示了将来可能发生的类似灾难，它显示了在地球与外星物体相撞的时候，我们这个物种的命运是完全掌握在神明手中的。此外，就像约翰·格里宾（John Gribbin）和玛丽·格里宾（Mary Gribbin）在研究近地撞击的著作《地球上的火》（*Fire on Earth*）中指出的那样，我们不应该只考虑这类事件造成的自然灾害，如果通古斯爆炸的地点移动到西方 4000 千米外的圣彼得堡，人类的历史就会变得很不一样——这座城市的居民会在瞬间丧命，其中包括一个年轻的政治活动家列宁（Vladimir Ilich Ulyanov-Lenin）。

谢天谢地，像通古斯爆炸这样的事件是非常罕见的，不过它们也没有罕见到能使人完全放心的地步——我们已经在近几十年中遭遇了太多次险情，不敢再自鸣得意，有些科学家认为我们应该多想想自卫的方法了。单单在 20 世纪，我们就有 5 次和小行星擦肩而过——1937 年、1968 年、1989 年、1993 年，以及最近的 1996 年。我们没有任何防御体系能够阻挡这样的一次天灾，对于地外天体的撞击，我们可谓是门户洞开。

这样一次爆炸释放的能量是惊人的。我们很容易就能算出一颗迎面飞来的小行星或彗星中蕴含的能量。这个物体由什么材料构成并不重要，无论它的成分是冰、铁，还是薯条，携带的能量都同样巨大。它的动能可以用下面的公式算出：

$$K. E. = 1/2 \, MV^2$$

也就是说：

物体的动能 = 1/2 的物体质量（M）乘以其速度（V）的平方。

因此，一个质量只有 100 万吨（10 亿千克）的小型天体，以每小时 5 万千米（每秒 14 000 米）的速度撞向地球，所产生的能量就是：

$$K. E. = 1/2 \times 1\ 000\ 000\ 000 \times 14\ 000$$
$$= 7\ 000\ 000\ 000\ 000\ 焦$$

7 万亿焦的能量，相当于在撞击的那一瞬间，地球上的每个男人、女人和儿童都在使用一台双电热棒的电热器发热……而这样一个物体，只能算作一颗"小"行星而已。

近年来还没有陨石、彗星或小行星在人口稠密的地区降落，但是当人类扩散到地球的几乎每一个角落，发生这样一次超过任何地震、火山或海啸的天灾就只是时间问题了。如果这个天体够大，它造成的就不仅仅是局部灾难（几百万人死亡），而是人类文明的终结。

天外的威胁主要有三个来源：彗星，陨石和小行星。彗星是宇宙间的游荡客，但它们也并非在宇宙中无目的地漫游。实际上，它们的轨道是非常固定的。有些彗星围绕太阳运行，每隔一段时间便返回太阳系的内圈，比如哈雷彗星就是如此，每 76 年返回一次。还有一些彗星的轨道就长多了，每隔几千年甚至数万年才返回一次。过去许多次和地球擦肩而过的，就是这类彗星。甚至有人提出，宇宙中可能存在一颗巨大的"末日"彗星，它每次在漫长的周期之后返回太阳系时，都会造成传说中的巨大灾难——比如《圣经》里的大洪水，还有亚特兰蒂斯的沉没等等。

凭借人类现有的技术，我们还只能在这样一颗彗星接近地球的几周之前发现它。要是知道它的大致方位，或许还能用哈勃望远镜来寻找;但是目前来看,这就好比是在一片沙滩上找到某一粒特定的沙子,是不可能做到的。

虽然人类自古就观察到了彗星,18世纪以来的天文学家也绘出了少数几颗彗星的轨道,但是直到20世纪50年代,才终于有人提出了一个理论来解释彗星的起源。太阳系中有两个"带"或"区域"聚集了大量彗星。以发现者命名的**奥尔特云**(Oort Cloud)距离太阳大约10万个天文单位——一个天文单位相当于太阳到地球的平均距离,即约1.496亿千米。研究者认为奥尔特云包含了几十亿颗彗星,其中的多数都大致只在附近区域内活动,速度也只有每小时几百千米。但是在地球的漫长历史中,偶尔会有一颗逃逸出来,进入太阳系的内圈。

另一个彗星带始于太阳系外围的海王星轨道附近,向外延伸大约100个天文单位,其中大约包含了10亿颗彗星。许多时不时出现在地球附近的彗星,就是从这个彗星带飞来的。

彗星的主要成分是冰或者冻结的二氧化碳、氨气和甲烷,再加上一些沙砾和尘埃。彗星的主要质量集中在彗核,当彗星飞近太阳开始升温,它的部分彗核就会升华,并形成一条气态的彗尾。

第二种带来麻烦的地外物体是陨石。陨石不过是太空中的一块块石头,有时也包含一些有机物质。和所有天体一样,陨石在飞近太阳、受到它的引力影响之后,就会形成一条有规律的轨道。如果这条轨道与地球的轨道相交,这颗流星体就可能进入地球的大气层;如果体积够大,没有被大气摩擦产生的高热烧光,它就可能掉落到地面上。

科学家估计,每年大约有7500万颗大小各异的陨石飞入地球大气。其中的多数都只有米粒大小,很快就会在空中燃烧殆尽。但是1975—1992年间,还是有136枚直径达到几米的陨石造成了空中爆炸。这些爆炸都发生在陨石坠落地面之前。如果这些陨石没有被烧光,并完好无损地到达了地面,它们的撞击就足以摧毁一个镇子或一个城市的部分地区。除此之外,偶尔也有比这大得多的天体和地球的公转轨道交叉,由此产生的陨石具有摧毁城市甚至消灭文明的潜力。

比陨石更令人担忧的是小行星。和彗星一样,小行星也集中在一个区域,然而它们的轨道通常离我们要近得多。小行星带位于火星和木星之间,火星轨道和地球轨道的平均间距大约是 7800 万千米(是月球和地球平均距离的 200 倍),木星轨道和火星轨道的平均间距大约是 5.5 亿千米。在这两条轨道之间的区域分布着几百万颗小行星。然而在那些担忧小行星撞击地球的人看来,更加值得注意的是另外的 100 来颗"阿波罗型小行星"(Apollo asteroids),它们的分布区域远离主小行星带,而且其中的许多都与地球轨道相交。

人类时刻都在发现新的小行星,但其中的多数都体积不大。虽然直径大于 100 千米的小行星寥寥无几,但是也有大约 500 万颗小行星的直径超过了 1 千米——这个尺寸已经足够在地球上造成大面积灾难了。

上面总结了可能与地球近距离接触的天体类型,那么过去地球发生过哪些事件,显示我们可能在将来受到这些天体的威胁呢?

地球上最著名的撞击点是位于美国亚利桑那州的巴林格陨星坑(Barringer crater)。这个巨大的坑洞直径 1200 米,深 180 米,大约是 2.5 万年前,由一颗直径 60 米、重约 100 万吨的陨石或小行星撞击形成的。形成这个陨星坑的爆炸大致和通古斯爆炸能量相当,但这次两千万吨级的爆炸并非发生在空中,而是发生在地面。

巴林格陨星坑只是地球诸多伤口中的一个。陨石和小行星撞击行星或卫星的证据在太阳系中随处可见——无论是月球上的环形山还是内行星表面的类似痕迹,都是漫长岁月中,那些没有在大气层中燃尽的陨石所造成的。在地球上,许多陨石和小行星都落入了海洋,并在洋面下数千英尺 * 的海床上留下了痕迹。有研究者提出,地球上的许多"环形"地貌都是撞击形成的。这样的例子包括英国沃什的"大麻子"、意大利的塔兰托湾,以及加拿大辽阔的哈德孙湾。

---

* 1 英尺约为 0.3 米。——译者

　　不过地球历史上最重要的一次撞击或许还是 6500 万年前的那一次，正是它促成了恐龙的灭绝，使哺乳动物成为主宰地球的物种，并开启了智人的演化之路。

　　恐龙因为地球和一个大型天体的撞击而灭绝，这个观点很早就有人想到了，但是因为缺乏过硬的证据，这始终只是一个巧妙的理论而已。然而到 1978 年，石油勘探者在墨西哥湾水下约 1200 米处发现了一个巨大的地质结构，称为"奇克苏鲁布陨星坑"（Chicxulub structure）。它的规模之大使巴林格陨星坑相形见绌，想到它形成的原因和造成的结果，使人不禁冒出一身冷汗。这个 6500 万年历史的陨星坑直径约 177 千米，陨星坑中央向外辐射出一簇簇涟漪状的岩石，那都是在撞击之后沉积下来的。后来，研究者又在墨西哥湾周围发现了大量通常伴随流星出现的矿物，尤其是高浓度的铱元素。这些沉积的矿物都是被一股高度相当于世贸中心的巨浪冲刷到墨西哥湾沿岸的。

　　虽然造成奇克苏鲁布陨星坑的陨石掉进了海里，但它的毁灭性力量并没有因此打多少折扣。思考一下海洋的规模，你就会明白从一颗流星的角度来看，地球上的大海大洋不过是一汪浅浅的池塘，根本无法缓冲撞击的力度。而且撞击后掀起的海啸也会造成严重的次生灾害。

　　恐龙的灭绝大概就是从这样一次撞击开始的。撞击可能使地球在公转轨道上晃了几晃，但即使是这样剧烈的爆炸，也只是对地球的轨道稍有扰动而已。更大的灾难来自被撞击的力道甩到大气中的灰尘和水蒸气，它们使地球的气候从此改变。具体来说，它们可能使大气温度降低了那么几度，但这已经足够消灭许多冷血动物了，尤其是那些笨重的恐龙。

　　地质学家描绘了地球历史上的 5 次大规模灭绝事件，并以"五大劫"（the Big Five）称之，大约 6500 万年前的恐龙灭绝是离我们最近的一次。研究者猜想，之前的那几次灭绝事件，可能也是由类似的天灾引发的。

　　到了更加晚近的年代，地球和地外天体的碰撞可能也引发过一些严重的劫难。天文学家斯蒂尔(Duncan Steel)是研究小行星和陨石撞击的专家,目前在用新南威尔士的英澳望远镜观察天空。他指出:"平均来说,引发全球灾难,造成很大一部分人类死亡的撞击,大约每10万年就会发生一次。"[2]

还有人提出,小行星或彗星的撞击可能至少毁灭了一个古代文明,虽然这方面的证据尚不充分,但这也绝不是闲来无事的瞎想。一个例子是希腊城邦的先驱,迈锡尼文明的毁灭。对这次毁灭的描述来自公元前6世纪的雅典立法者梭伦(Solon),它经由历史学家普卢塔赫(Plutarch)的转述流传了下来。根据梭伦的描述,迈锡尼的毁灭"虽然具有一层寓言的气质,但寓言背后的真相却是围绕地球转动的天体偏离了正轨,使地球上的事物在一场大火中消失。在经过一段正常周期之后,洪流再次如瘟疫般从天而降。"[3]

这虽然可以当作是古人的浪漫想象而不予深究,但这短短的一段话里还是包含了几点重要信息的。梭伦说"围绕地球转动的天体偏离了正轨",显示他对天体运行规律的掌握非同一般——虽然造成撞击的原因未必是天体"偏离正轨",而更可能是它们和地球轨道的交叉,但这番话毕竟抓住了事情的实质。更引人注目的也许是最后一句:"在经过一段正常周期之后,洪流再次……"这不仅显示古希腊人已经对陨石降落和彗星飞临的周期有了一些了解,还说明比迈锡尼文明的毁灭更加古老的灾难或许也能用这样的天火来解释。许多古代文献都着重谈到了周期性劫难的概念,包括《圣经》。你可以说,这些都只是自然的气候甚至季节规律在对文明的发展造成影响,考验着它们安然度过丰年和灾年的能力,但这个模式也可以用古籍中"天降大火"引发灾难的悠久记载来解释。

距我们更近的是5世纪中期的几次事件。在《无尽的冬天》(The Cosmic Winter)一书中,作者克鲁伯(Victor Clube)和内皮尔(Bill Napier)提出,在公元5世纪和6世纪之间发生了一系列灾难,它们摧毁城市,并造成数万人死亡。他们指出,这个以亚瑟王(Arthur)和圆桌骑士传说闻名的时代,史料却异常缺乏。和它之前之后的时代相比,这一点显得尤其反常:之前有罗马人撤出不列颠,史书描绘得十分详尽;之后的年代也有历史学家仔细记载,例如圣比德(Venerable Bede)就写出了《英吉利教会史》(*Ecclesiatical History*)。

亚瑟王时代的传说是因为马洛礼(Thomas Malory)在 15 世纪创作的《亚瑟之死》(*Le Morte d'Arthur*)首次进入公众视线的。然而亚瑟王虽然统治了后来称为"英格兰"的这片国土的很大一部分,他同时代的编年史作家吉尔达斯(Gildas)却没有在《不列颠毁灭记》(*The Ruin of Britain*)一书中提到他的名字。

有人认为亚瑟王其实并不存在,他是当时的作家虚构的英雄,为的是给陷入深重灾难的人民送去一些希望。那的确是一段艰难的时光,文献中记载了好几场严重灾难,原因可能就是我们认为的天体撞击事件。比如吉尔达斯就写道:"过去的罪恶点燃了正义的复仇之火,从一片海洋烧到另外一片。大火熊熊不熄,摧毁了城镇和乡野,又吞没了整个岛屿表面,直到赤色的火舌舔到西边的海岸。所有较大的城镇都烧毁了。广场上的塔楼和高墙全部倒塌,它们的基石都底部朝上,废墟中混杂着祭坛和人体的碎块,那真是一片恐怖的景象。"[4] 从同时代的中国史家那里,我们也读到了一颗彗星使太阳黯淡无光,并造成 18 个月持续黑暗的描述。[5] 就在传说中的亚瑟正为英格兰的王权而战斗时,中国的某些地区有八成居民正在死亡,公元 534 年,北魏遗弃了首都。

再到现代的 20 世纪,地球也曾数次和天体惊险擦肩而过。1937年,重约 4000 万吨,时速约 8 万千米的小行星"赫尔墨斯"(Hermes)在离我们不到 75 万千米的空中飞过。这个距离听起来似乎很安全,但其实它只有月地距离的两倍左右。如果这颗小行星击中地球,你就不会坐在这里读这本书了,因为撞击会释放 200 亿吨 TNT 当量的能量,相当于 100 万枚广岛原子弹,并形成一个直径 13 千米的陨星坑。

1968 年,另一颗小行星伊卡洛斯(Icarus)在不到 640 万千米之外飞过——这依然是在我们的后院里。1989 年 2 月,一个与赫尔墨斯类似的天体在不到100万千米之外掠过地球,当时在加州帕洛玛山天文台工作的霍尔特(Henry Holt)博士发现了这颗小行星,他向媒体表示:"要是这家伙早出现几个小时,我们就都死定了。"[6] 他说得一点不错:如果这块岩石的速度稍快一些,或者轨道略有不同,它就会在相同的时间和地球处于相同的位置,由此引发全球性的灾难后果。

这次"擦肩"之后的第四年,也就是1993年,又发生了一次更加临近,也更加危险的接触事件。一颗直径10—15千米的小行星在不到14万千米之外掠过地球,这个距离只有月地距离的一半不到。这个怪物要是击中地球,人类文明几乎肯定会毁灭。这样庞大的物体会撞出一个直径50千米的陨星坑,使数万亿吨灰尘飞入大气。少数在撞击和之后的地震、余震中侥幸逃生的人,也还要遭受持续多年的"核冬天"的折磨。

在那之后还有一次事件。1996年5月,一枚直径约1200米的陨石在40万千米之外掠过地球,比月球轨道稍远了一些。它的速度约为每小时8.5万千米,如果击中地球,其冲击力相当于引爆几十万枚广岛原子弹。

这些事件的可怕之处不仅在于这些天体距离地球如此之近,更令人不安的是,它们在飞到地球附近之前,没有一个被人类观测到。相对而言,这些小行星和流星体都只是渺小如针尖的石块,速度却达到每小时数万千米,如此之小又如此之快,几乎无法追踪。它们都像是忽然冒出来的,事先全无预警。想到这一点未免使人胆寒:如果有一天,这样一个物体在相同的时间飞到了和地球相同的位置,我们也只有等它飞到了眼前才会知道。

那么,这样一次撞击的概率到底有多大?这究竟是我们没来由的担心,还是必须严肃对待的问题?统计数字往往是可疑的,依靠它们来分析,就和预测选举结果或一年中的彩票号码一样靠不住;但是目前看来,除了统计并没有更好的方法。惊人的是,据说我们任何人死于地球和其他天体相撞的概率,都要大于在空难或地震、洪水之类的常见灾害中丧生的概率。但是得出这个结论的推理可靠吗？

我在前面提过，从统计上说，平均每 10 万年就会发生一次造成全球性灾难的撞击。上一次这样的撞击在何时发生，没人说得清楚。巴林格陨星坑是 2.5 万年前的一次较小的撞击形成的。它如果发生在今天并不会终结文明，但多半会造成几百万人死亡。1908 年 6 月击中西伯利亚的那颗彗星也有这个威力。但是自从 6500 万年前消灭恐龙的那场劫难以来，还没有一次撞击造成过大规模物种灭绝。以这个思路推测，我们可能已经多活了许多年了。但是就像天文学家斯蒂尔指出的那样："这些天体并不像公共汽车那样遵照时间表飞行，所以问它们'上一次什么时候来'是没有意义的。我们只能说，天体撞击造成劫难的概率是每年十万分之一。"[7] 还有一个事实使得小行星撞击致死的概率高过了其他平常的灾难：当这类撞击真的发生，结果就是彻底的毁灭。所以，虽然上天仁慈，地球和其他大型天体撞击之事绝少发生，可是它一旦发生，就对所有人一视同仁。

那么这个危险到底有多真实？答案取决于你如何看待统计学。小行星在礼拜天晚上毁灭文明的概率高于你或者我在同一天晚上抽中全国彩票的概率，这是看待它的一种方法。但是反过来说，过去 6500 万年都没有发生毁灭文明的撞击，这或许说明我们在将来的好几百年之内还会继续走运。

近年来，有越来越多的科学家意识到了小行星和彗星可能带来真实的危险。他们在美国国会和英国议会提出相关的问题，还组成了委员会和其他组织来研究这个现象。

在英国，陆军军官泰特（Jay Tate）少校编写了一份关于近地天体和彗星的报告，他还计划组织一支小型调查团队，就这个现象开展研究并提出切实可行的解决方案。

还有人成立了一个称为"太空监视"（Spacewatch）的国际团队，专门监视那些能观察到的天体。他们在 1991 年开展了一次调查，结论是穿过地球轨道的小行星比之前的猜测多了几百颗。他们宣称这些天体来自地球附近的一个微小行星带,它们平时沿着较不规则轨道围绕太阳运行,但始终处在地球轨道的几百万千米范围之内。

太空观察的发起人之一莫里森(David Morrison)认为,各国政府必须研究地球和其他天体相撞的问题,并开始建立某种保护体系。在详细研究了这个问题,并于 1992 年参加了美国国家航空航天局举办的一个研讨会之后,莫里森和同事发起了一个名为"太空防卫巡查"(Spaceguard Survey)的项目。他们计划用 6 架新型地面望远镜组成一个网络,其中每一架的口径都是 2.5 米,大约是帕洛玛山的巨型望远镜(该望远镜在 21 世纪前一直是世界上最大的望远镜)的一半。这些望远镜将能绘出内太阳系中所有天体的轨迹,并在它们和地球相撞的几个月前发出预警。这个项目的启动成本不过 5000 万美元,每年的维护成本最多 1000 万美元。

当科学家们将项目提交到美国国会,结果没有多少悬念:议员们很快拒绝了。问题的关键在于那只有短短几个月的预警时间:对于不懂技术却又自负膨胀的国会议员来说,这样的防护就和没有一样。

许多人都认为国会的这个判断是错误的。他们指出有一点预警总比什么都没有强,而且这个项目的维护成本仅相当于美国公民每人每年支付 4 美分,这和大多数人在人寿保险上的投入相比只是区区小数。但是目前,美国政府只允诺每年投入 50 万美元研究这个现象。莫里森指出,这样吝啬的结果就是研究近地天体(NEOs)的人数"比经营一家麦当劳门店的伙计还少。"[8]

我们很容易理解议员们的这种怀疑,以及那些掌管公帑的人为什么对潜在的威胁不为所动:对政客来说,短期的成果就是一切。他们自己或许也为地外天体对自身和子孙后代的真实威胁感到恐惧,但是确保收支平衡、竞选连任的需求却盖过了这种心理。

除此之外,这个结果还要归咎于我们心中多少都有一点的"技术自负":我们可是统治地球的物种,我们建立了伟大的文明,我们能把人类送上月球,在太空中生活好几个月,我们征服了大多数疾病,还从构成宇宙的基本粒子中制造出了能量——这样的我们，又怎么会被一块石头消灭呢？在大多数人的内心深处，尤其是那些不曾得益于科学教育和技术训练的人，都怀有人类无法被摧毁的信念，都认为我们的技术总有办法应付这样的事。然而现实是残酷的：上一次天体出现时像闪电一样突然，直到它掠过头顶，才有人看到了它。

说来令人难以接受的是：除非有一年的准备时间，否则我们对将要和地球碰撞的天体是毫无办法的。有人建议将我们一度瞄准敌方的核武器指向太空，形成真实的"太空防御"以对付进犯的天体。这或许在将来的某一天可以办到，但至少现在来说，各国还没有将"冷战"中遗留的核武器这样使用的计划。还有人提出用一套"星球大战"武器系统自卫的模糊想法，这同样可能在几年之内实现，只要资金和人力的投入不要中断就行了。但是即便在"冷战"的高峰时期，也曾有一届共和党政府中止了"星球大战计划"；现在"冷战"结束，政府就更不可能重启计划，去打击一个或许在几百万年内都不会形成切实威胁的无形对手了。如果莫里森和同事无法说服美国政府拨出一点小钱来启动太空防卫项目，那么美国和其他国家就更不可能从国民生产总值中抽出相当一部分来建立武器系统，防御小行星和彗星的撞击了。

这就是我们今天的处境：许多人相信我们的头顶悬着真正的威胁，但也有人对这威胁不屑一顾，他们指出眼下还有迫切得多的问题：世界饥荒、疾病、文盲、艾滋病、战争和其他更加频繁的自然灾害。也许某一天，会有一个天体在极近的距离擦过地球，届时各国政府将会真切地感到它的威胁，他们会从之前的自负中惊醒，并意识到宇宙中潜藏的恐怖。如果那样，将是人类之福。但是在那之前，我们只能向上天祈祷，希望自己的好运能再延续下去。

第二十章

我们有外星同胞吗？

> 进化理论无可置疑：苏格拉底(Socrates)背书，达尔文提出，再由居维叶(Cuvier)在关于"适者生存"的论文中证明确立、流传后世。这些名字是显赫的，这条定律是权威的：它根基坚固，谁都无法将它撼动、使它消解，只除了进化本身。
>
> ——马克·吐温，《与微生物共存三千年》
> (*Three Thousand Years Among the Microbes*)

无论从事科学与否，在许多人看来，其他行星是否有生命存在的问题都根本不值得考虑。对他们来说，答案是显而易见的："是的，那里当然存在大量生命，我们生活的宇宙中充斥着各种外星生物。"

在这一章中，我首先要假设这是正确的，然后从这个前提出发，讨论外星生物可能是什么样子，我们目前的知识又能否概括外星生命的演化。

这是一个正规的科研领域，每天都有领着薪水的真正科学家在研究它，这些男男女女自称是"地外生物学家"(exobiologist)。

当然，我们对外星生命的了解完全是建立在想象上的，但是这种想象也受到了我们已经知道的,并且常常在平凡事物上应用的科学定律的指导。我们唯一可以参照的模型是地球上的生物,因为这是唯一可以肯定存在生命的行星。这当然是一种局限,只有当我们将来遇到宇宙中其他形式的生物时,才能够验证地外生物学家的理论是否正确。但是我认为,每一个读到这里的读者都至少认同这方面的研究是好玩的,而且可能会得出一些有趣的想法。

为了研究这个问题,我们必须像地外生物学家那样提问,并且根据最新的信息作出合理的回答。要做到这一点,我们又必须像地外生物学家那样,综合不同领域的知识,并且过滤各种观点,从而判断哪些"正确",哪些"错误"。可惜的是,我们目前还无法得出任何确切的结论,只能根据现有的知识推出一些概率。

我们最先要问的是一个最基本的问题:什么才是生命?

乍一看,这个问题的答案似乎是显而易见的,但实际上,"生命"却是一个极难定义的概念。

我们首先可以指出,一切有生命的东西都能生长和移动,但是这个说法并无助于澄清概念。要说生长,晶体也会,它们能创造出有规律的图案和重复的简易单元,和细胞有得一比。要说移动,任何液体都行。因此,这两个性质本身并不足以区分活物和死物、生物和非生物。

较复杂的回答是说一切生物都使用能量,但这个说法同样不够完整,因为一切机器也都使用能量。一个稍微有用一些的定义是一切生物都能**控制**能量,然而有些先进的机器同样能控制能量,比如近年来发明的"智能"软件。

那么,生物会处理并且储存信息这个定义可行吗?答案也是否定的,因为就连最简单的文字处理机都能做到这一点。

那么,我们区分生命与非生命的关键因素究竟是什么呢?

根据老式教科书上的定义,所有生物都表现出三个"F"——战斗(fight)、逃跑(flight)和嬉戏(frolic),但这个定义只会令人平添困惑。闪电似乎也能"逃跑",它被某些物体排斥,又被别的物体吸引。在这里"嬉戏"指的是"繁殖",这同样不限于生物,比如火焰就能繁殖,某些类型的晶体也能。

一个更好的答案是说所有生物都会繁殖,并且会将**遗传物质**或遗传特征传递给后代,而且这种物质会发生某些变异。换句话说,它们会通过自然选择参与进化过程,它们产生的不是和自身完全相同的副本。这个问题最终可能还是要听萨根的,他在逝世前不久给生命下了这样的定义:"……生命是这样一个系统,它能够繁殖,能够变异,还能够繁殖自身的变异。"[1] 他的意思是,生命就是会运用自然选择的进化原理,从而在不同的世代之间发生变化的实体,它能将自身的特性传递给下一代,而这些特性又会在繁殖的过程中重新组合,使得下一代不会和上一代完全相同。

但即便是萨根的这个定义,也不是一个完全令人满意的生命定义。我这样说的原因有几个,比较重要的一个是克隆出来的生物能否算作生物的问题(它们都不是通过有性繁殖诞生的,而且和上一代完全相同)。看多利(Dolly)羊的样子完全是个生物,然而它却不符合萨根的这个定义。

但如果我们想继续探讨这个问题,就必须在生命的定义中包含通过变异机制繁殖后代的能力,因为这是我们唯一知道的生命进化的途径。多利或许是一只功能健全的绵羊,能做到任何绵羊所能做到的事,但是它和其余克隆出来的生物都不曾在本物种的进化史上作出过贡献——如果它能够自然地产生后代,它的后代当然还是可以的。

总之,生命是和进化相互关联的。任何生物学家都会认同没有进化就没有生命的说法。无论生命产生在地球上还是一颗围绕天狼星运行的行星(如果天狼星有行星的话)上,进化都将是一个基本的过程。

那么进化又将如何在一颗地外行星上发生呢?

具体情况我们还不清楚,但是目前看来它和地球上的进化过程应该没有什么两样。要理解这一点,我们就必须探讨进化和遗传学的关系。

进化的基础是一系列复杂的过程，参与其中的有 DNA（脱氧核糖核酸）和 RNA（核糖核酸）这样的巨大有机分子（它们是公认的"生命分子"）；还有一组称为"核苷酸"的较小构件，它们组成了那些较大的结构，也构成了蛋白质、酶，以及细胞运行和个体生存所必须的其他生化物质。

我们当然可以反问：谁能肯定其他行星上的生物是以 DNA 为基础的呢？谁又知道它们肯定依赖于碳元素呢？谁也不知道，但是我们必须接受一些假设。要是像这样一层层地反问下去，我们就会撞上一堵不可知的墙壁，无法继续研究了。因此我们必须确定一些基本原则。

科学家都认同世间有一组基本的公理——一组似乎奠定了宇宙内核的概念和理论。相对论看来就是其中之一，达尔文的进化论是另一个。一个更加基本的概念是所谓"普适性原则"（Principle of universality），即宇宙是均质的，用日常的语言来说，就是"在这里发生的，也会在那里发生"。

我们怎么知道这个原则是正确的呢？因为我们观察遥远的恒星，发现它们有着和地球以及太阳相同的化学元素（只是比例不同）。

那么这和我们对地外生物学定律的讨论又有什么关系呢？

首先，我们必须澄清所谓"地外生物"的概念。宇宙中可能存在着形态无限多样的生命形式，生物发育变化的方式也可能有许多种。可能某些机制总能为进化创造条件，不然外星生命就不会出现了；但是也有可能，这些外星生命并不是以 DNA 为基础的。如果真是那样，那我们就很可能无法识别这种生物，也多半不能与之交流。为此，我们还是将本章的探索局限在以 DNA 为基础的生命吧。

一种生物要为我们所认知，它就几乎肯定要以碳元素为基础，只有这样才能构造出包含 DNA 的生物框架，以及通过自然选择而进化（也就是达尔文式的进化）的体系。这固然是对生物定义的一种局限，但是就像我们在地球上看到的那样，虽然这里的一切生物都只以碳为基础，但它们依然演化出了丰富多样的类型。

可为什么就必须是碳呢？多亏了普适性原则,我们能够自信地断言:只有碳元素才能在一个生物系统的中心产生我们所知的生物。这是因为碳元素具有一些独特的性质。它在许多地方都和其他元素相似,但是在一个重要方面却与众不同:在所有已知的原子中,只有它能构成大型分子(称为**有机分子**)的骨架,甚至更大的**生化物质**。它还有一种几乎独一无二的本领,那就是形成原子的长链或者环形,以供其他原子附着。我用了"几乎"二字,因为其他一些原子也能形成链状和环状,但是它们却远比不上碳原子这样万能。这方面最好的例子是硅,它有一些和碳相同的属性,但由于硅原子之间的键不及碳原子牢固,所以只能连成五六个原子的稳定链条,无法形成多重键或者晶体结构,而这些都是碳原子能够轻易做到的。

由于这些原因,碳是无可取代的。只有它能构成巨型分子,而巨型分子正是建构生命的单元。

因为普适性原则,我们知道这一点不仅在地球上成立,也是可观测的宇宙中的一个基本事实。我们知道,即使我们在无意间忽略了某种原子,它也不可能具有碳那样的性质,否则它就无法填入元素周期表。元素周期表规定了宇宙间的各种原子都有严格的地位,并按照精确的模式相互关联,它是由 100 多年前的俄国化学家门捷列夫(Dmitry Ivanovich Mendeleyev)绘出的,其中给每种元素都分配了一个位置。如果有某种神奇的元素只在马头星云出现,那它是不可能挤进这张表格的。在元素周期表建立之后的 100 多年里,其中的所有空格都已经填满了,科学家虽然陆续在表的末尾添加了一些元素(都是一些性质不稳定且寿命极短的原子,只有在极端环境下才会产生,比如一个核反应堆的中心),但是他们从未发现有任何此前未知的元素能够填进表格的中央。(见图 20.1)

因为宇宙的均匀属性,我们可以假定只有碳原子才能构成尺寸足够庞大的"生命分子"——比如 DNA(脱氧核糖核酸)和 RNA(核糖核酸)这样的大型结构,甚至构成这些大分子的核苷酸,还有蛋白质、酶,

当代科普名著·古怪的科学

1	2	3	4	5	6	7	8	9	10	11	12	13	14	15	16	17	18
1 H 1																	2 He 4
3 Li 7	4 Be 9											5 B 11	6 C 12	7 N 14	8 O 16	9 F 19	10 Ne 20
11 Na 23	12 Mg 24											13 Al 27	14 Si 28	15 P 31	16 S 32	17 Cl 35.5	18 Ar 40
19 K 39	20 Ca 40	21 Sc 45	22 Ti 48	23 V 51	24 Cr 52	25 Mn 55	26 Fe 56	27 Co 59	28 Ni 59	29 Cu 63.5	30 Zn 65.4	31 Ga 70	32 Ge 72.6	33 As 75	34 Se 79	35 Br 80	36 Kr 84
37 Rb 85.5	38 Sr 87.6	39 Y 89	40 Zr 91	41 Nb 93	42 Mo 96	43 Tc 99	44 Ru 101	45 Rh 103	46 Pd 106.4	47 Ag 108	48 Cd 112	49 In 115	50 Sn 119	51 Sb 122	52 Te 127.6	53 I 127	54 Xe 131
55 Cs 133	56 Ba 137	57 La—58 71	72 Hf	73 Ta 181	74 W 184	75 Re 186	76 Os 190	77 Ir 192	78 Pt 195	79 Au 197	80 Hg 201	81 Tl 204	82 Pb 207	83 Bi 209	84 Po 210	85 At 210	86 Rn 222
87 Fr 223	88 Ra 226	89 Ac 288															

图 20.1 元素周期表——每个空格都已填满。

以及其他细胞运行和个体生存所必需的生化物质。

以上这些生化物质是遗传学的核心（见下一章），也和本章的关键论题——进化有着密切的关系。那么遗传学和进化的关系又是什么呢？

在本章开头，我们将"生命"定义为一个能够繁殖并向后代传递变异信息的系统，或者是一个通过自然选择参与进化的生物体。进化是通过繁殖运作的。

然而这似乎又产生了一个"鸡生蛋，蛋生鸡"的问题：遗传密码是由 DNA 携带的，但如果进化的能力是"生命"的必备条件，而进化本身又需要一连串包含 DNA 的复杂过程，那么最初的"生命"又是从哪里来的呢？换种说法：任何能够进化的生物（这是我们对于"生物"的定义）都必须复杂到能够包含进化所需的遗传物质。那么最初的生物个体又是如何不经由进化获得这样的复杂身体的呢？

这个基本谜题可以浓缩成一个问题：大约40亿年前的一潭原汤中的几种简单氨基酸，是如何变成了我们眼中的这些**生物物质**，并在后来进化成高级形式，又最终进化出人类的呢？

这个问题的后半部分，也就是从单细胞生物到21世纪人类的剧变，不是我们关注的重点。在目前的讨论中，从没有生命的**前生物**物质到有生命的细胞，从散乱的RNA到最早的细菌，这个变化才是问题的关键。

对于这个变化的解释有两种理论。第一种是"RNA世界假说"（RNA-world hypothesis），它认为早期地球上产生了少量特定类型的RNA，它除了今天表现的功能之外，还能发挥另外几种作用。这种假设的RNA应该能够复制（制作自身的副本），却又不需要蛋白质的帮忙（也许它会使用自身内部的一些蛋白质），它还要在蛋白质产生过程的每一步中起到催化作用。

这听起来好像不可思议，但科学家在不久前发现了一种称为"核酶"（ribozymes）的RNA催化剂，它是由RNA产生的一种酶。不过这种分子还是距自我复制的RNA有一段距离。

还有一个与之竞争的理论也解释了从前生物物质到生物物质的跃变，它是格拉斯哥大学的生物学家凯恩斯－史密斯（A. Graham Cairns-Smith）提出的，认为构成生命的有机物其实是从无机物演变而来的。

这个观点就比较惊人了。毕竟在大多数人看来，有机物和无机物之间还是有重大区别的。所有生物都是有机物——包括我们消化的食物，还有布满这颗行星的动物和植物等等。无机物包括大大小小的岩石和构成地球大气的各种气体，那都是我们看来"没有生命"的东西。

凯恩斯－史密斯指出，就像使用DNA和RNA的生化系统一样，复杂的**无机**系统也能复制并传递信息，虽然做法要简单得多。在现代生物圈的那个系统里,DNA 携带着一组复杂到难以想象的指令作为繁殖的蓝图,而 RNA 和蛋白质各自发挥作用促成此事。凯恩斯 – 史密斯主张,在大约 40 亿年前的地球上还有过一个较为简单的系统,它起初并不需要 DNA 和 RNA,甚至连蛋白质都不需要。

在这个系统中,第一步是利用黏土中的晶体结构创造他所谓的"低技术"机制。这些黏土虽然远远比不上 DNA 复杂,却也能创造一个自我复制的系统,其中的信息由一个"土层"传递到另外一个,相当于是 DNA 的复制。

凯恩斯 – 史密斯指出,从这个低技术的起点出发,渐渐演化出了一个更加复杂的系统,有机分子开始在其中出现。随着时间的推移,这些初级系统发展成了我们今天的"高技术"机制,其中 DNA、RNA 和蛋白质促成了遗传,使生物通过自然选择不断进化。

从中我们可以得出一个地球生命起源的模型,而宇宙中的其他行星很可能也会以这样的方式出现以 DNA 为基础的生命形式。有了这些生命起源的可能机制,生命又将如何在其他行星上产生呢?我们能否假定它们的生物进化过程和地球上的相同?如果是那样,它们是会产生人形的动物、还是其他截然不同的生灵?

为了回答这些问题,我们必须将目光转向**发育生物学**。这门学科涉及几个相互关联的领域——进化生物学、古生物学和遗传学,它研究的是地球生物如何从数十亿年前的简单形式进化到今天的动物和植物。

发育生物学家是从生物学的其他两个领域着手研究的。首先,他们需要考虑遗传追溯(genetic retracing)的问题,也就是分析遗传物质在漫长的历史中发生的变化。遗传物质当然是决定生物的属性及样貌的一个关键因素,现在已经能够追溯遗传物质在同一物种内部及不同物种之间的变化了。用这种方法,生物学家得以推测出现代物种共同祖先的一些情况,并由此绘出一张延绵数亿年的"家谱"。第二个领域是进化生物学,它着眼于现代动物的各种身体结构或者叫"形体模式"

(body plan)——也就是我们周围各种动物的基本分类。从这些分类出发,再运用计算机模型,就能够确定最初的形体模式了。

这两种技术都不简单。进化生物学家要收集大量参数(从古生物学研究中获得的信息),再利用强大的计算机模型,从这些参数中寻找"功能"和"结构"之间的关系,以及生物体对于环境的适应过程。遗传追溯同样是一门复杂的科学,因为和物种一样,不同的基因也有不同的进化速度,从而产生出了枝蔓纵横的进化路线。

生命很可能是38.5亿年前在地球上诞生的,虽然我们还不清楚前生命物质是如何变成了"活的"生物体,但是这个变化一旦完成,生命就开始在这颗行星上兴盛进化。不过生物的演化并不简单。

在最初的28.5亿年里,地球上只有细菌之类的单细胞生物。距今大约10亿年前,第一批简单的多细胞生物诞生了,它们就是藻类。到了大约5.5亿年前的**新元古代**,更加高级的生物体开始出现,这些简单的动物大概类似今天的海鳃、水母、原始蠕虫和蛞蝓一类,它们都留下了模糊的化石遗存和印记。

但是到了大约5.3亿年前,局面忽然发生彻底变化,从地质学的角度看,这个变化堪称"突然"。在之前的新元古代,地球上的生物都只有种类很少的形体模式,但是到了这时,一切都发生了剧变。在短短一段时间里,地球上就出现了大量五花八门的动物。

这个变化称为"寒武纪大爆发",它是动物种类在地球上的突然迸发。在这之前,地球上只有少量简单的生物体;在这之后,地球上的生物虽然仍旧简单,但是每一类已知的有壳无脊椎动物(蛤蚌、蜗牛和节肢动物)都进化出来了。它们将在后来演变成现代脊椎动物,并最终进化出哺乳动物和人类。

对眼下的讨论更加重要的是,经过寒武纪大爆发,地球上所有动物的基本形体模式都已经确立了。从那时候起,所有的进化步骤(包括在有些人看来最激动人心的那一步,即某些动物离开海洋登上陆地)都只是对寒武纪确立的形体模式的细微调整。

令人吃惊的是,这个地球生命史上最剧烈的变化,却只产生了37个特征鲜明的形体模式,而这37个形体模式却涵盖了地球上的每一种动物。

我们现在知道,几乎所有生物体内都含有一组"调节基因"(regulatory gene),它决定着那种生物的关键形体模式。多数动物都是从一个单细胞开始发育的,即受精卵或合子。这个细胞接着分裂复制,形成特化的身体部分——器官、腺体、皮肤、骨骼和肌肉组织。但是每一个生物体都有一组共同的基因,它们调控蛋白质的形成,从而左右这些身体部分的形成。随着这个过程的继续,这些基因也变得越来越特化。

最简单的遗传指令决定了胚胎的身体轴线——哪一端变成头部,哪一端变成尾部,哪一面是背部,哪一面是胸腹。这是一条最基本的指令,也是几乎所有物种共有的属性。接下来将有一组基因决定头部是否生在躯干外面(就像大多数动物),而另外几组基因决定了四肢的生长。对于像蝙蝠和泥鳅这样截然不同的生物来说,这些指令也会有很大的差异。但是对于一只绵羊和一条狗,甚至一只绵羊和一个人,这样的差异就小得多了。只有当我们考虑特化程度较高的功能和特性时,才会在不同的动物之间看到非常清晰的分别。不然,即使是蝙蝠的翼和绵羊的前肢,也可以认为是由一组相似的调节基因所支配的。

这个调节过程在很早之前就产生了。相关的 DNA 序列(一组庞大而复杂的遗传指令)在前寒武纪就已形成,当时寒武纪大爆发还没有发生。实际上,正是因为先有了这个序列,才会有后来的寒武纪大爆发。

这个 DNA 序列是在一组称为"同源异形基因"(Hox gene)的调节基因中发现的。这组基因一般在动物的染色体内簇拥出现,因此常常被称为"同源异形基因簇"(Hox cluster)。奇妙的是,这些基因簇的布局可以看作是动物发育的"模板"——不同的基因在基因簇中的位置,正好对应于它们在胚胎中调节的身体部位。调节头部发育的基因位于基因簇的一端,调节翅膀或腿部发育的基因位于稍下的位置,而位于基因簇另一端的基因也调节着动物的下半身或尾部。

这一切对于地外生物学家意味着什么？

它意味着，只要很少的模板或者布局（也就是形体模式），就能够产生许多种不同的生物。即便将视野局限在以 DNA 为基础的外星生物，我们也可以想见宇宙中存在千姿百态的各式体形。从这个前提出发，其他行星上的外星生物又会是怎么一副模样呢？它们是会长得像小绿人（在 1920 年前后的通俗科幻作品中十分风行），还是像 20 世纪 50 年代 B 级电影里的那种凸眼怪兽？

这个问题的一种答案可能取决于一个目前还有争议的概念：趋同（convergence）。根据这个概念，要完成一项任务时，我们可以从许多不同的起点出发，但最终都会汇聚到几种数量有限的解决方案。

一个常见的例子是飞机。这里的"任务"是发明一种高效的飞行器械，它的价格不能太高，要能够安全地将一小组乘客从甲处送到乙处，速度要快，还要比较舒适。在飞机问世之前，人们或许认为有许多法子可以满足这些要求。在最早的飞行实验中，那些飞机的样子也的确是五花八门的。而到了今天，距第一部比空气重的机器上天已经有 100 年，我们也真的发明出了各式各样的飞行器，但它们的大体形状却只有区区几种（就和动物界的形体模式一样），虽然从外形看，它们似乎有挺大的区别。

而实际上，这些外形的区别是相当表面的，它们仅仅在外观、大小、细节风格、舱内布局，以及为完成特定任务而做的改装上有所不同。但归根结底，这些飞机都是一个个金属圆筒，都有机门、轮胎、机翼、引擎和机尾；它们使用的都是化石燃料；都有机腹和机背，以及供人休息的座椅；它们也都在空中飞行。（直升机是一个例外，但即使是它也有着和其他飞机相同的特征。）

和人类解决飞行问题一样，自然在面临设计问题时也只有少数几种方法。重要的是，它总会采取效率最高的一种。

科学家将这个过程称作"完美性"（perfectibility），它既然在地球上成立,那就也可能在大多数有生物居住的行星上成立。

那么,我们又会在别的行星上发现哪些以 DNA 为基础的生命形式呢?

要对这个问题作出合理的回答,我们就必须思考两个独立因素。首先是一颗地外行星上的进化因素,其次是环境条件。

地球生命进化的契机是寒武纪大爆发。我们只有借助这个个例才能推测其他行星上可能发生过并且可能还在发生的事件。

关于 5.3 亿年前这件大事的成因,有几个相互竞争的理论。第一个认为是时机成熟了——自然已经试验了各种进化机制,到这时终于找到了正确的道路。我这么说并不是想暗示自然对此有任何"规划"或者"知道"该怎么做,它也没有受到任何外在实体的"指引"。这里没有什么上帝或者乘着闪亮太空船的外星人,他们没有故意启动一个进程,并最终创造了类似智人的支配性物种。自然选择并不是依照任何计划发生的,它只受到成功的驱使和随机事件的推动,既不需要上帝也不需要外星智能的干预。从某种意义上说,这个对寒武纪大爆发的解释和趋同有关——自然在不断试错中找到了一条从 A 点到 B 点的道路,仅此而已。

如果真是这样,我们就可以自信地断言在无数地外行星上也会发生十分相似的过程。那或许是一个基本而又相当简单的过程,所以会普遍发生。那可能是生命达到一定复杂程度之后的必然结果,只要过了某个关口,它就会被推上更高的阶段。

另一个对立的理论提出了一幅比较黯淡的景象,它认为宇宙中不会存在大量高级生命形式,因为寒武纪大爆发是由某场未知的地质灾难促成的,比如巨大陨石或小行星的撞击,它的威力至少和我们认为的使恐龙灭绝的那次撞击相当。

还有一种可能是某个事件引起了地球大气的剧烈变化,使氧气比例升高,这几乎肯定会使地球表面的生物活动骤然增多,也能够解释为什么会有大量新鲜的生命形式在这么短的时间内出现。

眼下还没有人知道这些理论究竟哪个正确,但是这个问题的答案必定关乎我们生活于其中的宇宙属于什么类型。以上的理论,一个号称揭示了一个生机勃勃的宇宙,另一个则展示了一幅荒凉(但并非没有生命)的前景。你可以说,既然生命在这里出现了,那么以行星数目之巨,它也会在别的地方出现。

从寒武纪大爆发燃起的第一点火星出发,到能够创造文明的先进生命形式,其间还经过了一条漫长而艰难的进化之路。就我们的讨论而言,如果假定寒武纪大爆发必然会发生,那么其他行星上的进化之路又会是什么样的呢?

同样,我们只能用手头唯一的例子来作对比,那就是地球上的进化过程。要回答其他行星上是否会进化出智能生物,我们必须先考虑"智能"的定义以及它在建立文明中的作用。

在我们地球,唯一能开展有意识的社会交往、具有社会智能(这种能力不同于纯粹的智力)的动物就是智人。在这个星球上,只有我们记录了历史,发明了可记录的语言(也就是发明了文字),并建立了一个以贸易为基础的文明;最关键的是,只有我们才知道规划将来,才懂得自己在世界上处于什么地位,以及自己的物种是怎样代代相传的。

所以首先要问的是:我们究竟有什么特质,才从这颗行星上的其他物种中间脱颖而出? 如果能够回答这个问题,或许就能将答案延伸到外星生物上去了。

我们和其他物种的分别,至少部分是源于脑容量的不同。相对身体而言,我们的脑是很大的。如果将人脑摊开展平,它会覆盖4张打印纸的面积。相比之下,一只大鼠的脑还没一张邮票大。不过大小不是唯一的因素,还有用脑的方式。海豚的脑很大,但研究者认为它们的大部分脑容量都用来控制那个复杂的声呐系统了。

脑的大小之所以对人类如此重要,是因为我们依靠它发展出了复杂的语言技巧。而语言是文明和社会发展的一个基本的(但并非唯一的)要求。

回顾人类历史,在150万—250万年之前,人类的脑容量"忽然"增加到了原来的4倍。研究者认为在这之前,人类祖先的脑容量只与黑猩猩相当(大约是我们的四分之一)。这次突飞猛进的原因还是一个谜,但它绝对是人类发展史上的一个重要转折,是人类在进化之路上的一次关键跳跃。最合理的解释是,祖先们遇到了一个攸关存亡的严峻"挑战"。

最有可能的挑战是距我们最近的一次冰期,**第四纪冰期**,研究者认为,它对许多物种起到了"过滤"作用,智人也是它过滤的对象。换句话说,更早的直立人,也就是智人的直接祖先,在这个时期学会了许多东西。生物学家认为,较为聪明的陆地动物都是杂食性的,这是因为杂食动物口味广泛,能够找到各种食物来源,而且探索新食物的行为也是一个学习过程,能帮助它们获得在单纯的食肉动物和食草动物中都不常见的技能。同样的道理,人类在冰期脑容量上升,也是因为冰期对早期人类提出了各种要求。人类能在环境变化中幸存,是因为他们学会了寻找并使用新资源的本领,这也使他们渐渐发展出了社会技巧、建立了社群、发明了语言,并最终跨出了通向文明的第一步。

有了语言,也就产生了我们所说的"智能"(intelligence)。如果将智能定义为传递并加工观念的能力,那么句法的出现就是人类进化史上的一次飞跃,因为从此以后,人类就能将没有意义的声音(因素)串联在一起,构成有意义的字词了。有了这个本领,我们就能创造句子、传播抽象观念、计划将来、制订社会规范、建立禁忌和等级制度了。语言真的是文明的基石。

可是其他行星上也一定会发生和我们的冰期相对应的事件吗?

看来是很有可能的。关于冰期的成因已经有了好几个理论,它们都各有道理,但我们仍无法确定地球上为何会出现一连串冰期,冰期又和生命在一颗行星上的进化有什么必然联系。不过我们可以假定,它们出现在其他行星上的概率应该是不低的。此外,冰期也未必是一个优势物种在进化早期面临的唯一挑战。彗星和小行星的撞击、火山活动,或者恒星活动的短暂失常,这些都可能在其他行星上引起环境变化。

脑的容量和用途虽然关键,但它也只是这个进化公式中的一个因素而已。另一个极为重要的因素是身体功能的多样性。这又引出了一个问题:只有人类才能在地球上建立文明吗? 为什么其他动物,比如海豚,就没有取得同样的成就呢?

在许多人眼里,海豚都是智力极高的生物,以某些标准来看也确实如此。但海豚展现的智力似乎和我们很不相同,它们并没有以此建立起我们所理解的"社会"或者"文明"。

这里有一个简单的事实:海豚从一开始就没有机会和人类一较高下,因为以它们的生存环境,即使是智慧生物也很难建造任何基础设施。这个事实有几个复杂的原因。

首先,海豚没有手指,因此无法摆弄材料,它们显然没有进化出对生拇指,而那正是人类区别于其他灵长目动物的一个重要特征。海豚是相当成功的生物,它们的体格进化得当,已经完全适应了环境——然而说到建立文明,它们却连门都没有摸到。

海豚的"语言"虽然和地球上的绝大多数生物相比都堪称复杂,但它仍没有使海豚超越最基本的社会交流。它们的身体,也无法在水下建起和我们的建筑相当的结构。而且,它们无法像人类这样用文字记录获得的知识,也不能轻易地开垦土地、驯养其他动物,这意味着它们要时刻受制于食物供应量的波动。最后,海豚无法制造武器,因此也无法开展对任何文明的发展都极其重要的一项活动——战争。将海豚的例子推而广之,我们大可以断言任何智能水栖生物发展出文明的概率都是微乎其微的——至少以我们对"文明"的理解而言。

由此可见,任何一颗创造生命的行星都必须具备足够的土地,这样才能让动物有发展的空间,并让植物和动物以恰当的比例生长,从而产生一个均衡的生态系统。反过来说,在一颗完全被水覆盖的行星上,生物不太可能进化得比地球上的鱼类和简单的水生动植物更加先进,虽然理论上说,这样一颗行星上有可能出现一个特殊的系统,其中没有陆地植物,只有水生植物和动物,它们构成独特的生态,而且照样欣欣向荣。

我们再来说说决定外星生命的第二个问题:环境条件。

我在别处提过,某些地球细菌是在极端环境中发现的——在放射性废料中,在海床下几千千米处,在热泉内部,还有在南极洲的坚冰里。然而,细菌的生命力极强,比较复杂的生物是无法在这些严酷的环境中生存的,只有细菌才可能茁壮成长。

由此可见,在地外行星上,能庇护**高级**生命形式的环境也是很有限的。首先,这个环境的温度必须介于 0—40℃ 之间。一旦温度超过40℃,酶就无法工作,并且开始变性。* 此外,这个环境还不能有强烈辐射,因为辐射会破坏生化物质,抑制许多化学反应,使生物体内的细胞无法工作并持续生长。

这个行星上的环境不能太严苛,不然就无法进化出任何复杂的多细胞生物。但与此同时,这个环境又必须给生物出出难题,使得自然能够选择,物种能够进化。

我们先考虑大气,看看对它有哪些限制?那些和地球大气不同的行星,是否也能建立成功的生态系统,养育以 DNA 为基础的生物?

答案几乎完全是否定的。其中的原因很复杂。地球上有着平衡的生态系统,植物依靠二氧化碳进行光合作用,从而制造氧气。所有动物都需要氧气,它随着血液流动并进入身体的各个细胞。细胞用来维持身体的所有生化机制,几乎都有氧气的参与。如果不与其他生物体交流,则任何外星生物都不可能生存进化。任何生物体都必须加入一个生态系统,而任何生态系统都必须包含气体循环,就像地球上的氧气 –

* 水在0℃时结冰(在一个大气压的条件下),而生化过程都是在液态水中发生的,所以当温度降到0℃,所有生化过程都会中止。或许其他行星的气压不同,水的冰点也不是0℃,但是我们即将看到,气压和地球大不相同的环境,也会对我们所知的生物的进化造成其他障碍。

二氧化碳循环那样。在这样一个外星生态系统中，必须有类似地球上的动物和植物的生物体。这个系统的根基一定是动物和某种其他界的生物——也许是某种活动的矿物或者有生命的岩石，但总之，其环境是和地球相同的。

这样一个系统的大气构成确实可能和地球不同。当然了，任何对基于 DNA 的生物具有毒性的气体，浓度都不能太高。原因是，只有一些非常罕见的细菌能够在氧气很少、甲烷之类"毒性"气体很多的大气中生存。

那么其他环境因素呢？大气压和引力场又如何呢？这些又会对地外行星的生物多样性产生什么影响？

如果这颗行星的气压高于地球，它就可能进化出外观和人类迥异的智能生物。这些生物很可能长出非常不同的呼吸系统，因为它们呼吸的气体有着不同于地球的气压，因此使气体渗入循环系统的过程也将在不同的电位上运行。但这并没有排除这些生物发展到高级阶段的可能。

更难解答的是高重力或者低重力造成的影响。一颗地外行星的引力场将大大影响动物的体形和行为。地球上的所有陆地哺乳动物，体形都在一个狭窄的范围之内，体长没有达到 60 米的，也没有昆虫那么小的。如果将重力增加 50 倍，动物的体形就会小得多，活性也会大大下降。在极端的重力条件下，我们甚至可以想象身体接近扁平的智能生物。

反过来说，重力较低的行星会产生体形更大，但是体重更轻的动物，它们很可能会尽量借助自然的力量在母星表面移动。

不过，和地球动物差异太大的体形也会造成问题。再稍微想一想上面的那个飞机的比喻。一架飞机要服务人类，它在大小两方面就都要符合限度。同样的道理，体形很大的动物也会给自然提出设计上的难题。

其中的一个主要问题（这样的问题还有许多）是，这些动物需要硕大的心脏来为身体机能供应足够的血液,而硕大的心脏也需要硕大的肺部支撑。从地球生物的体形可以知道,这个限定并不严格;但是如果一种动物要进化成优势物种并且建立文明,它就还需要一个硕大的脑,而且这个脑不能仅仅用来控制庞大的身躯。脑子变大,头部也要跟着变大,并且需要更多血液来向脑细胞供应氧气,这反过来又需要更大的心脏和肺部——这样就陷入了一个恶行循环。

有人会说,恐龙的"成功"可以驳倒这个观点。其实不然。恐龙所谓的"成功",是指它们在地球上生存了上亿年。然而成功并不仅仅取决于物种的寿命,还要看这个物种在生态系统中扮演的角色。人类是地球上唯一建立文明的物种,也是唯一能够大范围控制环境的物种。

综上所述,即使只考虑以 DNA 为基础的生命,那些外星生物也显然可以有各种外观和大小,但是这样的差异也是有限度的。在一颗重力和地球大致相当的行星上,一个建立文明的物种多少会和人类有些相似。那么它的身体细节呢? 地外生物学家所谓的"局部特征"(parochial characteristics)或者"门面差异"(cosmetic difference)又如何呢? 它会有几条附肢? 多少感官? 什么肤色? 将来我们会不会遇到一个两只脑袋五条腿的绿家伙,我们能和这东西交朋友吗?

其他行星上的生态系统是否会令动物多生一对附肢或一只眼睛,这个问题可以讨论。也许多出这些东西是有优势的。但是就像我们前面看到的那样,在任何环境中,自然都会选择最为高效的方案。如果多生一只眼睛或两只耳朵的优势超过了额外的重量、额外的血液和额外的时间(进化的时间和在子宫中发育的时间)所带来的不便,那它就有可能发生。如果没有,那么进化就不可能允许这种动物支配星球,它会被更好的"型号"轻易地取代。

我们能顺着这个观点走多远?

有人将拟人论推到极致,主张一种发展出文明的成功生命形式,最有可能进化出和我们相似的形态——它们会变得像我们(或者说我们像它们)。但这么说的根据是什么?

　　想想动物的附肢数目。我们真的需要两条以上的腿吗？一种在高重力行星上产生的动物，确实可能长出三条或以上的腿，以便在压力之下更加高效地移动。但是你也可以说，同样的行星上可能产生一种两足动物，它的腿比其他动物结实得多，移动起来也比其他长了几条腿的对手更加方便。

　　有什么动物需要两个脑袋吗？我们人类几乎什么器官都有两样，可为什么唯独脑袋只有一个呢？

　　道理很简单：两个脑子，心脏不变，血液会不够用。于是我们又回到了那条体形和心肺大小的死胡同里。趋同不会允许出现这样的结果，它会执行最有效率的方案——同样是两足动物，只有一个脑袋的普通人要比两个脑袋的笨拙巨人好。

　　因此，一只三条腿、两个头的怪兽也许根本无法通过进化的滤网。你可以说这种外形是不太可能的，因为在地球上如此繁多的生命当中，还从来没出现过长着两个头的东西。然而严格来说，这并不是一个在经验上站得住脚的观点，因为我们推测的毕竟是一颗地外行星（在基于 DNA 的生物能够生存的限度内），它的条件也许是和地球相当不同的。

　　最后，我们能从这些论辩中得到什么确定的结论呢？首先，大多数科学家都认为宇宙中充满了生命，还有许多人认为我们的文明只是诸多文明中的一个。但是要说智能生物的生化原理不以 DNA 为基础，那就不太可信了。即使有动物沿着这条歧路繁衍生息，并且进化成了高级动物，我们也可能永远不会和它们相遇，就算相遇了也几乎肯定无法交流。

　　即便将目光集中在以 DNA 为基础的生命上，我们也依然会看见许多种激动人心的可能——地球上形形色色的动物就是明证。只考虑基于 DNA 的生物，它们会在许多种类的行星上形成进化，但是其中也有一些限定条件、一些环境方面的制约。再加上进化只能在地外行星上以某些方式进行，可能的结果就更狭窄了。有人据此认为，以 DNA 为基础的外星智能生物很可能与人类有着大致相似的外形。然而环境只要细微变化就会创造出非常不同的动物，它们也许使用其他化学物质来将氧气输送到细胞，它们的太阳可能会放出波长略有差异的辐射。将这些因素综合，或许就会使那些外星人的肤色不同于地球上的任何一个人种，因为我们的肤色是由血液中的血红蛋白含量和皮肤中的黑色素决定的。

　　有可能，我们有一天真会遇到传说中的小绿人。

第二十一章

孟德尔的怪兽

> 头脑正常的人都应该遏制那些卑下者的繁殖……那些灵魂和肉体都显得丑陋而兽性的人们。

> ——威尔斯,《预测》(*Anticipations*)

变种人和人造怪兽是科幻和恐怖作品中的主要角色,从古代神话到现代电影《变种异煞》(*Gattaca*)都是如此,它们仿佛是噩梦中才有的东西。自从玛丽·雪莱(Mary Shelley)在现代科学诞生的同时虚构出了弗兰肯斯坦(Frankerstein)的怪人,世人就一直在追问这类事情是否可能——人类真能造出人类吗? 人类真能摆弄生命的原料"制作"出其他生物吗? 我们能够在基本的层面上修改自己的身体,或者在没有生命的物体中注入生命吗?

在这些问题刚刚提出的年代里,生物学还处于婴儿时期,遗传学也是闻所未闻之事。就像炼金术士们幻想着将随处可见的金属炼成黄金,却没有完成这项工作所需的核反应堆一样,那些最先思考生物变异的学者也对现代基因工程所知甚少,更不用说相关的技术了。但是今天,我们已经具备了这些技术,我们对生命基本遗传过程的理解也与日俱增。核物理学家已经不是在私人实验室里钻研的炼金术士。我们已经拿到了启动自然界根本力量的钥匙，并拥有了创造大善与大恶的潜能。同样，基因工程师的手指也已经放到了改变生物的按钮上，这按钮将开启一个奇迹与福利的世界，或者将人类引向一场技术失控的噩梦。

我们将会看到，道德是遗传学世界里的一个关键问题，也是越来越多平常人将要面对的两难处境。我们或许已经掌握了操纵基因的技术，能够创造出天使或者恶魔，问题是我们应该动用这项技术吗？

遗传学的巨大飞跃是人类认知史上的一场伟大革命，它的发展之快简直超越了常理。有一位观察家说道："遗传学在21世纪对于人类生活的影响，可以和硅片技术的发展在20世纪80年代造成的影响相比拟。就像今天的几乎所有家庭都拥有了内置硅片的机器，遗传学的发展也很快会成为大家欢迎或诅咒的根源。"[1]遗传学的观念以及它在日常生活中的应用都是如此重要，以至于有人将基因工程看作了医学史上的第四次革命。

前三次革命，第一次是人类在大约200年前认识到了卫生对于健康的重要作用。第二次是19世纪中叶麻醉术的问世，使手术的安全性大大提升。第三次是发现了阻击细菌和病毒的手段，人类开始运用抗生素治病，并发明了疫苗。而第四次就是这项不久之前发明的技术了，从此医生能够精确地指出致病的基因，并将"坏的"基因替换成"好的"。

就像人类已经认识到的那样，遗传学，就像核物理，也是一把典型的双刃剑。核物理学家为我们找到了另外一种力量来替代逐渐枯竭的自然资源，有一天它甚至能提供星际旅行的手段。但是目前来看，我们从核研究中获得的知识还只带来了两枚原子弹爆炸和一场灾难性事故，我们手上拥有的武器足够毁灭人类文明许多次。

同样，遗传学也是一边提供了巨大的机会，一边又引发了各种担忧。从好的方面说，未来几十年内，科学家就有望掌握人类罹患的大约5000种遗传病的病因，他们将能够替换有缺陷的基因，培育人造器官植入人体,并改善许多地球生物的基因库以造福人类。从坏的方面说,克隆有被滥用的危险,它可能会引出变种人、克隆人、社会优生学,以及这些事物所带来的各种恐怖后果。基因工程真是潘多拉的魔盒,但是我们将会看到,它是不可能永远关闭的。实际上,这只盒子已经被掀开一半了。

遗传学的基础很简单:所有生命形式都会将性状传递给下一代,而传递时作为依据的基因蓝图已经印在了每一个生物体的每一个细胞之中。这张蓝图对每个个体都各不相同,这也正是一只乌贼不同于一匹赛马,汤姆·克鲁斯不同于克林顿的原因。这张蓝图叫做"遗传密码",由许多称为"基因"的微小单元组成(每个人类细胞内有 10 万个基因),而构成基因的则是一种庞大的生化物质 DNA,也就是脱氧核糖核酸。

对遗传学的研究源远流长。现代人对遗传学基本概念的理解可以追溯到奥地利神父孟德尔(Gregor Mendel)。19 世纪 50 年代,他发现性状在世代之间的遗传是通过他所谓的"独立因子"(discrete factor)完成的,我们今天称之为"基因"。

孟德尔意识到每个个体都会继承两组完整的基因,它们叫做"等位基因",各来自父母中的一方。他还发现这些等位基因会在繁殖时发生变化,但是在被亲代传递给子代之后就不再变化了。个体之所以各不相同,是因为每一个亲代也有两组等位基因,所以每一个子代都有 50% 的概率从父亲或母亲那里获得某组等位基因,或者说有 25% 的概率得到任何一种特定的基因组合。这种基因的"洗牌"创造了各种性状,包括我们的肤色、体型,我们对某些疾病的易感性,甚至我们的性征和心理特质。

孟德尔虽然提出了遗传物质的概念,但是他并不知道遗传过程在化学层面上的原理。直到他过世后近 70 年的 1953 年,这个秘密才由剑桥大学的沃森和克里克揭晓。两人发现基因是由一种非常复杂的分子,即 DNA 构成的,而 DNA 又由两根链条——著名的双螺旋——构成。

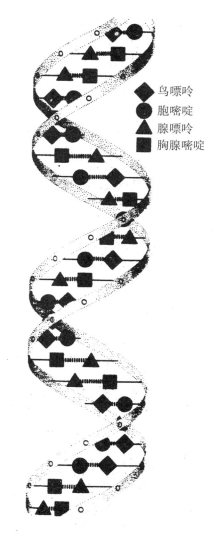

♦ 鸟嘌呤
● 胞嘧啶
▲ 腺嘌呤
■ 胸腺嘧啶

图 21.1

　　每一个生物体内的每一个细胞里都有 DNA。这虽然是一种巨大的分子,但巧妙的是,构成它的却只有四种基本的化学单元,称为"碱基",它们是 A(腺嘌呤)、T(胸腺嘧啶)、C(胞嘧啶)和 G(鸟嘌呤)。每个 DNA 分子内部都有几亿个 A、T、C 和 G,它们散布在 DNA 的各个部分。它们三个一组,构成一串串三个字母的密码(我们可以将这些密码看作"单词"),并指导氨基酸以精确的序列构成蛋白质。而蛋白质就是一切生物的基本骨架。

要了解其中的原理,不妨将一个细胞看作一套巨大的百科全书。其中的每一卷都相当于细胞内的一条"染色体"。每一个人类细胞内部都包含 23 对染色体,它们由极其修长、紧密盘绕的 DNA 构成。这套人类的百科全书共有 46 卷,每一卷都有数十亿字的容量,和它们相比,《指环王》不过是薄薄的一本小册子。

一套百科全书中的每一卷都涵盖了大量内容,同样的道理,每条染色体也都控制着生物体的某些性状。打个比方,毛发的颜色就是"法国殖民史",身高就是"5 世纪的中国帝王",指甲的形状就是"莎士比亚生平"。

在这个比喻当中,百科全书中的一个个条目就是染色体上的一个个基因。当然,真正的百科全书是由段落、单词和字母构成的。将这个比喻引申开去,段落就是组成基因中特定部分的大段 DNA,单词就是为单个氨基酸编码的三个碱基组成的一串,而字母就是 A、T、C、G 这些碱基了。

除了提供构成基因的材料之外,DNA 还在基因内部复制自身,作为生物生长的载体。它是细胞自我复制的基础。这就好比是我们的这套百科全书能够无限制地复印、发行,而每一套都是第一套的精确副本。但是像复印一样,复制的过程也总会出现微小的差错。这些"差错"就是"变异",对于我们的后代,它们可能有益,也可能有害。重要的是,这些变异随时都在发生。我们的体内都有变异的基因——说到底,如果我们父母的基因没有在繁殖中变异,我们就都会变得一样了。

到 20 世纪 60 年代晚期,就在沃森和克里克的革命性发现后的 15 年,科学家对这套百科全书中的单词的形成方式已经有了相当清晰的了解。他们发现,要正确地摆放氨基酸并形成蛋白质,4 种碱基中只要有 3 种同时工作就行了。也就是说,在这 4 个字母之中,可以产生出

24 种 3 个字母的组合。不过从那时候起,遗传学的发展速度又有了指数式的上升。

20 世纪 80 年代出现了一个新的"大科学"项目,投入的资金几乎和"阿波罗登月计划"相当;参与项目的科学家来自全球,这一点更是远远超过了"阿波罗登月计划"。这个项目的使命是绘出人体所有基因的图谱,称为"基因组计划"(Genome Project),目前,这一计划的测序工作已经完成。

自从 20 世纪 80 年代初启动开始,人们对基因组计划就一直褒贬不一。至今它已经揭晓了许多遗传学的新知,尤其是关于人类的基因组成。到现在,几乎每一天都有报纸宣布对某种疾病的研究有了新的突破,这都多亏了全世界遗传学家的发现。今天的我们已经走到了一个奇怪的境地:我们能够诊断的疾病很多,能够治疗的却很少。这带来了一个新的问题:如果无法治疗,我们还愿意知道自己得的是什么病吗?

这只是许多不断增多、日益明显的道德问题中的一个罢了,遗传学发展得很快,也许太快了,使得这类问题大量产生。但是操纵基因能够带来的好处又无疑是巨大的,我们要想享受这些好处,就必须学会应付其中潜藏的危险和问题。

现在看来,媒体对遗传学的好处和坏处是同等关注的。当乐观人士在屋顶上喊出他们对未来的希望、宣布他们当下的成果时,我们也常常听见这个领域的恐怖故事。这枚硬币的两面分别是什么?其中有着怎样奇妙的希望,又有着怎样可怕的梦魇?

我们先来看看对自身基因组成的研究会带来哪些大好机会。

这张清单的开头无疑是**基因疗法**(gene therapy)领域的那些激动人心的进展。顾名思义,基因疗法是一种着眼于修改身体基因组成的医疗方法。我在本章开头说过,人体包含大概 10 万个基因,它们分别处在每个细胞中 23 对染色体的不同位置上。

人类所知的许多疾病都和我们的遗传性状没有关系。最明显的例子是那好几千种传染病,其中唯一和遗传有关的部分是我们抵御传染的能力,以及我们的免疫系统抗击它们的效率。但是除此之外,也有5000多种已知的疾病受到我们基因组中某些基因的直接影响。

遗传病可以分成两个类型,一类是由一个或几个"显性基因"造成的,另一类是由一个或几个"隐性基因"造成的。

所谓显性基因指的是一个单独作用的基因,它可能来自父母中的任何一方,靠自身就能产生性状,不需要来自父母另一方的互补基因(要记住,我们从父母双方各获得一组基因)。有的显性基因是完全无害的,比如有一种基因决定了人的眼睛是棕色,它比任何其他颜色的基因都要"显性"。一个人从父母一方那里获得了棕色眼睛的基因,从另一方那里获得了蓝色眼睛的基因,那他就肯定会长出棕色的眼睛。

如果一个人获得了某种疾病的显性基因,那么和没有这种基因或只拥有隐性基因的人相比,他们在成年后罹患这种疾病的概率就要高得多——到了一定年龄,这个基因会自行"启动"并引发一连串生化反应,最终导致疾病。这类重病的一个例子是亨廷顿病(Huntington's disease),这是一种可怕的退行性疾病,大约每5000人中就会有一人得病。这也是一种致命的绝症,它是由一种显性基因引起的。1983年,研究者发现了引发亨廷顿病的基因,这是人类发现的第一个导致遗传病的基因。时至今日,亨廷顿病依然无法治愈,但是我们已经可以通过筛查手段知道自己是否有这个基因,又是否可能将这个基因传给后代了。

隐性基因要配对才能发挥作用。换句话说,一个人继承的某个基因可能会产生某个或好或坏的性状,但这个性状只有在互补基因同样"启动"时才会出现。有时候,人们会继承一个经过变异,无法正常工作的隐性基因。这个基因发挥不了它平常的预防作用,比如生产某种特殊的化学物质以阻止其他生化过程的发生,结果就是引起疾病。而另一些时候,人们又会继承一个正常工作的基因,它会开启某些复杂的生化通道,同样导致疾病发生。如果这个基因是显性的,那么基因携带者就极可能得这种病。如果这个基因是隐性的,那么它的互补基因就必须被某个未知的因素"激发"才会使人发病——这个因素包括环境中的致癌物质、核辐射、激素紊乱、吸烟,等等等等。

直到不久以前,这些遗传病还只能用手术或者大量用药的手段治疗,有些则根本无法治疗。像亨廷顿病之类的疾病到今天还是绝症,就像前面说到的那样,现在的遗传学知识顶多帮助我们预防它们的遗传。但是研究者希望,在不久之后,医生将能够根据基因的位置和它们相互作用的方式,治疗越来越多的疾病。有了基因疗法,我们已经能够将健康基因植入遗传病患者的体内,并寄希望于身体自行复制健康基因,剪除致病基因,或者抵消致病基因的危害。到今天为止,能够用这项技术治疗的疾病还很有限,好在该疗法正不断进步,遗传学家也把网撒得越来越远了。

这个过程的第一步是找到致病基因。候选的基因有 10 万之多,加之几乎任何疾病,或者人与环境的任何生物学互动都是一个牵涉许多基因的复杂过程,这项任务显得无比艰巨。但是随着我们对基因的了解渐渐增多,随着基因组计划揭示出更多基因的功能和互动方式,我们对整个系统的工作原理也将有越来越深入的了解。

基因疗法最近的一次胜利是治好了一种叫做"腺苷脱氨酶缺乏症"(ADA)的疾病,它危害的是免疫系统的功能。另一项进展是用基因疗法对抗"重度联合免疫缺陷病"(SCID)。今天,遗传学家正积极尝试用这项技术抗击各种可能致死的疾病,包括癌症、囊性纤维化、血友病和艾滋病等。

基因疗法的一大难题是如何将"好的"基因运送到患者体内的适当位置,鼓励身体接纳它们,然后用自然和正确的方式复制它们。研究者在这方面下了许多工夫,并在逐步取得进展。有的研究者甚至想到了为人体添加第 47 条染色体,在上面加载所需的基因。这条染色体将在人体之外生产,根据特殊要求剪裁,然后再植入人体令其复制,就像遗传学家对单个基因所做的那样。

　　这个创意的理论成分很大,离实际应用还有很长的路要走。它相比植入单个基因的做法有巨大的优势,但是实施的难度也要大许多倍。我们将会看到,这样的先进理念会为制药业开创一片新天地,但是也会有危言耸听者担心这门复杂的科学遭到滥用:既然我们能为医疗的目的修改染色体,那不是也能创造出转基因怪兽吗?

　　在较为现实的层面上,个人对基因工程的介入也会成为一个问题,因为这门科学正在飞速发展,带领我们进入未知的领域,在为个人提供无限可能的同时,它也蕴含着遭到误用的可怕前景。

　　我们一旦知道了基因组的详细结构,就很快能在子宫中绘出一个胚胎的基因构成了。届时,父母将能够决定这个孩子是不是他们想要的。这种能力将会开启各种机会,它们既带来益处,又使人警觉。我们都想要一个更加健康的世界,但是在大多数人看来,由父母决定胚胎是否"完善"是在滥用知识。

　　如今,医生已经可以在一对夫妇决定生育之前对许多疾病开展基因筛查了。有些会造成严重危害的疾病会在家族中代代相传,一旦了解了自身对这些疾病的易感性,未来的父母就能够权衡利害、自行决断了。在研究者看来,这是遗传学的一个非常积极的成果。但正是同样的信息、同样的发现和同样的技术,也开启了按照个人要求修改胚胎的可能。

　　大多数人并不会因为发现了一些微小的缺陷就干预胎儿的发育或中止妊娠,但有的人真会这么做。这样推想,未来将是怎样的一个世界?许多父母只要男孩,如果新技术能在妊娠早期告诉他们胎儿的性别,他们就可能决定堕胎。同样,他们可能发现胎儿一出生就会是个聋子,或者有很大的概率在 30 岁罹患某种癌症——这时他们又会如何抉择?

　　当前的主流民意似乎是坚决反对改进胚胎特征的。在 1993 年的一项英国《每日邮报》(*Daily Telegraph*)与盖洛普公司联合开展的调查中,有78%的受访者反对父母"设计"自己的孩子。然而美国的一项调查却显示,有43%的民众赞成用基因疗法提高儿童的智力。[2]

另一个危险是遗传信息可能落入外人手中。保险公司可以随意读取个人的基因组信息吗? 个人在购买人寿保险时应该申明自己拥有某个基因,因而较易患上某种重病吗?

在未来,这些问题都将变得司空见惯,每个人都会以这样那样的方式遇到它们。那时的我们都会知道自己的基因档案,甚至 10 年之内,我们就很可能要携带一张记录了自身基因组信息的"基因护照"出门了。我们都将卷入一场辩论,辩题是我们最深的隐私——自己身体的核心结构。我们只能希望,随着新技术的发展,我们对于技术引发的社会和伦理问题也能充分应对。

除此之外,我们的社会还将走入一座有微妙差异的道德迷宫,并要从中找到出路:随着遗传学知识的大大增加,它们会不会在某一天将我们引上优生学的道路? 个人为尚未出生的胎儿考虑和抉择,这是一种**个体优生学**。那么将来会不会出现一种**社会优生学**呢?

人类文明已经摆弄这个危险的观念许多次:本章开头的引语就是来自威尔斯鼓吹社会优生学的一本著作,而对优生学最著名的运用就是纳粹在 20 世纪 30 年代及 40 年代早期的选择育种项目,它的目的是创造一个"超级种族"。这个过分简化的项目不涉及高科技的遗传工程,它的所有框架都是建立在一个错误假定之上的:只要选出"完美"的父母,他们的"优良"品质就能传给下一代。今天,我们已经知道,遗传学可没有那么简单;如果不在基因的层面上操弄,是不可能保证某些品质一定会遗传下去的。现在的我们掌握了先进的技术,未来 10 年也必将继续发展,做到这一点已经是可行的了——通过修改胚胎的基因组,或者克隆技术,就能去除"负面"品质,培养"正面"品质了。

表面上看,优生学的基本原则似乎是没错的:就像前面说过的那样,我们都想要一个更加健康的世界;而一个行星上的居民拥有更高的智能与社会责任感,这显然是一种进步,这一点很少有人会否认。但优生的概念依然存在许多问题。

首先,优劣到底由谁决定?谁有权力断言哪个胚胎该死,哪个胚胎能活?其次,优生学家眼中的"负面"性状或特征,有时却能结出优秀的果实。举两个最有名的例子:霍金和贝多芬(Beethoven)。霍金在23岁时患上了退行性神经疾病肌萎缩侧索硬化(ALS),但他后来依然成为了全世界极具影响力的物理学家和畅销书作者。贝多芬成年后失去了大部分听觉,却还是写出了前所未有的高雅音乐。要是掌握生杀大权的特殊人物完全根据基因档案中收集的证据来实施"优生",那么霍金和贝多芬就都没有机会出生了。

最后还有一个限度的问题:如果将优生学定为政策,那么对不完善胚胎的筛除就可能发展到荒谬的极端。对完善公民的追求是否会阻止某个将会在后半生发胖的人出生?或者是某个容易产生体臭的人?*

除了基因疗法,还有一种研究可能蕴含着更加激动人心的潜力,那就是最近登上媒体头条的遗传学研究——克隆。

长久以来,克隆一直是科幻作品的热门主题,但是直到近年,它才成为了一门受人尊敬、可能创造时代的严肃科学。科学家几乎从知道遗传学基本原理的那一刻起,就在思考克隆的可能性了。后来,克隆又迅速走进了公众的视野。它成了几部长篇小说的主题,最著名的大概要数《巴西来的男孩》(The Boys from Brazil),其中讲述了一个真实人物——纳粹医生和实验者门格勒(Josef Mengele)克隆希特勒基因,妄图创造一个领袖种族的故事。科幻文学中还有一个不太出名但是更加令人胆寒的例子,那就是长篇小说《三号方案》(Solution Three),作者米奇森(Naomi Mitchison)是英国著名生物学家和科学哲学家霍尔丹(J. B. S. Haldane)的妹妹。这部小说的背景是一个核大战后的荒凉世界,人类已几乎灭绝,人们企图用克隆技术在地球上重新繁衍,结果却造成了灾难。

---

* 有趣的是,遗传学家现在已经能够定位这个性状了。伦敦大学的菲利普斯(Ian Philips)在不久前发现了一种基因变异,它使一种酶产生缺陷,无法分解一种叫做"三甲胺"的化学物质,而三甲胺正是产生体臭中的那股"死鱼味"的物质。

在那之后，又有人妄图蒙骗大众和科学界，使其相信人体克隆已经成功了。1978年，自由撰稿人罗威克（David Rorvik）撰写了一本据说是纪实作品的书，其中描述了他是如何帮助一名古怪的富翁克隆他自己的。这当然是一个简陋的骗局，后来也遭人揭穿了，但这时的罗威克已经赚到了大约40万美元的版税和预付款。

这最后一个例子产生了极大的副作用：它在科学界引起了剧烈反应，好几位遗传学家都表示克隆技术"希望还很渺茫，根本谈不上应用"。[3] 部分出于这个原因，克隆技术在许多年来始终被抛弃在科学的荒野。自罗威克事件之后，科学界中那些主张克隆可行，宣布自己已经胜利的边缘人士就变得更加边缘了。这些人因为种种原因受到了冷落，有的甚至被科学界公然排斥。

到1996年7月，名不见经传的英国科学家威尔穆特（Ian Wilmut）首次用成体细胞克隆出了一只哺乳动物，消息传来，举世震惊。威尔穆特的研究领域是长久以来被科学界视为一潭死水的胚胎学，他在实验室里"创造"的这只绵羊名叫多利。

这个突破立即传遍了全世界的报纸，也很快成为了各种书籍和电视纪录片的主题。然而克隆究竟是什么？威尔穆特等人的研究又将如何改变文明的进程将社会推入史上罕见的伦理困境之中？有了这些知识，我们是否会创造出玛丽·雪莱所构想，并且在上千部科幻小说中担任主角的那类怪物？

克隆的过程是将卵细胞中的遗传物质完全取出，并换入供体的整个基因组（即整套基因），接着再将供体复制出来。

实现简单的克隆已经有一段时间了。在克隆多利之前，威尔穆特和他的团队已经成功克隆出了两只绵羊，分别叫梅根（Megan）和莫拉格（Morag）。但他们之前的做法是分裂一个单独胚胎，创造出同一只绵羊的两个相同的副本。这种技术和创造多利的克隆实验有两个显著的不同。首先，在多利之前，研究者的克隆手段大多是分裂受精卵；而在卵细胞中植入遗传物质的方法，他们只对一些相对简单的生物体用过,包括细菌、植物,以及少数青蛙之类的动物。还有一个更重要的因素使威尔穆特的成就和之前的所有实验有了断然的分别:他是从一只**成年**动物体内取出遗传物质,然后将之种植到受体的卵细胞中去的。

这项技术显然蕴含巨大的潜力,不仅对科学如此,对全人类将来的生活亦然。有史以来,首次有一位科学家将"科学幻想"中的克隆理念变成了现实——他真的将遗传物质从成年动物体内取出,再从受体的卵细胞中去掉原本的遗传物质,然后用"外来"物质填充了它。只要将这项科技再推进一小步,就能做到将一名成人的遗传物质取出,放进一枚受体的卵细胞内部,然后在实验室中培育出一个新人了。这个新人将不仅仅是原来那名成人的双生子或近亲,而是会成为和他完全相同的副本,拥有完全相同的基因。

这个过程可以分解成几个清晰的步骤:

1. 取出供体的一些细胞,将它们放进玻璃培养皿中,贴上"克隆"标签。

2. 第二步或许是最重要的一步:将卵细胞置于"休眠"状态。为此要切断卵细胞的营养来源,使其停止分裂,并进入一种能够"重新编码"的状态。也就是要"欺骗"卵细胞,让它认为自己回到了胚胎状态。接着一旦去除了旧的 DNA、注入了新的 DNA,卵细胞就能开始分裂了。不过谁也不知道切断营养是如何使卵细胞进入这种状态的。

3. 给一大群妇女服用特殊的混合药物,使她们进入"超数排卵"(superovulation)状态,也就是在短时间内产生大量卵细胞。

4. 将这些卵细胞收集起来,去掉细胞核。细胞核是一个细胞的神经中枢或者"大脑",其中包含了 23 对染色体,也就是一个人的全部基因组。这一步需要灵巧的手法,因为在去除细胞核之余绝不能破坏细胞膜内的其他物质——细胞质。

5. 将供体身上取得的细胞取出细胞核,放进取出了细胞核的受体细胞内。对受体细胞发射一个电脉冲,促进其接纳外来物质。至于为什么电脉冲能有如此功效,同样没人知道,总之它就是有效。

6. 将这枚混合的卵细胞放入另一名妇女的子宫中,她将充当孕育这个克隆体的代孕母亲。

7. 等待 9 个月。威尔穆特的团队将克隆哺乳动物的成功率定为 1/300 左右,这个数字是威尔穆特根据自己用绵羊所做的实验得出的。还没人知道克隆人类的成功率会是多少。

威尔穆特克隆出多利的新闻刚刚宣布,就立刻有人担心起了这项技术被用来克隆人类的问题。幸好,联合国已经明令禁止一切使用人类**生殖细胞**——也就是从人体中取出的卵细胞和精子——的研究。这条禁令使得遗传学家只能操纵那些被称为"体细胞"的细胞,也就是那些不参与繁殖的细胞。但是在有些人看来,这条禁令却包含了几个重大缺陷。

首先,有尖刻的人指出这样的禁令是西方人凭自己的道德判断颁布的,因此只能维持一段时间,只要有国家意识到了人类克隆实验中蕴含的商业潜力,就立刻会放松限制。他们举出其他以道德标准为基础的禁令作为证据,指出这些禁令终究还是遭到了违反(比如制裁伊拉克、禁止地雷战等等)。还有些观察者提出了一个更加重要的问题:西方国家禁止用生殖细胞开展克隆实验的做法或许是道德的和明智的,但是又有什么能阻止那些"流氓"国家(包括那些正在试验细菌武器和神经毒气,或正在向无耻的独裁者出售武器的国家)获得这项技术,并且创造一个像《巴西来的男孩》那样的世界呢?

国际社会正逐渐认识到克隆中蕴藏的危险和它巨大的潜力。威尔穆特在被美国众议院科学和技术委员会请去作证时宣称:"我们会发现,对于人类胚胎的克隆研究是对人的侮辱。在临床实践上,我们还找不到制造一个人类副本的理由。"[4] 美国基因疗法实验室主任安德森(French Anderson)教授最近的一番话也很有道理:"我们的社会有可能滑入一个新的优生学时代,这是真实存在的危险。让生病的人过上正常生活是一回事,而要'改进'正常人就是另一回事了——无论那'正常'指的是什么意思。当我们开始修改生殖细胞,情况就会变得更加危险。因为错误的观念或恶意而修改人类的基因构成,可能会造成延续几代人的问题。"[5]

遗传学家兼科普作家塔奇(Colin Tudge)在不久之前发表的一篇文章《克隆?以后就是常事了》(Cloning? Get Used to It)中进一步指出:"我们必须面对现实:一切生物学定律都可以归结为基本的物理学定律,只要不违背这些基本定律,技术就能做到任何事情。我们还要明白,强有力的新型生物技术已经不是人类所能控制的了。其他国家可能会因为各自的法律、习惯和风俗,通过对资金的把持来影响技术的发展。然而美国是为市场的力量所驱动的,虽然我们知道多数美国人都谴责克隆人类的想法,但是同样多数的美国人也都拥护宪法,而宪法又保护了少数人任性而为的权利。即使只有1%的美国人向往人体克隆——我们知道确实有这么多人——其余99%的人也是无法否决他们的。"[6]

与此同时,英国人也在就这项新研究的用途开展激烈辩论。人类受精和胚胎学管理局(HFEA)禁止在实验中使用发育超过14天的人类胚胎;也就是说,在实验中克隆的人类胚胎只要超过了这个时限就必须销毁。局长迪奇(Ruth Deech)表示:"我们绝不会向任何会产生克隆婴儿的疗法颁发执照。"

然而那些彻底反对克隆的人士却依然对科学界深表怀疑。比如反堕胎慈善组织"生命"的研究主任加勒特(Peter Garrett)就宣称:"我们知道,一旦允许对人类的生命做这样的操弄,很快就会创造出一个噩梦般的世界。他们先是提出这个14天的时限,以此哄骗我们允许克隆研究。接着我们就会听到那些老一套的功利主义说辞,说是用实验室里的克隆体开展研究有种种潜在的好处之类。等我们一旦接受了这个想法,他们就会立即放宽年龄限制,接着只要一两年的时间,他们就会随心所欲地克隆人类了。"[7]

也许是因为第一只克隆的哺乳动物在这里诞生,英国也是最有兴趣继续探索这门新科学的国家。最近,英国政府刚刚拒绝了一份要求严格限制克隆研究的协议,这份协议由 19 个欧洲国家联合签署,包括意大利、法国和西班牙。虽然美国参议院同样拒绝了一份反对克隆研究的法案,但是美国的当届政府,尤其是现在的这位总统,却都是极力反对克隆实验的。

没有人确切地知道克隆人类会和克隆一只绵羊有什么区别。人类和绵羊当然都是哺乳动物,所以两者的克隆方法应该没有多少根本的不同。如果绵羊细胞可以用电脉冲激活,并且用切断营养的方式使之休眠,那么人类细胞应该同样可以做到。克隆是一门要求很高的技术,需要经验丰富的科学家和成熟的技术支持。但是说到技术之复杂,它毕竟无法与核技术的应用相提并论,甚至比不上细菌武器或化学武器的研发,它的运输体系和防御机制都和这两类工程不在一个档次上。

要建立一个秘密的人类克隆设施,需要的是一队专家(花钱就能请到)、一座成熟的生物化学实验室(只要资金充足,同样能轻易办到)、一个人类组织、几个受体、供体和代孕母亲、以及连绵不断的好运。现在的形势很清楚:一个成熟的国家,只要决心够大,再加上适量的资金投入,就有可能开发出克隆技术。那么有了这样一座设施,这个国家又会拿它做什么呢?

它的潜力几乎是无穷的。最容易想到的就是克隆出这个国家的领袖。一个自大狂人显然会对这感兴趣,比如萨达姆·侯赛因(Saddam Hussein)、伊迪·阿明(Idi Amin)或加尔铁里(Galteri)这类人。* 另一个用途是为了特殊目的制造转基因人类。将克隆和基因疗法中提炼的技术结合,就有可能创造出具有特殊性状的克隆人来。使用这种方法,理论上还可能创造出"超人"——也就是根据特定要求"生产"出来的人类。

不过在给这些前景冲昏头脑之前,我们还是应该先看看基因工程的一些严重局限。克隆哺乳动物显然是可能的;植入理想的基因、操纵

---

* 伊迪·阿明,乌干达前总统;加尔铁里,阿根廷前军政府领袖。——译者

现成基因组的手段也变得越来越成熟了。这些遗传学技术能用来改变人类的许多性状,从眼睛的颜色到身高,统统不在话下。它们还可能调节人对非物理刺激的反应,因为研究者现在认为,基因构成也部分决定了人类的心理活动。

以上的"部分"二字十分重要,因为人之为人,不仅仅是一套基因的组合,这一点在人类的心理活动中表现得尤为突出。

不久前,有人宣布发现了"同性恋基因",在社会上引起了一阵轰动。同样在过去几年,报纸上频频刊载遗传学家发现所谓"酗酒基因"、"暴力基因"等等的新闻。然而遗传学家在宣布这类发现时,他们实际想说的只是某某基因使人比较容易出现某种或好或坏的性状。除了身体的基因构成,我们成长的环境也同样重要。特别是在性征、口味和情绪的控制力上,环境的影响尤其关键。

也许在很短的时间里,定制基因就会成为可能,不过单单操纵遗传物质还是不够的。就算我们有了政府的批准,能在受控的环境中开展有益的克隆,其结果也并不是完全可以预料的。我们或许能制作某人身体的精确副本,但是那个副本真的会长成原来的那个人吗?答案是当然不会。

假如有亿万富翁某甲想要克隆自己,他(她)提供了遗传物质,研究者开展了实验,克隆体也如期出生了。但是,就算在人为制造出的、极为相似的环境中成长,这个克隆出来的孩子也会经历和原来的供体完全不同的人生——毕竟供体本人不是克隆出来的,也不是在受控的环境中长大的。

还有一个更加微妙的问题需要考虑:胚胎在子宫中的发育也许并不完全是由细胞中的基因左右的。现在还没人知道细胞质(细胞中包裹细胞核的物质)对受精卵的发育有什么影响,也不知道母亲体内的生化环境和她怀孕期间的经历会对胎儿的生长有什么冲击。

不过,我们还是先把克隆技术向前推进几步,进入现代人眼中的超自然领域,去看看我们可能会称之为"超科学"(superscience)的学问。

让我们来看看遗传学研究提出的几种极端可能。

有些神经生物学家正在假想为新生儿创造一个"次级脑"(secondary brain),具体做法是在婴儿出生时在其头部植入一个微芯片。这枚芯片能记录脑的每一个体验,并且和自然脑记下相同的信息。换句话说,这枚芯片相当于一个"后备脑"。当植入对象死亡,这枚芯片就从他体内取出并放进一具新的身体,使它的主人带着"前世"的所有信息重新开始生活。

如果将这个构想和克隆技术结合,那么人类就可能获得许多次生命,并同时在身体和精神上都保持不变——只要将芯片植入用旧身体的细胞构造的新身体,一个人就再次"完整"了。

当然了,宗教人士还是会有一些反对意见的。他们会说这个人毕竟不算"完整"——他虽然拥有和原来相同的记忆和身体,但他的灵魂又到哪儿去了呢?

许多科学家都不认可这个意见,认为"灵魂"的概念纯属虚构。他们主张,我们错误地赋予"灵魂"之名的东西,其实不过是人格的一个方面;而人格也不过是从人脑的复杂性中产生的一种组合。换个说法:人脑是极复杂的,它使我们在活着的时候具有自我知觉和人格,而这种自我知觉和人格就是"我",就是"灵魂"。如果杀死人脑,灵魂或人格(随你叫它什么)就随之消亡了。反过来说,要是能将人脑的复杂性保存下来,再加上人脑从经验中获得的信息,那么"人格"就同样可以保存下来,并放进一具新的身体里。

即便不考虑心灵的保存,光是身体的克隆也会使宗教人士产生许多疑问。比如,要是人类不需要自然生殖就能创造另一个人类,那么创造出来的这个生物还能称之为人吗?

这些问题将我们引入了一片道德和伦理的雷区,它提出了许多问题,每一个都极难回答。比如:灵魂是在哪里产生的? 它是像有些宗教宣称的那样,在受孕的那一刻形成的吗? 如果是这样,那么那些不经受孕而出生的动物就没有灵魂吗? 上文提到的那个关键步骤,即用电脉冲启动细胞,算是一种受孕吗? 如果是那样,那么电流通过细胞的那一刻是否也产生了灵魂,就像在自然受孕时会产生灵魂一样?

在将来,这类问题会使越来越多的人陷入思考。我十分相信人类的克隆体会在未来10年之内产生,唯一的悬案是他将通过何种步骤产生。这样一个生物是会来自一个"敌对"政权,还是诞生于西方世界的某个秘密实验之中? 或者,西方各国的政府是否会放松法规,允许这样的设想实现(也许是为了抢在流氓国家的前头)?

随着克隆人的出现,越来越多的人会开始思考:灵魂的意义是什么? 自然受孕有什么特殊? 心灵、身体和灵魂的相互关系又是什么? 如今这些问题几乎完全位于哲学家的领域之内,但是到了不久之后,它们必然会成为人人争论的焦点。就像我们今天关心地球的生态或堕胎的对错一样,这些问题也会在将来成为我们生活中的一部分。

第二十二章

大地魔法、地脉和麦田怪圈

我们的文明……还没有完全从它诞生的震撼中恢复过来——我们曾经生活在部落社会或"封闭社会",臣服于魔法的威力,后来却变成"开放社会",解放了人的关键力量。

——波普尔(Karl Popper),
《开放社会及其敌人》(*The Open Society and Its Enemies*)

早在文明诞生之前,人类就有了对"大地魔法"(earth magic)的信仰,他们相信通过某种方式,人能够和世界上的各种自然力相互沟通。

现在很时兴说我们人类是一张巨大**网络**的一部分,这张网络中包罗了各种有生命的和无生命的物质。这个整体论的观点主张大自然中存在一个格式塔(gestalt),一股从各个部件的和谐共存中涌现出来的伟大力量。

在理性的观察者看来,这个宽泛的概念一定是以这样的事实为基础的:通过某种神秘的机制,人类的某些器官能和周围世界中的各种自然力产生沟通或者联系——这自然也是本书讨论的许多超自然现象的中心论点,比如许多传心术的信徒就认为,读取他人想法的能力来自某种网络,某种所有人类心灵之间的无形连接。那些相信有外星人在造访我们的人也主张,有一张"宇宙之网"联系着不同星球的生物。而在炼金术士和赫尔墨斯主义的信徒看来(现在还有人这样看),宇宙的秘密也许正在平常的事物中显现,他们同样认为宇宙中存在着某种模式或者网络,将各种自然力和地球上的生物联系在了一起。

然而在科学家眼里,许多这类观念都是含混模糊的,并没有确凿的根据。再加上鼓吹者心怀不轨,接受者甘愿上当,使得许多强有力的超自然观念都变成了不温不火、混乱糊涂的说辞。不过也有超自然现象的狂热信徒指责科学家怀有类似的意识形态。比如那个贝尔实验:同样来源的两个粒子发射到一部装置,再由这部装置以光速朝不同的方向发射。

就像我们在第六章"来自未来的景象"中看到的那样,如果这两个粒子中的一个发生了变化,那么另外那个的性质也会随之变化。例如,当一个粒子的**自旋**发生变化,那么以光速朝相反方向飞行的另一个粒子,它的自旋也会在同时发生变化。这似乎违背了物理学的定律,尤其是爱因斯坦的相对论——它将宇宙中任何物体的速度限制在了光速以内。

目前对这个实验的解释是这样的:只要两个粒子在宇宙的历史中曾经以任何方式连接,它们就将永远保持通讯。物理学家在讨论并分析这个解释时使用了数学工具,而且他们多数是头脑清醒的人,不会浪费时间思考各种神秘主义和玄学领域的怪论。然而超自然现象的研究者都硬说科学家的这些想法对应了他们自己非数学的理论和解释。

他们主张宇宙中有神秘而未知的力量在发挥作用,然而就像我在本书其他地方指出的那样,宇宙中已经不太可能还有我们还不知道的重要的力了,除非它极其微弱、不与其他已知的力相互作用。这个原因很简单:如果那是一种强大的力,那么我们早该注意到了。如果出于某种奇怪的原因,我们以前竟没有注意到,某一天却忽然发现了它,那么它的出现就会摧毁科学——然而这是不可能的,因为科学已经**成立**了。

如果科学（技术）不成立，你就不会在这里读这本书了。

那些受到误导的神秘主义者称，世间的确有我们尚未发现的奇异力量在起作用，只是它们位于宇宙的其他角落。我在第二十章"我们有外星同胞吗？"中已经驳斥了这种观点：普适性原则已经消除了这种可能。再说，就算真有奇异力量在宇宙中别的什么地方起作用，也不能用它来解释地球上的许多超自然现象。

大地魔法有许多形式。就像前面说过的那样，可以将它看作是解释所有超自然现象（尤其是传心术、透视、遥视、灵体漫游，甚至还有球状闪电、幽灵和骚灵现象）的关键原因。也有人用它来解释其他神秘主义和玄学现象，包括石碑、地脉（leylines）、占卜找矿、金字塔和麦田怪圈等等。

在大地魔法的种种表现中，地脉是人们写得最多和讨论得最多的一个主题。关于地脉的传说十分古老，但是和许多神秘主义观念一样，它也曾在数千年的时间里被遗忘、被失落，直到20世纪初期才被重新发掘，随即在新世纪运动的拥护者中找到了新的信众。

"地脉"这个名词是业余研究古代道路系统的英国人沃特金斯（Alfred Watkins）首创的，他写了一本名叫《古老的直路》（*The Old Straight Track*）的书探讨这个课题。沃特金斯认为，目前在乡间的大小道路都体现着古老的模式。换句话说，所有道路，不论古今，都有着同样的走向，遵循同样的路线。不过他并没有对这种奇异的重叠作出解释，也肯定没有在古人铺设的道路和现代工程师设计建造的道路之间看出什么神秘主义的联系。

从沃特金斯的观点出发，有人提出了地脉即**力线**的玄学观点，并将它当作解释各种神秘现象的原则。比如有超自然现象的研究者用力线或者"能量渠道"（channels of energy）的概念来解释寻水术。利用这种技术，某些人号称能用一根寻水杖找到地下水。古代的寻水杖都是用分叉的榛树枝做的，现在则用什么材料的都有，最常见的是切割成 L 形或 Y 形的铁丝。拥护者称，寻水术的原理是寻水者的心灵和地脉中流动的能量之间产生了某种联系。

地脉说的拥护者还宣称动物很善于感受地球上的那些自然力的模式。他们举出了迁徙的鸟类使用磁力线帮助导航的例子,以及动物似乎能预知即将到来的风暴和地震的现象。他们主张人类依然保留着感应地球力线的原始本能,并且有人就是靠着这个本能来寻水的。但是正如第十八章"我们都是星星做的"中指出的那样,占星师假设的那种能够预知将来、描绘性格、解释人和人之间和谐关系的力量,从来就没有被科学找到。它和已知的各种自然力均不相容,也看不出和鸟类迁徙或鲑鱼洄游到出生地去产卵的行为之间有什么关系——而这些动物行为都是可以用实证科学解释的。

支持和否定寻水术的证据都很充足,而且针锋相对。文献中记载了大量某某人用寻水杖找到水源的故事,但是寻水者尴尬失败的例子也一样很多。20世纪70年代,一位著名法国寻水者自称只用一个下午的时间,就在他于英国购买的一座房子外面找到了确切的掘井地点。然而,就像对传心术和心灵致动的研究一样,科学家始终没能证实这种才能。1913年曾有一组科学家着手确定寻水术的原理,但结果令人失望:当一群著名的寻水者站在一个每小时出水近2万升的地下水库上方时,他们竟然对脚下的流水浑然不知。很久之后的1970年,英国国防部也资助了一项研究,结果同样乏味,研究报告称:"寻水者对水源位置的判断甚至比不上志愿者的随意猜测。"[1]

对于将寻水术和所谓地脉联系在一起的说法,科学家又是怎么看的呢? 如果真有人能凭直觉确定水源(有的据说还能找到矿石),那或许是因为他们对某种已知的力和能量格外敏感。也许的确有少数异人能感应到大多数人的感官无法觉察到的电磁波波段。我们甚至可以想象,如果地球周围真有力线构成的网格,那么在这些网格的交叉点之间运行的能量就应该是一种电磁辐射。也许人脑中的确有一个未知的角落能够感应电磁辐射,它在某些人身上仍旧活跃,但在其他人身上却从史前时代就开始休眠了。

然而,还有些超自然的鼓吹者提出了更加夸张的观点,远远超出了将地脉和寻水之类可能是自然形成的潜能联系在一起的程度。他们主张古人是根据地脉来规划道路、确定仪式建筑的地址的,而古人之所以选择这些路线和地点,是因为他们相信可以借用地脉中流动的能量来提升宗教、精神或者情绪的力量。

这已经大大超越了沃特金斯原先的那些朴实想法。大地魔法的研究者还宣称,英国埃夫伯里的石碑(有人认为它就是全球地脉系统的神经中枢)、巨石阵,以及法国和欧洲大陆其他地区的石碑之间存在显著的联系。有人更进一步,尝试在这些石碑系统和秘鲁纳斯卡平原的地线之间寻找关联,那是印加人在公元前1200—公元前600年间创造的。还有一种毫无根据的观点,将吉萨的金字塔、马丘比丘的古代神庙和复活节岛的石像统统牵扯到了一起,更有甚者提出传说中消失的大陆亚特兰蒂斯和穆(Mu)*都与这有关。

对地脉概念的最新应用是将它和UFO拉上关系。有人说这个网格系统是用来引导外星访客的,并且UFO能使用地脉中的能量在地球大气中飞行。也有人相信古人沿着这些天然通路建立石碑和道路,是为了模仿我们的外星邻居或向他们致敬。

20世纪60年代早期,英国皇家空军飞行员韦德(Tony Wedd)成为宣传地脉和UFO关系的第一人。他认为那些外星飞船的驾驶员借用地脉来导航,还说在自己位于英格兰西部的住宅附近找到了一个大量地脉汇集的焦点。他后来又宣称一个名叫阿塔利塔(Attalita)的外星人联系了他,并向他传达了制造各种外星机器的指令。可惜这些机器至今还没有在地球的商场里出现。

沃特金斯无意中传下的接力棒在韦德之流的手里扭曲变形,又接着传到了其他人手里。20世纪70年代涌现了大量关于地脉的书籍,宣扬它们和古代秘史及UFO传说的关系。其中最重要的两本是《飞碟

---

* 穆是传说中位于太平洋的消失大陆。——译者

视角》(*The Flying Saucer Vision*)和《俯瞰亚特兰蒂斯》(*The View Over Atlantis*),作者都是UFO学家米歇尔(John Michell)。这两本书的标题十分诱人,内容却毫无价值,根本不能支持作者的观点——他认为外星人在使用地脉,而亚特兰蒂斯的失落文明和地球上纵横交错的某种无形自然能量线条之间存在关联。

当然,英国各地的石碑地址之间的确有奇异的联系,而金字塔和巨石阵、亚特兰蒂斯的方位之间也的确可以画出各种古怪的形状和组合。但是如果硬要这样寻找,那么其他相互之间完全无关的参照点之间也能找到这样的联系,这并不表示这些联系有什么独特而神秘的价值。

尽管如此,各种观点和反驳仍在继续将地脉问题及其与超自然现象的联系搅得一团模糊。怀疑者指出,即便是沃特金斯的那些清白朴实的观点也已经被证明是错误的。他后来又写了一本书,名叫《剑桥周围的古道》(*Archaic Tracks Round Cambridge*),书中提出将几十个古代和现代的地点与石碑相连,就能得到62条围绕剑桥城的线段。但是在1979年,英国探地术研究院(Institute of Geomantic Research)的一组地质学家却发现,在这62条所谓的线段当中,只有9条是真正连得起来的。[2]

另一方面,许多人眼中支持地脉说的证据,都是在1935年沃特金斯逝世之后的研究中得出的。比如米歇尔,他在将自己的观念推向神秘主义、将地脉和几乎所有超自然现象联系到一起之前,就发现了许多由石块组成的行列。这些行列在世界各地均有分布,但主要还是集中在英国西部和北部以及法国北部地区。虽然比不上巨石阵那么引人注目,但其中的一些却同样在英国的土地上延绵了数千米之长。其中最重要的是约克郡的"魔鬼箭头"(Devil's Arrows),它由三块岩石组成,构成一条几乎笔直的线段,长度接近18千米。这条直线不仅连接三块岩石,也贯穿了四个新石器时代的土方工程,包括英格兰北部有名的纳尼克村(Nunwick)。

鼓吹者称,这证明了古人具有一种天生的能力或者敏锐,能感知一种流经地脉的神秘能量。数学家贝伦德(Michael Behrend)和福里斯特(Robert Forrest)的计算机模拟也显示,石块随机排列构成直线的概率几乎为零。

但是对于这类古代地标,还有一种不借助神秘学说的解释:也许古人将这些石块和土方堆成一线,的确是为了某种现已失传的宗教目的,但那未必是因为他们对某种未知能量特别敏感。他们将石块排成直线,或许只是为了指向某颗恒星或黄道中的某一个点?也许这个点对他们而言具有特殊的意义,但这个意义多半已经永久失传了。超自然研究者常会匆匆得出神秘主义的结论,从而忽视古人的聪慧。这种居高临下的态度,和对一切超自然现象均报以嘲笑的极端怀疑者其实并无不同。实际上,古人即使不动用神秘的力量,也很可能做到将相距18千米的石碑或重要物体排成一条直线。他们这样做的动机也未必有多神秘,或许只是他们特殊的宗教观念所致罢了。

正当超自然现象的鼓吹者对地脉的所谓神秘内涵越来越痴迷时,大众的想象却被吸引到另外一个奇怪的现象上去了,按照有些人的说法,这个现象同样是大地魔法的一种——那就是麦田怪圈。

媒体对麦田怪圈的热情始于1980年8月,当时威尔特郡农民斯卡尔(John Scull)声称在自家麦田里发现了一圈倒伏的庄稼,这个圈子在一夜之间形成,直径约18米。当地报纸《威尔特郡时报》(Wiltshire Times)刊登了一则报道,不出几天工夫,全国的媒体就开始争相追踪,这个神秘怪圈的照片也登上了许多报纸的头版。

在之后几年的夏天里,英国的田野中出现了越来越多的怪圈,他们大多集中在英格兰西部,尤其是威尔特郡和汉普郡。随着怪圈数目的增长,媒体的兴趣不断上升,解释这个现象的理论也大量出现。然而在一段时间里,有关英格兰西部田野中发生的事,其基本事实却始终是模糊的,而且常常自相矛盾。

在最初的那些麦田怪圈的报道中,始终没有人目睹怪圈形成的过程,调查者到达现场的时间,最早也要到怪圈形成之后的那个早晨。当地居民有各种说法,比如夜间在怪圈周围看见奇异的光芒,从田野中传出古怪的声响之类。还有调查者声称现场有神秘的电子效应,自己的设备受到强大静电的干扰。也有人宣称寻水设备在怪圈内部乱了套,拍摄设备也出现了故障。随着时间的推移,这类故事变得越来越细致。还有人指出,随着记者兴趣的增加,关于怪圈的传说也变得越来越生动了。

在这轮不断升温的热潮中,几本书籍应运而生。其中最成功的是《环形证据》(*Circular Evidence*)一书,曾经畅销世界。这本书1989年出版,作者是两名UFO爱好者,德尔加多(Pat Delgado)和安德鲁斯(Colin Andrews)。德尔加多是一名太空工程师,曾在澳大利亚为英国的导弹计划服务,后来又在美国国家航空航天局工作过一段时间。安德鲁斯则是一名经验丰富的电气工程师。两人都常为《飞碟评论》(*Flying Saucer Review*)之类的杂志写稿,他们关注的不仅有怪圈事件的超自然方面,还有其中出现的反常物理学现象。他们的这部作品受到了科学家的广泛谴责,但是也在神秘现象的信徒和UFO调查团体中找到了大量热心读者;不过平心而论,也有不少UFO调查者质疑了他们的很多说法。

即使到了20世纪80年代中期,当德尔加多和安德鲁斯为《环形证据》搜集资料时,有关麦田怪圈的事实依然是相当稀少的,解释它的理论倒是五花八门。人们知道,怪圈中的庄稼并没有从底部折断,只是弯曲了而已。人们还观察到,怪圈中的庄稼被强扭成了漩涡形状,而不是一个正圆,这就好像是怪圈中央有一个涡旋,像陀螺或龙卷风那样把庄稼都压倒了。有人声称怪圈是发情的刺猬弄出来的,还有人说它的背后是某种奇怪的天气现象。

自诩为"怪圈研究者"(cereologist)的德尔加多和安德鲁斯指出,自从怪圈首次出现的1980年到他们写成此书,那些田野中的图案变得越来越精细了。他们宣称,这证明麦田怪圈是外星智能生物创造的,是他们与人类沟通的一种手段。这个观点后来得到了其他作者的引申,并渐渐融合了其他超自然理论。

但这种说法也不是人人都同意的。忽然之间,市面上涌现出了许多关于怪圈的理论,就像 UFO 传说的许多分支一样,每一个团体都对怪圈提出了自己的解释。有人相信怪圈是所谓"泛维度生物"的创造;这些生物从"别的维度"而来。直到今天,当大多数头脑清醒者早已经接受了对怪圈的理性(但绝不乏味的)解释,这种维度说仍有不少信徒。一直到 1997 年夏天,专门从上空拍摄怪圈图像的摄影师普林格尔(Lucy Pringle)还在宣称"麦田怪圈是'平行世界'的生物造成的",她还警告说走入怪圈可能对孕妇造成健康风险,因为里面有"微波辐射"。[3]

还有人提出了地球内部有智能生物栖息的观点——这是对"空心地球"(hollow earth)论的延伸。他们认为飞碟并非来自其他行星,而是来自这个生活在我们脚下的秘密文明,我们通过地球两极的门户就可以前往这个世界。这个观点的信徒认为空心地球的居民正是麦田怪圈背后的力量,他们是在利用怪圈与我们交流——真是个有些莫名其妙的观点。

不出所料的是,整个 20 世纪 80 年代,随着媒体的不断报道,麦田怪圈的故事几乎呈指数式增长。关于这个话题的书籍和电视节目也开始涌现。忽然之间,每个人都成了怪圈的发现者和热心的怪圈研究者。游客坐上直升机在英国西南部各郡的上空盘旋,并沿着每天都在形成新怪圈的山坡边缘飞行,每小时的收费是 100 英镑。农民们开放自家田地,收费让公众参观,游客每拍一张照片或一段录像都要额外付款。电影和电视摄制组发现能否进入农场取决于他们肯付多少钱,地主们也相互比试,竞相拿出最好、最轰动的新图形。

接着,就在这股狂热愈演愈烈的时候,1991 年 8 月,有两个人号称目睹了怪圈的形成。这使媒体的兴奋又冲上了一个新的高峰。加里·汤姆林森(Gary Tomlinson)和维维安·汤姆林森(Vivienne Tomlinson)正在汉普郡汉布尔登村附近的一条铁轨旁行走,忽然听见了怪声、看见了异象。他们后来宣称,那是一个麦田怪圈正在形成。

"田野里传来巨大的噪音。"两人说道,"我们抬头仰望,想看看是否有直升机飞过头顶,但是什么也没看见。这时我们又感到有一阵强风从侧面和上方推动我们。它从上方压迫我们的头顶,但奇怪的是,我丈夫的头发却根根竖起。接着呼啸的空气似乎分成了两支,蜿蜒地朝远方去了,就好像两团发光的雾气,在我们的目送下离开。当气流消失,我们发现自己正站在一片田地里,周围的庄稼都已倒伏。一切都安静了下来,我们有一种刺痛的感觉。"[4]

但是仅仅过了一个月,信徒们因为这次目击事件而涌起的希望就再度破灭了,因为有另外两个男人出面宣布,所有怪圈都是他们制造的。

这两位退休艺术家鲍尔(Doug Bower)和乔利(Dave Chorley)表明自己在过去10年中伪造了几十个麦田怪圈,甚至在几部作品中留下了"DD"的标签。

新闻爆出后,怪圈的鼓吹者和怀疑者都立刻作出了激烈回应。鼓吹者先是垂头丧气,但随后就指责两位艺术家在说假话。他们宣称美国中央情报局、联邦调查局和英国军情五处共同策划了这个阴谋,以掩盖外星人想与我们接触的庞大计划。怀疑者也靠这条新闻大做文章。几家英国报纸举办了一个"伪造麦田怪圈比赛";而仅仅一两年前,他们还曾悬赏1万英镑征集对怪圈现象的清晰而可信的解释。

鲍尔和乔利的噱头只有三分钟热度,很快就有人发现他们的说法中存在重大问题,这令怪圈的鼓吹者们喜出望外:首先,两人使用的工具十分简单,显然不足以制造每年出现的那几百个怪圈,而且有一些怪圈远在英国西南各郡之外,位于澳洲和美国。但是接着就有别的伪造团体出面认领作品,人们很快发现那些怪圈确实携带了各种标签——那都是创作者在附近的田野中刻下的密码。有些恶作剧者甚至留下了自己的名号,比如什么比尔·贝利·甘(The Bill Bailey Gang)、梅林公司(Merlin & Co.)之类的。

不过，这些伪造者的说法中还有更加严重的问题：人们渐渐发觉，世界上确实有"自然"形成、并非任何人伪造的怪圈。其中的一些无可挑剔，怀疑者根本没法把它们说成是恶作剧者的伪造。还有些怪圈出现在偏远地区，是有人在无意中撞见的，而伪造者想要出名，绝不会选择这样的地方下手。加上汤姆林森夫妇的见闻也很可信：他们在恰好看见怪圈形成之前从来不曾参与辩论，他们没有不可告人的计划，甚至对麦田怪圈没有特别的兴趣。

不过，能证明怪圈并非全部伪造的最有力的证据还是来自历史记录：早在这些现代"玩家"诞生之前的几百年，就已经有人目睹过麦田怪圈了。

文献中最早的怪圈出现在 1590 年的荷兰阿森，而最著名的怪圈事件发生在英国赫特福德郡的田地里，时间是 1678 年。这片田地的主人在自家的庄稼中间发现了一个怪圈，于是把这件事写成了一本小册子（那时还没有报纸）。他认为这个怪圈是所谓"收割的魔鬼"（mowing devil）留下的。小册子的封面上画着一个魔鬼的形象，正用一把镰刀在田野中割出一片刈痕。17 世纪的科学家普洛特（Robert Plot）对这个事例和其他报告产生了兴趣。他调查了这类现象，结论是怪圈是由空中爆炸的气流所产生的。

17 世纪是迷信泛滥的时代，许多人都相信有神秘力量主宰着日常生活。当时的普洛特博士尚能以冷静的实证态度研究怪圈，现在却有这么多人迫不及待地从超自然中寻找答案，这说起来实在是令人沮丧。

幸运的是，虽然有狂热的超自然信徒、嘲讽的怀疑者、推波助澜的媒体、从中渔利的农民，以及自豪的伪造者，但是在 20 世纪 90 年代初期，还是有人愿意对这个现象作客观考察的。其中的一位是米登（Terence Meaden）博士，龙卷风及风暴研究所所长、《气象学期刊》（*Journal of Meteorology*）的编辑。他的理论或许能够解释真实的麦田怪圈（而不是鲍尔和乔利之流伪造的）是如何形成的。

米登认为，怪圈形成的原因是他所谓的"等离子涡旋"（plasma vortex）。当一座山丘阻挡了一股强风，这股强风最终会和山丘背风面的静止空气相遇。这就会制造一个涡旋，也就是一根螺旋形的气柱，并接着吸进更多的空气和大气中的电荷。这根气柱在地面上空不远处盘旋，当下方出现田地，它就会将庄稼的茎干压成我们熟悉的螺旋形状。而且涡旋中聚集了大量电离空气，形成静电，目击者在怪圈形成时听见的尖锐呼啸声（仿佛直升机发出的声响），也许就是由静电产生的。这或许还能解释为什么怪圈在形成一段时间之后其内部仍有奇特的静电效应——那是残余的电荷在干扰机械和摄像装置。

为了对形成麦田怪圈的力做量化研究，又有人将米登的研究推进了一步。普渡大学的斯诺教授（John Snow），以及东京大学的大槻义彦教授（Yoshi - Hiko Ohtsuki）和菊地时夫教授（Tokio Kikuchi）都曾前往英国的那几处著名的麦田，并在实验室里研究了涡旋效应。他们在计算机上模拟出的麦田怪圈，和威尔特郡及汉普郡的田野中观察到的怪圈具有完全相同的特征。

两位日本教授的团队更是将这项研究推上了新的高度：他们创造了一个真正的小型涡旋，并用它在金属薄膜上制造出了怪圈。他们还说服东京地铁公司批准他们开展了一次大型实验，在地铁隧道内吹入了电离空气。在空间有限的地铁隧道中，气流和轨道上富集的电能真的在电线附近的尘埃中产生了一连串小圆圈。

那么，从近年来收集的关于麦田怪圈的证据当中，我们能够得出怎样的结论？这些结论又和神秘主义者所说的大地魔法有什么关联呢？说到底，究竟什么才是大地魔法呢？

麦田怪圈显然是一个复杂现象，没有一种解释能够穷尽它的全部表现。近年来，世界各地的农田中出现了越来越复杂的图案。千禧年前的最后几年更是迎来了奇妙图形的大丰收，其中包括六芒星、雪花、佛罗伦萨刺绣、马耳他十字，甚至环面扭结和卡巴拉教派符号。除非你愿意相信这些都是外星人在无聊时的创造，或者是某个将人类引入银河兄弟会的庞大计划的一部分，否则你一眼就能看出它们都是聪明而漂亮的赝品。但是与此同时，简单的麦田怪圈也依旧在农田中出现。随着那些更加漂亮的图形占据了舞台中心，这些简单的怪圈自然也越来越受冷落了，但它们依然在不断产生，而且几乎肯定都是通过自然的途径产生的。

现在仍有人在从气象异常的角度研究这些自然怪圈的形成原因，但他们也受到了一些怀疑者的嘲讽，在这些怀疑者看来，任何与麦田怪圈有关的理论都是不可信的——真是可惜，这等于是把胜利交给了坊间和媒体的奇谈怪论，也助长了围绕麦田怪圈的狂热情绪。

那么，麦田怪圈又在大地魔法的大框架内占据什么位置呢？关于这个问题，就像我们在本章开头看到的那样，超自然鼓吹者所谓的"大地魔法"，或许只是一些已知的力在以奇怪的方式发挥作用并与人类互动，那都是完全自然的，绝没有任何超自然的成分。

我们时刻在受到各种力和能量的冲击，科学家对其中的一些已经有了透彻的理解，还有一些只得到了部分澄清。麦田怪圈是一个很好的例子，它展示了这些力是如何产生奇怪的物理效应的。如果我们排除那些伪造者和表演者（在分析各种超自然现象时都应该如此），麦田怪圈似乎就成了一种无法解释的现象。但是就和其他现象一样，这只是因为我们还没有掌握足够的信息罢了。只要深入挖掘，就总能找到解释。麦田怪圈的原因必定是一种自然而罕见的过程，它产生的效应直到最近才有人零星发现。

生活在18世纪（比如250年前）的人们，会用超自然的原因来解释为什么他们的爱人会神秘地得病死去。只有当人类知道了细菌和病毒的存在，才会将恶灵的想象替换成微生物的现实。我们忽然明白，那些杀戮我们的恶灵和妖怪，不过是与我们共享一个行星的生物而已。

大地魔法真的存在，那是一种自然的魔法。它能够施加咒语、展现奇迹。它的名字就叫生物学。在其他时候，它也会披上物理学、化学和地质学的外衣。这就是宇宙间的自然奇迹，它自身就足够令我们惊叹的了。

第二十三章

遥视和心灵侦探

> 是故百战百胜,非善之善者也;不战而屈人之兵,善之善者也。
>
> ——孙子,公元前5世纪

我曾经参加过一次遥视实验。那是1997年,我正为发现频道的一档节目《不可能的科学》(*The Science of the Impossible*)担任科学顾问。其中的一集专门讨论"心灵和物质"。节目组当时缺一名"演员",于是要我临时顶替,让一名资深的遥视者来判断我的位置和我正在做的事情。

实验的安排当然是复杂的,总之我要被带到一个秘密地点,而且到了拍摄当天的早晨才向我透露具体方位。此时,远在美国弗吉尼亚的遥视者麦克蒙尼格(Joe McMoneagle)将在摄像机前进入我的意识,并描述我在地球另一侧的英格兰看见的景象。麦克蒙尼格曾参加过越南战争,在一次负伤之后显露了这个才能。遥视期间,摄制组只会告诉他一件事,那就是我不会离开英国(对此我很失望)。

我不知道他们为什么不直接把我送到巴哈马,而是只让我待在伦敦斯坦斯特德机场晒太阳。候机大厅的设计十分华美,那是一座玻璃和花岗岩组成的雄伟建筑,处处在向繁荣的20世纪80年代致敬,它也是欧洲最大的开放式建筑之一。我们准时到达,逛了一圈,喝了杯咖啡,然后就等着导游将我们领上跑道,去参观飞机了。与此同时,另一组人员也开始拍摄麦克蒙尼格"遥视"我的场面。

但接着我们就遇到了一个问题:那位导游,也就是机场的公关经理,没能按时到达,于是我就一架飞机都没看成——就连我们停车走进建筑的时候也没看见。接着,通过一部手机,我们听说麦克蒙尼格已经开始作画了。等他画完,图像就会发送到我们这边一辆摄制组车里的一台便携式传真机上。当导游终于出现,带着我们走上跑道,我也终于看到第一架飞机时,实验已经结束,麦克蒙尼格宣称他已经确定了我的方位。

那么,麦克蒙尼格的绘画与现实是否契合呢?

这次实验因为斯坦斯特德机场的波折而变得有些混乱了,但是即便排除了这个因素,我还是无法诚实地说出它的结果是可信的。麦克蒙尼格的几个联想很引人注目。其中最惊人的一个细节是,当我和制片人谈论大厅里那漂亮的花岗石地面时,麦克蒙尼格将我的立足之处描述成了"有许多石头和玻璃"的地方。他接着画出了几道拱顶和石质的穹顶;机场的屋顶是由金属支撑的,也可以说是一种"拱顶"。他说我们附近有一条干道和一条铁路,还有一座教堂或礼拜的场所。但最重要的是,他没有提到飞机、飞行或任何与机场有关的信息。

对这次实验的分析和实验本身一样混乱。制片人宣布实验圆满成功,他说麦克蒙尼格不可能知道我在机场,因为我在他结束遥视之前始终没有见到一架飞机;但是他指出了我的附近有一条干道、来机场的路上经过了一条地铁。最重要的是,他还发现了机场的地下室里有一座小礼拜堂。

然而在我看来,这样的解释却是很成问题的。首先,我根本不知道我们在来的路上经过了一条地铁,虽然我在潜意识里可能有点印象。我同样不知道机场的底下有一座礼拜堂。而麦克蒙尼格知道的一切都应该是从我这里获得的。如果他真能见到我没有见到的东西,又为什么没有见到我没有见到的飞机呢?他的确说准了那附近有一条干道,但这实在算不上是什么了不起的超自然本领,因为在20世纪90年代的英国,已经很少有什么地方没有道路了。

我觉得,麦克蒙尼格应该猜想我当时正在一座教堂里。因为他的绘画里包含了石头拱顶、玻璃和豪华的装饰,而且他还坚称我身处城市、我所在的地方和礼拜有关。我的分析是:他认为我当时人在圣保罗大教堂或者威斯敏斯特大教堂。

遥视是一项蓬勃发展的产业。在有的人看来,其中的那些疑似和传心术有关的力量以及强大的精神能量,也是丰厚利润的来源。一些跨国公司的高级经理对这种能力十分看重,甚至将遥视者招进了公司。同样相信遥视的还有世界上许多国家的军事机构,以及政府机关和警察部队,后者常常会雇佣一类号称"心灵侦探"的人来协助侦破大案。

过去30年间,在遥视和心灵侦察领域出现过一些引人注目的例子。"冷战"时期,铁幕两边都开展了大量秘密研究,其中的许多到今天仍未解密。我们能够查到的多半是某些遥视者如何帮助世界各地的警方查案的细节。

有两位来自荷兰的心灵侦探最为成功,他们是霍格士(peter Hurkos)和克鲁瓦塞(Gerald Croiset)。霍格士在13岁那年从树上跌下,得了脑震荡。之后不久,他就意识到自己能光凭思想找到丢失的物品。他还会对远方的地点和活动产生奇怪的"印象",目击者称,他的这些印象能和那些他完全不认识,也没有接触过的人的行为对应起来。从20世纪50年代晚期开始,他帮助几个国家的警方侦破了一些大案,有的是确定凶杀案中遇害者的位置,有的是描述犯人的信息,他曾与美国警方合作抓到了波士顿扼杀者(Boston Strangler)。霍格士特别擅长用触物占卜术(psychometry)搜集资料,他只要摆弄某个失踪者的物品,通常是衣服或者对失踪者具有特殊意义的物件,就能"感知"到关于他的信息。

克鲁瓦塞的成就比霍格士更为显赫。他的服务从不收费,也不乐意远行,往往只在电话里协助警方查案。他曾经用这种方式帮助纽约警察局找到了一名四岁女童的尸体,并确认了凶手的身份。1967 年,他接到了记者瑞安(Frank Ryan)的电话。对方想让他帮忙寻找一个十几岁的少女麦克亚当(Patricia Mary McAdam),她是在苏格兰的家中失踪的。克鲁瓦塞告诉瑞安,女孩已经死了,可以去某地寻找。他甚至还添加了一些细节,比如女孩躺在一辆轿车的残骸附近,轿车边上还倚着一辆独轮车。奇怪的是,当人们找到那个地方时,确实发现了一辆轿车的残骸和独轮车,只是没人。直到今天,麦克亚当的遗体也还是没有找到。

还有一个心灵侦探参与的案子也产生了惊人的结果,这名侦探参与的是约克郡开膛手(Yorkshire Ripper)的追捕。英国在 20 世纪 70 年代晚期发生过一连串残忍的凶杀案,案发地主要集中在北部的几个城市,尤其是谢菲尔德和布拉德福德。被害人都是年轻女子,其中有多名娼妓。凶手将被害人肢解,由此获得"开膛手"之名,因为他的屠杀手法和维多利亚时代的杀人犯开膛手杰克(Jack the Ripper)十分相像。

对这名开膛手的追捕持续了好几年,这也成为了英国现代史上最严重的凶案。到了调查的后期,几个地区的警察都开始到灵媒那里去寻求帮助。著名的灵媒斯托克斯(Doris Stokes)向警方提供了一些信息,但后来证明毫无用处。这时另一个女灵媒内拉·琼斯(Nella Jones)主动提供消息。她告诉警方,凶手住在英国北部布拉德福德的一座大房子里,门牌号码是 6,但不知在哪条街上。她说凶手名叫彼得(Peter),是一名长途货车司机。他所在公司的名称就用凸出文字标在驾驶室的车门上,这个名称以字母 C 开头,但是她看不清完整的拼法。

1981 年初,约克郡开膛手终于落网,被判处终身监禁。他的名字是彼得·萨克利夫(Peter Sutcliffe),曾做过长途货车司机,生活在一座大房子里,地址是布拉德福德花园街 6 号,他所在的企业叫做"克拉克控股公司"(Clark Holdings)。

有时,遥视还能产生另外一些引人注目的效果,并得到军队和政府机构的应用,比如英国军情五处、美国中央情报局和苏联克格勃。

现在看来,苏联是第一个为了军事目的开展遥视及其他精神力量研究的国家。有人说苏联的这项研究始于 20 世纪 20 年代,并一直延续到了柏林墙倒塌、共产主义瓦解。不过,和传心术的军事用途有关的说法往往是夸大其词的。比如《接触》(*Encounters*)杂志的一名记者就在最近写道:"心灵技术首创于苏联,后又被西方采纳,它能够使用人脑 90% 的容量,而这些容量在平时都是弃而不用的。"[1]

但即使我们忽略这种毫无根据的无聊说法,也仍然要承认一个事实:至少从 20 世纪 40 年代开始,苏联和其他大国就对心灵力量的实际应用产生了浓厚的兴趣。虽然共产主义阵营已经瓦解,但现在几乎肯定还有研究机构在探索心灵力量的军事用途。这又有什么不对呢?开展这类研究是完全合理的。和常规武器的研发相比,在超自然研究上投入的经费几乎可以忽略不计,也许只有区区几百万美元而已。可是一旦分离并控制了某种传心力量,那就是任何国家都梦寐以求的强大武器了。

有人宣称这种力量已经投入使用了,但即使是心灵力量最狂热的鼓吹者,也承认这些力量效率很低,而且只产生了一些断断续续的效果。

对于精神力量,军方最喜欢拿它来协助间谍活动。近些年来,许多曾参与心灵间谍研究的人都开始披露相关消息了。其中的一些仍然受到国家安全法规的约束,需要对敏感材料保密。但是另外一些,比如曾经为克格勃和其他共产主义阵营的机构效力的人员,却站了出来。除此之外,从 20 世纪 60 年代开始,前华约国家对心灵学的痴迷就已经为人所知了。批露这一点的是西方的研究者和研究团体,"冷战"期间,他们中的一些人曾通过秘密手段搜集了第一手相关资料。据一些权威人士的说法,这些资料使五角大楼对心灵力量研究的潜力产生了警觉。1968 年,研究超自然活动的美国人奥斯特兰德(Sheila Ostrander)

和加拿大人施罗德(Lynn Shroeder)访问苏联,将看到的情况写成了《铁幕后的心灵发现》(*Psychic Discoveries Behind the Iron Curtain*)一书。书出版后不久,两人就自称被美国联邦调查局和加拿大皇家骑警找上了门,不过这也有可能是为了书的销量编造出来的故事。

到这时,美国政府已经对苏联在心灵研究方面的兴趣有了详尽的了解,尤其是苏联人能从远处影响别人的行为、窥探秘密设施的传闻。即便如此,这些消息还是过了一段时间才向大众公布。直到1980年,约翰·亚历山大(John Alexander)中校才获准在《美国军事评论》(*U. S. Military Review*)上公开了他的看法:苏联的心灵研究已经十分发达,足以干预美国的军事行动了。之后就有官方机构建议五角大楼建立反侦查机构。而实际上,这样的研究机构已经运行了好几年了。

苏联投入实际应用的这项研究是以一种特殊技术为基础的,它就是所谓的"睡眠—觉醒催眠术"(Sleep – Wake Hypnosis)。这是专业催眠师和表演者使用的技术,有人宣称,掌握了它就能在远处制造催眠效果。不同于在舞台上的表演,据说有些人能够做到在数千千米之外启动或中止催眠状态。

这些说法还有待军队系统之外的研究者作彻底调查,在公开领域,相关的信息还十分稀少。也许的确有秘密机构在睡眠—觉醒催眠术的研究中取得了一些进展,但是眼下还没有证据能证明这一点。我们能够采信的只有专业催眠师的说法:他们坚称自己没有使用任何骗术,全凭真本事创造出了惊人的效果。经常在英国的电视上露面的著名催眠师麦克纳(Paul McKenna)曾在一段影片中操纵另外一个房间的志愿者,使他的心率加快或者减慢。但是我们必须注意:直到今天,这类成果都还没有得到科学家在实验室条件下的严格验证。

然而有人相信心灵力量的确是有用的。在他们看来,苏联的研究显示了在过去近20年的时间里,他们都能在不知不觉之间影响世界上其他地方的人。但是对有些人来说,这个离奇的说法依然不能满足他们。最近又有人提出苏联已经掌握了一种先进技术,能够随意创造、储存并传输所谓的"负能量"（negative energy），他们还能将这种能量覆盖到美国西岸。

关于这种神秘能量的用途，最离奇的说法来自一个名叫布罗姆利（Michael Bromley）的神秘主义者，他自称是一名"凯尔特巫师"。布罗姆利号称他有感应负能量的本领，他曾数次受雇于世界各国的安全机构，帮助他们策划活动，并预测什么时间和地点会发生事故。他自称在1984年洛杉矶奥运会之前指出了可能发生事故的关键区域，并预先向警察报告说有一名保安会强暴一名参赛运动员。他在开幕式之前告诉当地警察，说韦斯特伍德区特别危险，充斥着负能量，这个说法给警察留下了深刻印象（据后来披露，联邦调查局和中央情报局也曾对此特别关注）。

开幕式那天，一名年轻男子在韦斯特伍德区故意驾车撞上了正在排队的20个人。审判时，男子告诉陪审团他当时被"几波能量"击中了。

在布罗姆利等人看来，1984年的奥运会意义重大。因为当时苏联尚未开放，美苏关系日益紧张，苏联拒绝参赛，就像美国在四年前拒绝参加莫斯科奥运会一样。布罗姆利相信，1984年的那次奥运会上有一个邪恶的阴谋。"我当时就住在洛杉矶郊外，"他说，"许多互不相干的人从城里给我打来电话，说他们感觉有能量涌入了这个区域。苏联人没有来参加比赛，但是从那个国家连到美国的电话线却常常占线。我意识到电话线也是能量的载体，如果能通过电话线传输心灵能量……我认为苏联人在向洛杉矶输送负能量。我知道这听起来很牵强，但其实我们每天都在这么做，这就跟祝福别人健康、给某人送去爱意，或者希望别人倒霉是一样的。毕竟苏联人研究心灵学已经有几十年了。"[2]

在科学家看来，他的这番话代表了心灵现象鼓吹者对许多事情的错误解释，以及他们尝试将神秘主义引入科学研究时的混乱思维。因此我们很有必要对它仔细考察一番。

首先，他的这番话是情绪化的陈述和胡乱猜想的奇怪组合。我暂且对布罗姆利作"无罪推定",假设他并不是故意将这些元素混合起来误导读者的,他对自己的话也深信不疑。然而,这种耸人听闻的警句和暗示性评语的结合,却是政客和演讲者在说服听众时的惯用手法。比如,布罗姆利说他接到洛杉矶市民的电话,说有"能量涌入",紧接着又说"苏联人没有来参加比赛",然后他大谈能量如何通过电话线传输,最后再加一句"苏联人研究心灵学已经有几十年了"。这都是为了将两个互不相关的陈述强行牵扯到一起。

那么,对于布罗姆利的这个苏联人利用电话线传输负能量的理论,我们又该如何评价呢?

他对这个假说没有举出任何证据。他或许认为自己有,因为他写道:"我知道这听起来很牵强,但其实我们每天都在这么做,这就跟祝福别人健康、给某人送去爱意,或者希望别人倒霉是一样的。"然而这根本算不上证据,只是一句和事实相悖的苍白无力的陈述而已。是的,我们或许的确每天向别人遥致爱意,但这又起到了什么作用呢?我们并非生活在一个心想事成的世界里。积极和消极的**想法**的确是存在的,但是我们并不能将自己的欲望和心愿投射到外部世界或其他人身上。这些积极和消极的想法都只是我们内心的情绪和动机,它们决定了我们有多自信、多乐观,或者多悲观,这些心态又进而影响我们的行为。如果我们真能只凭愿望改变世界,那不是每天都会有病人因为得到了祝福而康复出院了么?

那么电话线呢?它们的确能够传输能量,但那只是携带微弱势能的电脉冲罢了。从利用电脉冲与全世界交流这种实用的科学原理,又怎能推导出布罗姆利主张的那个模糊观点呢?他怎么证明电话线能够携带未知的力量呢?

照布罗姆利的说法,既然电话线能够携带能量,苏联人就必定能用它来传输负能量。他是怎么得出这个结论的?就因为电话线都占线了!但是更加合理的说法,难道不是失望的人们因为无法见到苏联的朋友而大打电话,这才造成了占线吗?

这就要说到这个故事中的另一个疑点了——苏联人这样做的动机是什么？苏联军方为什么要大费力气在奥运会期间扰乱洛杉矶人民的生活？你可以说那是"冷战"期间，苏联和西方的机构都会做一些吃力不讨好的疯狂举动，但这真能解释洛杉矶人当时感到的"能量"吗？更合理的想法，难道不是这些能量都是想象出来的吗？所谓懦弱的苏联人没有参加美国举行的奥运会，所以他们就向美国输送了负能量，这样的说法难道不是捏造出来的吗？苏联的确"研究心灵学已经有几十年了"，但这又能说明什么呢？这样的观念一旦流传开来，就会陆续有人相信。炎炎夏日，再加上比赛的兴奋所点燃的狂热，使得罪犯都开始利用时代氛围来为自己的杀人意图辩解了。

不过，对这个故事深入思索，却又能挖出更深层的问题来。一直以来，人们都津津乐道于苏联对神秘现象的兴趣，这无疑对谣言的形成起了一定作用，并使得洛杉矶人纷纷给布罗姆利打去了电话。就像我之前提到的那样，至少有一本畅销书记载了苏联科学家和心灵学家为军方开展的一些实验。而且值得一提的是，1984年又恰好是两个超级大国的政治摩擦升温的一年，这使人不由想起20世纪五六十年代"冷战"的狂热时期。

历史上有许多运用心灵力量的事例，不仅是将它作为一件间谍工具，也是作为远程施加精神控制的一种手段，麦克纳在电视上直播睡眠一觉醒催眠术只是其中的一个例子。

1977年，心灵研究者普哈里契（Andrija Puharich）在伦敦的一场演讲中告诉吃惊的观众，苏联人多年来一直在研究一种能够遥控别人思维的装置。他宣称这台装置的原理是特斯拉（Nikola Tesla）的研究；特斯拉是物理学大家，交流电的应用就是在他手中完成的。

照普哈里契的说法，在19世纪末、20世纪初，特斯拉发明了用一种频率极低的波穿透地核的方法，这种波动的频率只有每秒4—15个脉冲（即4—15赫）。他设想将巨大的发射器平放在地上，使其产生一种**驻波**（即一组以相同频率振动从而产生统一波阵面的波动）穿透地核,并从地球上的另一个事先确定的地点穿出。

发射器/接收器

能量流

位于地球彼端的
发射器/接收器

图 23.1

特斯拉使用频率在 4—15 赫之间的波绝非偶然,人脑产生的阿尔法波的频率也在此范围内。这个频率通常和放松的状态有关,它也是瑜伽士在做极端耐痛表演时增强的脑波。(见第三章、第七章)

为了解释特斯拉的发射器产生的驻波如何影响目标的思想及行为,鼓吹者提出目标的脑波和这种驻波之间产生了**共振波**。当两个波动和谐振动时,就会产生共振波——日常生活中的一个例子是歌剧演员用声音震碎玻璃杯,因为演员的声音和组成玻璃晶体结构的分子以同样的频率产生了振动。于是鼓吹者认为,用特斯拉装置也能和目标之间产生共振波,接着再调节振动频率,就能改变目标的脑波了。

这个观点在超自然研究者中获得了大量支持,还有许多人尝试将这类研究和传心术及心灵致动现象联系起来。然而目前还没有清晰的实验证据能支持这类说法,也没有证据显示人脑中的任何频率是心灵力量的根源。

从某些方面说,这个例子很好地说明了一件事:当人们在科学和超自然之间寻找真实合理又能够证明的联系时,会面临怎样的问题。特斯拉的机器在理论上是能够成立的,频率极低的波也是可以产生的。从理论上说,如果使用足够强大的发射器,也的确有可能造出一个驻波来穿透地核。问题是,要将这个人造的波和人脑自然产生的节律联系在一起,科学和超自然理论之间就会产生矛盾了。这个推理中的元素都是对的——特斯拉的机器的确造得出来,人脑的确会产生阿尔法波,共振也的确是真实的现象,但是这三者之间却并没有联系,只除了在鼓吹者的心中。

和苏联一样,西方各国也对心灵力量的可能用途十分热衷。在1992年的一场 UFO 研讨会上,美国少将斯塔布尔宾三世(Albert N. Stubblebine III)主持了一个关于遥视的论坛。这是第一次有高层军官披露美国政府对于遥视的军事应用。

斯塔布尔宾本人就领导过一支名叫“心灵技术”(Psi tech)的研究队伍。它由两位受人尊敬的物理学家建立,他们是加州斯坦福研究院的帕特霍夫(Hal Puthoff)和塔尔格(Russell Targ)。研究由美国中央情报局和美国海军联合赞助。斯塔布尔宾在讲话中透露,遥视训练大约需要一年时间。军方挑选出严格自律且忠诚的候选人。经过训练之后,这些人就能用意识发挥神奇的本领了。“时间不再是障碍,”他说,“我能前往过去、现在和将来。地点也不是障碍,地球上的任何地方我都能去……只要选中一个地点,我就能获取那里的情报。”他接着描述了他的队伍如何在1991年帮助一家美国大公司评估了海湾战争对于石油价格的影响。他号称和队友“潜入萨达姆·侯赛因的大脑中”获取了情报。[3]

然而对冷静的旁观者来说,这个说法里却有好几个问题。我们可以假定真有这样一支队伍,但他们自称的那些战果却是十分可疑的。最重要的一点是,如果这支队伍真能“前往过去、现在和将来,到达地球上的任何地点"，那么常规的间谍就再也没有用武之地了——对于任何国外势力，美国政府都会知晓他们的一切。实际上，这样一支队伍能够轻易聚集亿万财富，就连统治世界都不在话下！

因此，我们必须假设斯塔布尔宾三世少将和我们许多人一样，都喜欢夸大其词。他在发言时被热情冲昏了头脑，忘记了再补充说明两句，比如即使是最成功的遥视者也常常只能看见模糊的景象，他们说对和说错的次数一样多，而且一般无法说出任何精准的细节，只除了少数情况之外。

第二个问题牵涉到斯塔布尔宾在海湾战争期间的间谍活动。他的这个说法有两点不可信：第一，当一家公司赞助一个项目时，它必然会对项目的成员施加压力，要求他们交出成果来证明自己值得公司的投资。在这个例子中，那些遥视者也受到了这种压力，这自然就使他们所做的一切都要打个问号了。第二点更是重要得多：任何对世界局势和全球金融稍有了解的人，都能就海湾战争对世界经济的影响作出一番自圆其说的预测。做到这一点根本无须心灵力量的参与，而萨达姆·侯赛因更是最帮不上忙的一个人。

除此之外，要想证明或者否定这个项目，我们还必须看看它的发起者帕特霍夫和塔尔格所从事的研究。按照这两人自己的说法，他们在20世纪70年代晚期开展过100多次遥视实验，号称得出了非凡的成果。[4] 在至少一组实验中，他们观察的一名遥视者始终都能找到确切的地点，不仅"发送者"在那里的时候如此，甚至在发送者选定这个地点之前他就知道了。

在科学界同行看来，这只能说明两位研究者的实验程序有些可疑——实验中肯定有人走漏了消息。撇开这个不说，其他研究者并没能重复出帕特霍夫和塔尔格的结果。其中进行得最彻底、并获得最多宣传的是另两位物理学家马克斯（David Marks）和卡曼（Robert Kammann）的一组实验。他们发现被试的表现并不比随机决定或者猜测精确多少。

两人在 1980 年合著了《超自然的心理学》(*Psychology of the Psychic*)[5] 一书,书中描述了他们的实验,也写了他们联系帕特霍夫和塔尔格索要数据的事。令他们诧异的是,对方竟然拒绝了。

拒绝同行深入了解自己的研究,这在科学界几乎是闻所未闻的事,这使得其他想要证实这个结果的科学家立即敲响了警钟。受到拒绝的马克斯和卡曼却因此燃起了热情,决定将遥视实验中的隐情查个水落石出。

经过全方位调查,他们得出了结论:在帕特霍夫和塔尔格的所有实验中,遥视者的判断往往都是完全错误的;就算有几次正确,也是因为被试从参加实验的其他人那里得到了潜在的线索和提示。在观看了遥视者、"发送者"和实验者的对话记录之后,马克斯和卡曼指出了遥视者获得这些线索的方式。

在《超自然的心理学》中,他们用许多例子展示了这些方式。比如实验者要求遥视者辨认三处地点:标号为 1、2 和 3。遥视者从实验者那里得知,其中的一处是一座建筑,另一处是一片开阔的场地,还有一处是一条道路,但是他并不知道这三处地点在实验中出现的顺序。然而从和实验者的对话中,一个经验丰富的被试却能够找到一系列线索。比如实验者在一次测试前说了"第三次好运",在另一次测试前又说"好,慢慢来,今天有的是时间。"借由这些暗示,遥视者就能猜出哪些地点是 1、2 或者 3 了。

帕特霍夫和塔尔格沉默了 5 年,其间不断有同行要求他们提供数据。到 1985 年,两人终于将数据公布了出来。有独立研究者仔细分析了这些文件,发现他们和被试的对话中包含了许多提示,尤其是最成功的那几次遥视实验。

其他研究者也开展了与马克斯和卡曼类似的研究,并得出了和他们一致的结果。1986 年,马克斯和另一名独立研究者斯科特(C. Scott)博士在《自然》杂志上联名发表论文,得出了一个严厉的结论:"帕特霍夫和塔尔格的实验并没有证明遥视,而是只显示了他们在排除感官线索方面的失败。"[6]

可事情就到此为止了吗？和超自然现象的其他领域一样，遥视和心灵侦察也汇集了大量错误的阐释、错误的理解、一厢情愿的想法和彻头彻尾的骗局。但是有没有可能，确实有少数人能够不依赖提示、不伪造异能，而是真的从远方获得残缺而常常模糊的图像呢？会不会有一些特异人士真能描绘过去、现在和将来的场景和人物呢？像内拉·琼斯这样的人，她们的非凡成就到底是怎么回事？这些人真的身负异能吗？如果是真的，那又是什么原理？

遥视者自称能"看见"远处的地点，看穿别人的内心，"进入对方的头脑"。但是我们在第三章和第四章中已经看到，要做到这一点所需的能量足以摧毁脑细胞。比较安全的做法或许是利用某种"穿越"（channeling）机制。这是过去 25 年中流行起来的一个观念，它的理论基础是某些特异功能人士能够"接入心灵的网络"，进入某种人人互相连接的神秘的"人类意识层面"。

心灵学家总喜欢在这类解说中扯进量子力学，但其实这两个领域的联系是极为有限的。我在前面已经说过，那些善良但未经训练的研究者往往急于抬出贝尔实验和量子力学中的其他古怪推论来解释传心术、透视和遥视的原理。

遥视者或许真有异能，可以通过虫洞接收信息，就像在第六章"来自未来的景象"中描述的那样。换句话说，他们或许能通过一个连接地球表面不同地点的虫洞获得数据。但是要做到这一点，他们不仅要像透视者那样获得随机信息，还要能随心所欲地操纵虫洞，以便观看并感知世界上的任何地点。

即使对于思想最为开放的科学家，这最后一个假设也太离谱了，简直不可能发生。如果这个假说能够成立，那就说明内拉·琼斯和其他成功的心灵侦探，还有少数不借助线索和强烈暗示就能成功遥视的人都是一些超人。他们能操纵宇宙的基本物质和虫洞这样的基本实体，而且自己还浑然不知。

　　这算不得什么解释，而只是一个狂想，是在妄图将心灵学家发现的乏善可陈的事实和科学前沿的最新观念相互调和。但是，如果我们不能更好地理解人脑如何处理信息，理解下意识中的信息如何渗入意识并被大脑回想起来，理解宇宙在最基本的量子力学层面上如何运行，那么遥视和心灵侦察的那几个罕见的例子就将永远无法解释。

第二十四章

失落的大陆

> 周围有几堆大石头……我的眼前,是一座破败毁弃的城镇,破损的屋顶朝天空敞开……往前走是一条巨大沟渠的残骸……还有一座座码头的遗迹……再往前是一道道塌陷的墙壁、一条条宽广无人的街道……我这是在哪里? ……尼莫船长……拾起一块白垩……走到一块石头跟前……写下了"亚特兰蒂斯"几个字。
>
> ——凡尔纳(Jules Verne),《海底两万里》
> (*Twenty Thousand Leagues Under the Sea*),1869 年

大多数人都很喜欢亚特兰蒂斯。过去 200 年里,关于这个主题的书籍和文章可能已有 3000 本(篇)之巨了。有许多原因可以解释这种现象。心理学家会说,亚特兰蒂斯是我们这个世界的一面镜子,能在人的心中激起和《圣经》中的伊甸园一样的情感。在其他人看来,亚特兰蒂斯代表了一个理想的未来社会、一个更加接近人类本源的文化,但是它的技术更加先进,也更全球化。

从某种意义上说,1000 个人就有 1000 个亚特兰蒂斯。它对某些人而言,不过是一个神话;对另一些人而言,则是一片可能重见天日的

真实大陆。还有少数人认为,这是一片外星人曾经访问过的土地。也许它本身就是天外来客建立的,他们在离开前又将知识传授给了古埃及人。如果这最后一种说法是正确的,那么亚特兰蒂斯人就是现代科技的先驱,古代知识的起源,是炼金术士和赫尔墨斯主义者所说的"本始智慧"的把持者了。

然而这些说法又有什么根据呢?亚特兰蒂斯真的存在吗?如果存在,它是怎样一个地方?亚特兰蒂斯人又是谁呢?

亚特兰蒂斯的故事来自古希腊哲学家柏拉图。柏拉图生活在公元前4世纪。他最有名的作品是十卷本的《理想国》(*The Republic*),其中对政治的架构和政府的本质作了专门的探讨。另外,他还写了两本对话录(由两个或多个人物辩论一个话题)来探讨哲学、历史和科学,分别是《蒂迈欧篇》(*Timaeus*)和《克里底亚篇》(*Critias*)。在这两本书中,柏拉图的导师苏格拉底与3位友人作了一番想象中的对谈。其中的一位就是柏拉图的曾外祖父克里底亚,他从自己的祖父老克里底亚那里听说了一个关于亚特兰蒂斯的故事。老克里底亚是从他父亲那儿听说这个故事的,而他的父亲则是从伟大的雅典哲学家和立法者,在柏拉图出生前130年逝世的梭伦(Solon)那里听到这个故事的。至于梭伦,他自称是在访问埃及时听到这个传说的。那里有一位教士兼塞易斯神庙的守护者,他手上掌握着一批古代文献,其中就记载了有关这片消失的大陆的残存的知识。

根据这些文献,亚特兰蒂斯是一块庞大的陆地,上面居住着爱好和平的半神。他们管理着一个遍布全球的文明,年代比梭伦的时代早了大约9000年——也就是距今大约11 500年前。

照柏拉图的说法:"在你们称为'海格力斯之柱'的海峡对面有一座岛屿,它比利比亚和亚细亚的总和还要庞大……一个强大而显赫的王朝在这座亚特兰蒂斯岛上崛起……它的势力范围从利比亚延伸至埃及,并远及欧洲的第勒尼亚(意大利)。这个王朝……想要一举奴役……海峡之内的所有土地。"

亚特兰蒂斯人最初是源自众神的高贵民族，后来却变得贪婪成性，想要占领自己国界之外的土地。他们侵略邻邦，压迫文化较为落后的人民。最后宙斯震怒，只一击便摧毁了他们。庞大的宫殿和金色的城墙纷纷倒下，沉入了波涛之中，这些波塞冬的子孙就这样被大洋吞没了。

柏拉图告诉我们："到后来，那里发生了格外剧烈的地震和洪水……在短短的一天一夜之内，亚特兰蒂斯岛就被海洋吞没，从此消失。这就是为什么直到今天，那一片海域仍旧无法通航，因为海面之下就有泥沙阻挡，那便是沉没岛屿的残骸。"[1]

柏拉图还在两本对话录中详细描述了亚特兰蒂斯的政治架构和社会形态。亚特兰蒂斯人受 10 位国王的统治，他们是 5 对双胞胎的后裔，而这 5 对双胞胎又是凡人女子克莱托（Cleito）与海神波塞冬所生。10 位国王每 10 年会面一次，用投票的方式作出影响深远的长期决定。集会的地点是岛上的伟大都城，它的周围有一圈金色的城墙。城里有热泉，有神庙，有锻炼的场所，奇怪的是，还有一座赛马场。

在许多历史学家看来，柏拉图对话录中的描述只是他常用的一种手法。比如最著名的《理想国》，就是用伦理寓言和道德故事传达他的哲学思想。亚特兰蒂斯的首都居然有赛马场，这个描写实在可疑，因为它太像希腊了。这说明最初的故事在传到柏拉图手中之后经过了他的大幅修改和美化，以便适应他所在的文明，传达他的理想。这个故事的架构也是老生常谈——某个民族因为获得强大力量而变得腐败，最后受到惩罚。在亚特兰蒂斯的故事中，惩罚者是无所不见、无所不知的众神。不过这也不能说明这个故事就完全是编造出来的。也许柏拉图只是在对话录中使用了某个古老的传说，并对其中的细节作了修改而已。

柏拉图的学生亚里士多德认为，在创作《蒂迈欧篇》和《克里底亚篇》时，他的老师在事实的基础上扩写出了一个神话，从而传达他的哲学思想，他把这称作是柏拉图的一个"政治寓言"。然而，虽然亚里士多德在他死后的至少 1500 年里始终被奉为学问的巨人，他的思想也为启蒙时代之前的哲学和科学奠定了基石,但是依然有许多后人认为《蒂迈欧篇》和《克里底亚篇》并不仅仅是"寓言"。

甚至早在塞孔都斯(Gaius Plinius Secundus,也叫"老普林尼",公元77年写出了百科全书《博物志》)的时代,也就是亚里士多德之后的400年,亚特兰蒂斯的概念就已经在哲学界和史学界中变得相当模糊了。学者之间产生了不同的看法,有人认为亚特兰蒂斯真实存在,就位于海格力斯之柱对面的海底,还有人认为那不过是神话传说罢了。

柏拉图是目前留存的关于亚特兰蒂斯传说的唯一信源,对亚特兰蒂斯的其他描写都是以之为基础的。因为缺乏资料,要判断亚特兰蒂斯曾经采取的政治架构或社会形式已经几乎不可能了。于是,那些沉迷于此的人只能着眼于这片消失大陆的地点,希望有一天探索者能够发掘这座被墙壁环绕的城市,并揭开那些统治地球广大领域的半神的秘密。

在整个古代,甚至一直到15世纪晚期,大西洋都是一片少有人涉足的大洋。古罗马和中世纪的历史学家和地理学家描写了其中许多从未有人登陆的岛屿和隔绝的陆地,但它们几乎全是虚构出来的,比如七城岛、幸运岛、圣布兰登岛,还有一座叫"海巴西"(Hy Breasil)的神秘岛屿。在19世纪晚期之前,这些地方都曾出现在世界各地的航海图上。

柏拉图描写的亚特兰蒂斯位于海格力斯之柱以外,而他所说的海格力斯之柱就是今天的直布罗陀海峡,是地中海通向大西洋的门户。因此,制图者和探险家自然就将这片消失的神秘大陆放到了大西洋中的某个地方。那么它究竟在哪儿呢?

在哥伦布发现美洲之后的几十年里,欧洲的哲学家都认为这片新大陆可能就是亚特兰蒂斯的孑遗。16世纪50年代,西班牙历史学家德戈马拉(Francisco López de Gómara)提出美洲和西印度群岛的一些地理特征与柏拉图在《蒂迈欧篇》和《克里底亚篇》中的描述相符。英国政治家、哲学家弗朗西斯·培根(Francis Bacon)也在1627年出版的

《新大西岛》(*Nova Atlantis*)中将亚特兰蒂斯放在了这片新大陆上。

然而,当欧洲人逐渐探索了美洲并将它画上地图时,他们才意识到它和亚特兰蒂斯并不相干。而此时,亚特兰蒂斯位于大西洋中某处的观点依然存在。美国作家兼历史学家唐纳利(Ignatius Donnelly)是这个观点的坚定维护者。他相信亚速尔群岛是亚特兰蒂斯唯一还留在海面以上的部分。他在1882年出版了《亚特兰蒂斯——洪水之前的世界》(*Atlantis:The Antediluvian World*)。书中的观点是,亚特兰蒂斯已经沉入大西洋底,而在19世纪70年代发现的大西洋中脊就是它的一个主要部分。

唐纳利终其一生都认为自己已经解决了亚特兰蒂斯的方位之谜。但是到了20世纪60年代,板块构造学的研究却表明他的理论不可能是正确的。板块构造学描述了地壳目前的结构是如何由运动的板块(地球表面的大型块体)造成的,地球上的山脉和洋中脊都是板块运动的结果,其中就包括大西洋中脊。这条洋中脊和亚速尔群岛并非像唐纳利认为的那样是一块沉没大陆的遗存,而是在较晚近的时代由构造板块的运动形成的。

如今,唐纳利的观点已经遭到了历史学者和科学家的抛弃。希腊历史学教授A·加拉诺普洛斯(A. Galanopoulos)这样评价道:"自从人类来到这个世界,就不曾有过什么大西洋陆桥。大西洋里没有什么沉没的大陆,至少在100万年之前,它就应该是现代的样子了。从地理学上说,大西洋里不可能存在柏拉图笔下那样庞大的一个亚特兰蒂斯。"[2]

但是直到今天,仍有许多人相信亚特兰蒂斯是一块真实的大陆,就沉没在现在的大西洋海底。还有人认为,有特别有力的证据显示,它就位于西印度群岛附近。

1968年,一名当地人称为"北梭鱼山姆"(Bonefish Sam)的巴哈马潜水员遇见了美国动物学家兼业余考古学家瓦伦丁(J. Manson Valentine)博士,后者当时正在西印度群岛访问。北梭鱼山姆向瓦伦丁展示了水下的一件异物,他觉得那可能具有考古学上的意义。

这件异物距巴哈马的天堂角（Paradise Point）约 1000 米，可能曾经是一道墙（也有人说是一条路）的一部分，它由一系列大型石块组成，位于水面下 6 米左右。这些石块现在被称为"比米尼路"（Bimini Road），每块的重量估计在 1 吨到 10 吨之间，共有几十块，它们排成一条直线，总长约 500 米，末端有一个急剧的转弯。

在瓦伦丁博士笔下，这个结构是："一条由长方形和多边形的扁平石块构成的修长人行道，这些石块的大小、厚薄各不相同，它们形状清晰，排列整齐，共同构成了一个显然是人工制造的图案……其中的一些是标准的矩形，还有一些接近正方形。"[3]

神秘主义者对这个发现非常兴奋，这主要是因为透视者凯斯（Edgar Cayce）的一个预言：他在 20 世纪二三十年代自称曾进入恍惚状态，其间有"更高的权威"向他传达了一些神秘消息。他在 1945 年去世前说："亚特兰蒂斯神庙的一部分会在比米尼附近的海底泥浆中发现……时间在 1968 年或 1969 年，没多久了！"

表面上看，这的确是一个惊人的预言，但是我们不要忘了：这个叫做"比米尼路"的水下结构是因为靠近巴哈马的北比米尼岛而得名的，本来就是一个著名旅游景点，只是它一直被科学家忽视，直到 1968 年由于北梭鱼山姆的介绍才为科学界所知罢了。凯斯可能本来就知道有这么一个结构，并将它说进了预言。也可能是西印度群岛有许多人都知道凯斯（他是那个时代十分著名的神秘主义者），因此故意在 1968 年将比米尼路通过瓦伦丁博士告诉了科学界，好让这个预言应验。

然而事情似乎对亚特兰蒂斯的鼓吹者越来越有利了：他们很快就掌握了更多辩论的武器：1975 年，《亚特兰蒂斯的石块》（The Stones of Atlantis）一书的作者津克（David Zink）博士发现了一块特殊的石头，它看起来很像混凝土，而且显然是人造的，因为其中包含了一个榫槽接头。

而怀疑者反驳说，这块石头以及其他物件，包括几根反常的大理石柱子（这个地区不出产大理石），都只是沉船上的遗物罢了。这个观点后来得到了事实的佐证:研究者发现,在比米尼路旁找到的一座建筑并不是先前认为的亚特兰蒂斯神庙,而只是 20 世纪 30 年代建造的一家海绵商店。怀疑者提出的理论是:比米尼路其实是自然形成的,它的形成原理是一种已知的地质过程,称为"更新世滩岩侵蚀及破裂"。还有人走了一条折衷路线,认为这些水下结构是自然形成的,但是古人也对它们进行了利用。

直到今天,比米尼路的成因仍是个谜。它也是关于亚特兰蒂斯的真实性和位置的众多理论的支持者和反对者激烈辩论的主题。1997 年,英国建筑研究院(Building Research Establishment,简称 BRE)的一组研究人员分析了比米尼路附近一个人造块体的几个样本,发现它是用一种古老技术制作的混凝土,其工艺肯定要比 1820 年发明的硅酸盐水泥制造术更早,具体早了多久则无法确定。总之这个块体可能是在 16 世纪至 19 世纪早期的任何时候在欧洲制造出来的,也可能是远远早于这个时段的古代。

BRE 电子微分析小组的组长雷门特(David Rayment)博士用电子显微镜在这块混凝土中发现了一条带状的黄金。有清晰的痕迹显示,它曾经由手艺娴熟的工匠加工过。然而这虽然是一个不错的发现,却不能证明这个块体是某座亚特兰蒂斯建筑的一部分。BRE 岩相学小组的佩蒂弗(Kelvin Pettifer)博士指出:"虽然我很愿意相信,但是这些样本中没有任何能够说服我的东西。有可能这些大理石柱和其他人造物品本来是要送到一座棉花种植园里去建造庄园用的,但是后来船只沉没,它们就都留在了海底。"[4]

在得出确切结论之前,对这些物品显然还要再做研究。碳定年法在这里并没有多少用处,因为这块混凝土是人造的。还有一个法子是找到它内部的花粉颗粒或其他有机物,它们有可能是在这块混凝土的制造过程中沉积下来的。再将这些有机物和世界其他地方发现的样本对比,就能够确定这块混凝土的产地了。而那些花粉颗粒或其他天然物质,当然是可以用碳定年法来测定年代的。

与此同时,一支俄罗斯团队也参与了进来,领队的是库德里亚夫切夫(Viatcheslav Koudriavtsev)教授。他是莫斯科元史学研究所(Moscow Institute of Metahistory)的所长,这家机构专门研究自然灾害如何影响人类发展。他的团队想要求证一个观点,那就是亚特兰蒂斯可能位于英国康沃尔的兰兹角附近海域。他们派出一组潜水员去探索一处少有人知的水下残骸,它位于康沃尔最西端以外约 160 千米处,聚集在小鞋底沙洲(Little Sole Bank)的周围。这块沙洲是海底的一座山丘,距离水面 50 米。

库德里亚夫切夫的理论依据是柏拉图的《蒂迈欧篇》和《克里底亚篇》以及康沃尔的古代神话。这些神话中描述了一片富饶之地,上面建着一座群狮之城(City of the Lions),城内的神庙有 140 座之多。在神话中,这片现在被波涛淹没的土地叫做"莱恩尼斯"(Lyonesse),这是许多古代寓言和传说中都曾出现的地名,比如伊丽莎白时代的诗人斯宾塞(Edmund Spenser)创作的《仙后》(The Faeire Queen)和丁尼生所写的亚瑟王传说《国王之歌》(Idylls of the King,共 12 首,发表于 1859—1885 年间)都提到了这个地方。

按照库德里亚夫切夫教授的说法,亚特兰蒂斯位于康沃尔沿岸的观点受到大量研究的支持。他宣称自己的结论"依据的是对希腊文本的最新翻译。许多年前,当我还在莫斯科大学求学的时候就对这些文本很感兴趣了"。[5]

地质学家也确实认为,当最近一次冰期留下的最后几座冰山融化时,曾经引发了一连串自然灾害。冰山融水可能淹没了一片富饶的平原,而它也确实可能位于这些俄罗斯研究者标出的海域。康沃尔当地的一位地质学家凯拉韦(Geoff Kellaway)博士说,俄罗斯人的这个理论"并不是毫无道理的,从前的确有数百万立方米的冰川融水淹没了一片片可能孕育过文明的富饶土地,还曾有猛犸象的牙齿被冲上海岸。不过凯尔特陆架是一片庞大的区域,这些俄罗斯人好比是在一个极深的干草堆里找一根针。"[6]

不过可惜的是,即便库德里亚夫切夫教授的团队真能证明小鞋底沙洲是亚特兰蒂斯的一部分,那也只是在解决一个谜题的同时创造了另外一个谜题:因为距小鞋底沙洲仅仅几千米远的地方,凯尔特陆架就坠入了 4 千米的深海之中。如果真有什么消失的大陆,那它的大部分也已经滑入了大西洋底部,真正地消失了。

以上只是关于亚特兰蒂斯方位的诸多观点中的几个而已,这些观点都以柏拉图著作的一种解释为依据,另外再加入了一些看似相关的说法。但是也有许多人拒不接受亚特兰蒂斯位于大西洋的观点。近几十年来,在亚特兰蒂斯研究领域居于统治地位的方向是将神话与现实相结合,而在这一派的专家当中,正有越来越多的人认为这片消失的大陆其实距大西洋有数千千米之遥。

仔细阅读柏拉图的描写,就会发现其中有许多矛盾和反常的地方。首先,他好像把一切度量都夸大了 10 倍。这一点已经被加拉诺普洛斯教授发现了,他指出在对亚特兰蒂斯首都的描述中,柏拉图写到它的城墙长度达到 10 000 斯塔德,也就是大约 1827 千米。[7] 就连柏拉图本人都在书中质疑了这个数字的真实性,即便是一个半神统治的文化,这样一座城市好像也太大了一些。如果有一堵城墙的长度超过 1770 千米,它将能环绕大伦敦地区 20 圈。如果将这个长度缩小 10 倍,就能得出一个比较合理的数字了。

柏拉图还说亚特兰蒂斯存在于他的时代之前 9000 年,那时候世界上的其他地方还处于旧石器时代,古埃及文明还要至少再过 6000 年才会诞生。如果将这个数字同样除以 10,这块消失大陆的神秘气息就会立刻消失了——这样一算,亚特兰蒂斯文化的辉煌时期就处于梭伦时代之前的 900 年。这正好能对上柏拉图描写的亚特兰蒂斯人和刚刚萌芽的雅典城邦之间的战争,当时亚特兰蒂斯的国王正企图扩张帝国版图。

有人提出,之所以会出现这个错误,是因为古埃及的抄写员把埃及象形文字中表示 100 的符号(一条盘旋的蛇)错看成了 1000(一朵莲花）。这就好比是我们将英国的billion（万亿）看成了美国的billion（十亿）。

另一个混淆来自原来那个神话中的一个简单词语：柏拉图听说那片消失的大陆"比利比亚和亚细亚的总和还要庞大"，而在希腊语中，表示"比……庞大"和"位于……之间"的单词几乎相同。因此正确的说法应该是亚特兰蒂斯"位于利比亚和亚细亚之间"。

如果这些说法都属实，那么亚特兰蒂斯的传说就会呈现出完全不同的面貌。它不仅会少了许多神秘气息，而且还能与那个时代的一个已知的，却远离大西洋的文明——克里特岛的弥诺斯文明——产生联系。

自阿瑟·埃文斯爵士（Sir Arthur Evans）在1900年的研究开始，陆续有考古学家探索了位于希腊大陆以南爱琴海诸岛屿的周边区域，他们渐渐拼凑出了一幅图像，揭示了公元前1500年前后位于此处的一个伟大文明。

希腊诸岛中，位于最南边的是桑托林岛，今天的它由三座岛屿组成，其中最大的一座是美丽的锡拉岛，这里有黑色的沙滩和清澈的海水，是旅客光顾的一处胜地。然而在大约3500年前，桑托林却是一整座岛屿，形状接近一个圆环。后来一次剧烈的火山喷发把它分成了三块，研究者认为，那次喷发的强度超过了1883年的喀拉喀托火山喷发。

喀拉喀托火山喷发的能量估计相当于100万枚广岛原子弹，说桑托林火山喷发强度超过它可能有些夸张，但是公元前1520年前后的那次喷发却肯定造成了极大的破坏。研究者认为它掀起了约33米的巨浪，潮水以火山为中心向四周扩散，完全吞没了向北仅96千米的一个先进文明——克里特岛上欣欣向荣的弥诺斯文明。

是埃文斯在克里特岛上发现了克诺索斯王宫，由此使消失的弥诺斯文明重见天日，但他并没有将弥诺斯文明的毁灭和桑托林的火山喷发联系到一起；其他人很快在其间发现了联系。早在1909年就有学者提出，弥诺斯遗址其实就是消失的亚特兰蒂斯王城。到20世纪30年代,希腊考古学家马林纳托斯(Spyridon Marinatos)在克里特岛北部发现了更多弥诺斯遗址。他还在那里找到了浮石,那是火山喷发之后留下的一种布满气孔的火山玻璃。在这之后,他就将桑托林岛的火山喷发和弥诺斯的毁灭联系在一起了。到了20世纪60年代,又有人在锡拉岛上发现了一个先进文化的遗址,包括位于原先岛屿边缘的一条巨大环形沟渠的残骸,这正好可以对应柏拉图写到的围绕亚特兰蒂斯都市的沟渠。

其他可能的关联来自弥诺斯文化和亚特兰蒂斯传说之间的对比。柏拉图笔下的亚特兰蒂斯人崇拜公牛,而克诺索斯王宫遗址的发现显示,公牛崇拜也是弥诺斯人宗教的核心。

如果纠正柏拉图对于亚特兰蒂斯地理位置的错误描写,再将他错误的年代除以10,那么克里特岛即亚特兰蒂斯的证据就十分有力了。由此可以得出这样的结论:从梭伦传到柏拉图的亚特兰蒂斯故事其实是古埃及的一个传说,而这个传说的原型是900—1000年前发生在爱琴海的一个事件。

不过,即使是这个看似巧妙的解释也不乏批评者。近来,考古学家运用精确的年代测定技术,算出桑托林岛的火山灰至少比克里特岛上宫殿倒塌的年代早了150年,这说明那次喷发并没有摧毁弥诺斯文明。

显然,我们还要对桑托林岛和克里特岛之间的关系再做大量研究,才能得出一个将这片区域和亚特兰蒂斯相联系的合理假说。但是在许多人看来,这个看似有望的联系有着太多漏洞,不可能是正确的,他们于是又积极地寻找起了新的解释。

近年来涌现的研究最充分的替代理论之一是作家汉考克(Graham Hancock)提出的,他和其他几位研究者一起为这片消失的大陆找到了一个完全不同的位置。

汉考克在1995年出版了《众神的指印》(*Fingerprints of the Gods*)一书。同年,考古学家罗丝·弗莱姆–阿特(Rose Flem-Ath)和兰德·弗莱姆–阿特(Rand Flem-Ath)也出版了一本《当天空陷落》(*When the*

Sky Fell In）。两本书都认为亚特兰蒂斯应该位于南极洲。

他们认为柏拉图对亚特兰蒂斯年代的记载并无差错,还提出大约 11 000 年前,广袤的南极大陆边缘曾有过一个先进文明,后来地壳发生灾难性移动,毁灭了这个文明。他们认为那时的南极洲要比今天广大得多,它的北岸至少比现在向北延伸了 3200 千米。他们还提出,现代人之所以还没有发现亚特兰蒂斯,是因为它已经被今天南极洲的冰层覆盖了。

在《众神的指印》中,汉考克援引了弗莱姆-阿特夫妇的说法:"南极洲是我们了解最少的一块大陆。大多数人都认为这座巨大的岛屿已经被冰雪覆盖了数百万年。然而最新的发现显示,在短短几千年前,南极洲的部分地区还是没有冰层的;以地质学的标准来看,这只是很晚近的时代。'板块移动说'解释了南极洲巨大冰盖的神秘增长和消失。"[8]

但这和柏拉图又有什么关系呢? 这几位作者称,亚特兰蒂斯的幸存者将这个文明的部分记录带到了地中海周围,并在几千年后播下了埃及文明的种子,埃及人利用他们传授的先进技术建起了金字塔,将法老做成木乃伊,并雕出了狮身人面像。

然而,我们真有必要证明亚特兰蒂斯的存在吗? 毕竟我们手头掌握的只有柏拉图的证词,也许埃及的古代文献中真的有过对亚特兰蒂斯的详尽记载,也许它们就藏在毁灭前的亚历山大图书馆中。但是也有可能,柏拉图的故事不过是他编造出来的罢了。

有人注意到了大西洋周边不同文明的器物之间的联系,相隔遥远的非洲和美洲发掘出来的器物居然十分相似。于是有人提出,在大约 11 000 年前必定有过一个真实的亚特兰蒂斯,是它将文明传播到了周围的民族。但是海尔达尔(Thor Heyerdahl)* 等先驱的研究却又指出,对这个器物相似的现象没有必要诉诸神秘主义的解释,因为古人的航

---

* 海尔达尔,挪威人类学家及航海家,曾乘坐仿古木筏从秘鲁漂流至波利尼西亚群岛,证明古人也可能像他一样远游。——译者

海范围要远远超出我们之前的想象。

无论真相如何，亚特兰蒂斯始终在一个巨大的神秘主义传统中居于核心位置。19世纪末曾兴起了一批"神智学者"（他们组成了神智学会），他们对亚特兰蒂斯的传说就特别钟情。

神智学会（Theosophy Society）是由布拉瓦茨基（Helena Blavatsky）夫人在1875年创立的。她写过几本书，都成为了另类历史研究领域的经典，包括《揭密伊西斯》（*Isis Unveiled*）和《秘密教条》（*The Secret Doctrine*）。神智学者相信有所谓的"阿卡西记录"（Akashic records），也有人称之为"灵体丛书"（astral library），那是一种神秘知识，由经验丰富的灵媒获取并传授给了其他人。* 从阿卡西记录出发，布拉瓦茨基和其他神智学者［尤其是斯坦纳（Rudolph Steiner）］提出了从远古到未来，地球上相继出现的7个文明，或者说7个"根源种族"（root race），而我们就是其中的第五个**。根据这个理论，亚特兰蒂斯人是紧排在我们之前的第四个根源种族，他们的技术十分发达，会使用飞行的机器，还发明了高超的医学。

有趣的是，这些19世纪末的神智学者对科技的潜力十分着迷，从某些方面看，他们对古代消失文明的描述和维多利亚时代的西方文化十分相似——亚特兰蒂斯人也会使用飞艇，也有X光机。更加有趣的是，将自己时代的文明投射到古代，这也正是柏拉图在描写那片消失大陆时所做的事。这个现象在那些自称看见外星飞船的人中间也很普遍——他们对外星飞船的描述，都具有各自时代的特征。（见第十三章）

有一名作家写了许多关于亚特兰蒂斯及其相关传说的书籍，他就

---

* 凯斯自称能读到这些记录，他相信这就是他预言的源头。
** 根据神智学的宗旨，第一个根源种族是无形的，由"火霜"构成，居住在北极点。第二个根源种族生活在亚洲北部，同样近乎无形，但勉强能看到彼此并且交合。第三个根源种族是雷姆利亚人，他们生活在一个叫做"穆"的地方，时间是距今几万年前。第四个根源种族就是亚特兰蒂斯人，而我们是第五个。未来的第六个根源种族将会回到雷姆利亚。而在7个根源种族全部登场之后，人类将会离开地球，迁居到水星。

是精通神秘主义的斯彭斯(Lewis Spence)。他就这个主题写了十几本书,依据的全都是神智学者的想象和柏拉图在两篇对话录中的那7000字描写。其中的好几本都成了另类史学研究中的经典,多亏世界各地的某些出版社,它们到今天仍在印刷。

到了更加晚近的时代,亚特兰蒂斯神话又重新激起了信徒的兴趣,他们认为地球曾在远古受到过外星人的访问,甚至可能遭受过奴役。许多人将神智学者的观点与冯·丹尼肯(Erich von Däniken)*等作家的复杂假说相糅合,产生了人类的种子是由外星人播下的想法。他们认为亚特兰蒂斯其实是一个先进文化的故土,那个文化或许毁于一次核事故,又或许被艾滋病之类的疾病灭亡了。讽刺的是,还有些人尝试用亚特兰蒂斯的故事作为模本,批判他们眼中我们这个文化的一切错误——这恰好也是2500年前柏拉图在希腊所做的事。

那些相信地球上曾经有先进人类文明存在的人指出,世界各地的大量传说都提到了消失的远古先进文明,但是对于这样一个大胆的论断来说,这些人提出的证据又太薄弱了。

这些"证据"可以分成三类:古代文献,古代图像和古代建筑。

第一类来自各种源头和不同的文化,包括古印度、古中国、古埃及和古代南美洲。这些文献中记载的事件常常可以看作是(同样是以当代文化为模本)描述了外星人访问地球、绑架人类,甚至殖民地球的事件。许多鼓吹者都以此将外星人和地球的古代民族联系起来,相关的书籍也越来越多。他们举出的一个例子是《旧约》中的那些先知书。比如先知以西结(Ezekiel)的陈述,就被丹尼肯等作家说成是在以隐晦的文字描写外星人访问地球的情景,这些宇宙航行者向人类传授了秘密知识,有人说他们是地球最初的殖民者,亚特兰蒂斯也可能是他们建立的。

神秘主义者最喜欢引用《以西结书》中的一段文字,据说那描绘的

---

* 冯·丹尼肯,瑞士作家,著有《神是宇航员》《我们都是诸神的孩子》等。——译者

就是以西结遇到古代宇航员的情景:"当三十年四月初五日,我在迦巴鲁河边被掳的人中,天就开了……我观看,见狂风从北方刮来,随着有一朵包括闪烁火的大云,周围有光辉。从其中的火内发出好像光耀的精金。又从其中显出四个活物的形像来。他们的形状是这样,有人的形像,各有四个脸面,四个翅膀。他们的腿是直的,脚掌好像牛犊之蹄,都灿烂如光明的铜。"[9]

表面上看,这似乎的确是在描写先进的飞行机器,也许那真是外星人建造的,要不就是神智学者想象中亚特兰蒂斯的居民建造的,而那些"活物"似乎就是穿着宇航服的船员。但是我们要记住:《旧约》的作者是一群单纯的人,他们对于世界没有多少经验,成天生活在对自然的力量和对神明的怒火的恐惧之中。在他们眼里,像一阵旋风或者火山喷发这样的自然事件,都可能是具有人格和人性的奇异生物在显灵。甚至也有可能,以西结看见的其实是一群真人,他们来自一个稍微发达一些的文化,仅仅凭着二轮战车、灿烂的衣饰和精良的武器就使那些犹太农民目眩神驰了。

和这些文献有关的还有各种古代文化保留的口头知识。一个显著的例子是西非的多贡(Dogon)部落。据有些人说,他们早就知道了一颗叫做"天狼星 B"的恒星,虽然它只有用强大的天文望远镜才能看见,而且直到 1970 年才有人第一次拍到了它的照片。在《天狼星之谜》(The Sirius Mystery)一书中,作者坦普尔(Robert Temple)声称多贡人知道这颗恒星属于现代天文学家所说的一个"双星系统"(即一颗恒星围绕另外一颗转动),而它围绕的就是亮度大得多的天狼星。更惊人的是,他们还知道这颗恒星的运转周期——大约 50 年。坦普尔说,多贡人是在大约 3000 年前从古埃及人那里知道天狼星 B 的。又有人对这个说法继续引申,说古埃及人的这些天文学知识是一个更加古老的民族传授给他们的——这就又绕回那个先进的亚特兰蒂斯文明了。然而在天文学家看来,多贡人的这个知识仅仅是一个巧合,天文学家还指出,宇宙中存在大量的双星系统,而 50 年的运行周期也只是正好猜对罢了。

这些神秘观念的鼓吹者提出的第二条"证据"是古代图像,这些图像来自那些早已灭绝的文明,尤其是古埃及。照鼓吹者的说法,正是古埃及人保留了亚特兰蒂斯毁灭之后幸存的器物。

有一些图像得到了广泛宣传,说它们证明了曾有先进的外星来客访问地球,要不就是千万年前的地球上曾有过一个掌握了先进技术的种族。其中最引人注目的,是在墨西哥帕伦克的一座古代玛雅神庙中发现的一幅绘画。画中的一个人类坐在一部装置之中,那装置看起来和现代的太空舱惊人的相似。那个人类蜷缩在一个狭小的空间里,身旁布满了杠杆和看起来像是控制台的东西,装置的后方似乎还有一道烟火,和现在的 NASA 火箭喷出的蒸汽并无不同。

除此之外,古代世界中还有一些图画也可以看作是在描绘宇航科技。据一些古代技术论者的说法,原始人似乎对身穿宇航服的人特别痴迷。意大利北部卡莫尼卡山谷的一幅岩画中就有这样的形象,它们看起来很像是一群苏联太空人或者美国宇航员。他们穿着宽大的衣服,还戴着像是头盔和遮阳板的东西。不过还有一种解释认为,画中表现的不过是原始人穿戴的狩猎装备而已,当时正值小冰期,所以他们穿得特别厚实。在北美洲的印第安人遗址、乌兹别克斯坦和撒哈拉沙漠的阿杰尔高原也都发现了类似的绘画。

不过,对那些相信数万年前的古人曾凭借高科技统治地球的人来说,现在和过去之间最重要的一条纽带莫过于巍峨耸立的吉萨金字塔、英国的环形巨石阵和世界各地的古代建筑了。

作为古代世界七大(也是唯一留存至今的)奇迹之一,大金字塔确实是工程上的惊人壮举。建成于公元前第三个千年的它由 100 万块巨石组成,每块都重约 2.5 吨。它的每一边都长 230 米(相当于纽约第五大道的四个街区),最初的高度是 147 米。

虽然大金字塔是工程上的奇迹,但正统考古学家已经能够详细解释它的建造过程了:先用船只将石块从尼罗河下游的采石场运来,然后由数万名奴隶拖到施工现场。考古学家已经绘出了为运送石块而特别设计建造的道路,他们还证明了古埃及的工程师具有足够的数学和工程才能,他们造出的金字塔不仅巨大,而且其边长、高度和底面积也呈现出复杂的数字关系。

还有一座建筑需要的工程天赋和金字塔不相上下,那就是巨石阵。几十年来,一直有理论将它与外星访客,或者技术水平和今天相当的古代人类联系在一起。

巨石阵位于英国索尔兹伯里市以北 13 千米处,它始建于公元前 2800 年前后,比吉萨大金字塔的年代还早了几百年。和大金字塔不同的是,在之后的近 1800 年中,它始终在扩建。传统考古学家已经确定了四个建造时期,第一期在公元前 2800 年前后开始,第四期在公元前 1100 年前后结束。

关于巨石阵的功能,以及原始部落是如何建造出如此巨构的,已经有许多理论试图作出解释。古代宇航员理论的鼓吹者再次提出,和其他许多遗迹一样,巨石阵也是建造在地脉上的——地脉是一种假想的线条,其中流淌着某种"力"或自然的能量,并在一些关键的节点交融汇合(见第二十二章)。

虽然许多书籍、文章和电视节目都曾辩论巨石阵和亚特兰蒂斯的古人有这样那样的联系,或者对外星人具有重大意义,但是和金字塔一样,传统的考古学家也已经确定了这座非凡建筑的建造过程。越来越多的学术著作详细探讨了古代不列颠人的建筑方法,以及他们对当时那些常见材料的使用技术。[10]

无论是谁出于什么目的建造了金字塔和巨石阵,我们都要认清一个简单的事实:任何诉诸神秘主义的解释,都是对人类智慧的侮辱。在许多人看来,神秘主义者试图否认我们祖先的伟大成就的做法都是贬低先人的无礼之举,持这种看法的不仅是具有实证头脑或者怀疑精神的科学家。另外,尼肯之流认为古人无法做到这些事情的观点也是思想极其散漫的表现。

在《众神的战车?》(*Chariots of the Gods?*)一书中,冯·丹尼肯写下了这样的话:"将齐阿普斯金字塔的高度乘以 10 亿,大致就是地球到太阳的距离,这难道只是巧合吗?"[11]

首先,这当然只是巧合。不过我们还是先来迁就迁就这位作者,看看他的推理能否成立:地球到太阳的距离是 9300 万英里(约 1.5 亿千米)。如果将大金字塔的高度乘以 10 亿倍,得到的是 9800 万英里,这确实和日地距离相当接近,误差不到 6%。但这又能证明什么呢?证明古代亚特兰蒂斯人或某些外星访客的计算出现了 6% 的误差?要知道大金字塔的其他数值误差都不到这个数字的千分之一。

1978 年播出了一档名叫"古代宇航员悬案"的电视节目(*The Case of the Ancient Astronauts*),旨在揭穿尼肯的谬论。节目制作人虚构了一个思维混乱的未来考古学家,并将他对我们当代文化的观察同尼肯的宣言作了比较:假设在公元 5330 年,有一座外形非凡的古代石碑被发掘了出来,它所在的地区曾经有过一个文明,还有一座据说叫"华盛顿"的城市。未来的考古学家们计算发现,将这座古城遗迹中心的一座针形建筑的高度换算成英里再乘以 40,就能得到地球和太阳系外最近的恒星比邻星之间距离的光年数——难道,这说明了这些愚蠢的美国古人造不出这样的建筑,所以华盛顿纪念碑必定是外星访客设计并建造的吗?

那么这些互相矛盾的观点,又使我们对亚特兰蒂斯的了解增加了多少呢?它真的存在过吗?如果存在过,它又是怎样一个地方?亚特兰蒂斯人的社会是什么样的?他们的技术真的和我们相当吗?抑或他们只是一个孤立的岛国,只在文化上比邻国稍微先进一些?

亚特兰蒂斯人拥有发达技术的说法有一个漏洞:那些技术的遗迹都到哪里去了?汉考克所谓"众神的指印"指的是一个伟大文化留下的一组密码,他认为这组密码可以在特定的古代器物和文化遗迹中找到。但是一个伟大的文化,难道就不该留下更多东西吗?比如我们的社会,在未来又会留下什么?那些一万多年之后的人类,也能确凿无疑我认为答案肯定是"能"：我们的社会已经遍布全球，我们的痕迹也所在皆是。即使我们的文化彻底毁灭，只要未来的人类认真寻找，总能发现一些遗存。无论在海洋深处、世界屋脊，甚至月球表面和太阳系的其他地方，我们都已经刻下了印记。亚特兰蒂斯不可能是一个真正的全球文明，因此也不可能发展到我们的境界。实际上，亚特兰蒂斯人的社会不可能比17世纪之前的欧洲更加发达，后来环球航行变得司空见惯，更是把他们远远甩在了后头。

那么他们的时代又留下了什么？他们在地球上有着怎样的指印呢？这方面并没有扎实的证据能支持另类历史的信徒：没有戴着钢盔的一万年前的头骨，没有比耶稣早5000年的人造髋关节，也没有经过碳测年证实的古埃及时代的激光枪。

我们离这类发现最近的一次是在1936年，当时在伊拉克工作的考古学家无意中发现了一样东西，它现在称作"巴格达电池"（Baghdad battery）。这是一根十几厘米长的管子，其中包含了一节电池的全部组件，只是没有酸液，它的历史少说也有2000年了。研究者制作了这个装置的副本，并以果汁替代酸液，用它产生了半伏的电压。

没人能说清楚这个神奇的物件是怎么来的，在它发现之后几十年的今天，研究者依然认为这是一件真品。它也许是古代某个高技术社会的遗存，但是这样一件物品竟然完全孤立地出现，这就未免奇怪了：技术的发展总是一环套一环的。人们不可能一下子造出一辆汽车，除非他们所处的社会已经有了制造汽车所需的支持系统——制造金属板的技术、汽油或某种其他燃料，以及制造轮胎的材料，更别说那些制造单独部件所需的机器工具了。

也许巴格达电池是出于一位无名天才之手、一位古代的达·芬奇。他从零开始摸索出了制造电池的技术。也许我们永远不会知道其中的详情了。

不过，虽然证据缺乏，但是先进文明能忽然产生并繁荣一段时间的想法却并没有什么内在的错误或矛盾,也许数万年前真的出现过这样的文明。甚至对下面的观点,我们也无法提出明智的反对意见:我们曾经在蒙昧的远古时期遇到过来访的外星人,这些星际殖民者或者一小撮滞留地球的访客为我们播下了先进文明的种子。但这样的假设虽然合理,却也没有多少必要。

那么那片消失大陆的位置呢?如果亚特兰蒂斯真的存在过,它最有可能还是以弥诺斯文明为原型。弥诺斯的故事传到了古埃及人那里,由他们记录下来,接着再经过几代人的润色,最终传到了柏拉图的手上。在柏拉图之后,它又得到了近代人的扩充,在未来的千百年中,它也几乎肯定会继续被人续写。

事情本该如此。好的故事是永远不会过时的。

后记

　　好像每过 20 年，对超自然现象的兴趣就会回归。20 世纪 30 年代是超自然现象风行的年代，克劳利（Aleister Crowley）之流的影响达到了巅峰。20 世纪 50 年代出现了 UFO 神话的第一波热潮，亚当斯基（George Adamski）开始传播人类与外星人近距离接触的故事。到了 20 世纪 70 年代早期，超自然热潮再度出现，它时不时与科学幻想交杂，产生了一连串广受欢迎的小说、电影和电视剧——比如《驱魔人》（The Exorcist）、《魔女嘉利》（Carrie）、《UFO》等作品。现在这股热潮又回来了，但这一次的形式远比以前复杂，其中包含的新鲜元素是前人根本无法想象的——比如遗传变异、互联网和网络技术等等。

　　为什么这些超自然主题会令我们如此迷醉呢？我们为什么要追《X 档案》？为什么要租罗斯韦尔解剖的录像带？为什么蜂拥去看《黑衣人》（Men in Black）和《变种异煞》？又为什么要买那些小说、穿那些 T 恤呢？

　　一个原因是年轻一代长大了。超自然现象大约每隔 20 年便会在公众的想象中再度出现，这绝对不是一个巧合。对许多年轻人来说，《X 档案》中两位主角的探索都是全新的体验。但其中还有更深层的原因：我们每个人的内心都渴望传奇，渴望在平凡的生活之外另有一个世界。

　　也许，当生活变得越发舒适，我们就越需要去寻找一些超越凡俗、超越自我的东西。而大多数人并不能在"真实的"生活中找到这种超越的元素，于是只得到别处去寻找，去逃避。

　　和大多数人一样，我多么希望这许多超自然现象都是真实的。如果幽灵真的存在（而不仅仅是从前图像的回放），那该多有意思。如果外星人真的来过，并能与我们交流，那该多激动人心。如果我们真能大规模地运用传心的能力，生活将会增添多少乐趣。我对人体自燃并不怎么期待，但预知确实是能派上用场的。只要使用得当，时间旅行也将把美梦变作现实。悲哀的是，对其中的多数现象，现存的证据均不遂人愿。像传心术和心灵致动之类的现象也许能产生小规模的效应。我们当然能在一定的限度内支配自己的身体，也许有些有天赋的人还能在别人身上强化这种能力。在距离地球不远的地方（以宇宙的尺度而言）几乎肯定有外星文明存在，他们或许也访问过地球，但是这里头并没有什么巨大的阴谋来掩盖他们悄悄入侵的计划。说到底，《独立日》(*Independence Day*)、《异形帝国》(*Alien Nation*)、《世界大战》(*War of the Worlds*)都是精彩的娱乐作品，但是当你走出影院、合上书本、关掉电视，它们就都失去了实感，只存在于你的记忆之中了。

但我认为，这一切都不能阻挡我们发现的脚步，而且我也不是那种受过严格训练、对超自然现象不屑一顾的科学家（想必各位已经感受到了）。我们的头脑要开放，但又必须勤于思考。有少部分新世纪运动的参与者总是自命不凡，这点很令人讨厌，这种姿态除了透露出无知和愚蠢，对我们是没有一点帮助的。

无论如何，都要不断询问、不断探索、不断研究。人始终要仰望天空——不为别的，只为了能找到一扇通向永恒的窗户。

本书参考文献可至上海科技教育出版社网站查阅，网址如下：

http://www.sste.com

责任编辑　王乔琦　殷晓岚
装帧设计　汤世梁

哲人石丛书
古怪的科学
——如何解释幽灵、巫术、UFO和其他超自然现象
迈克尔·怀特　著
高天羽　译

上海科技教育出版社有限公司出版发行
(上海市柳州路218号　邮政编码200235)
上海世纪出版股份有限公司发行中心
网址：www.ewen.co　www.sste.com
各地新华书店经销　上海商务联西印刷有限公司印刷
ISBN 978-7-5428-6577-9/N·1015
图字09-2016-793号

开本635×965　1/16　印张25.25　插页4　字数338 000
2017年8月第1版　2019年7月第2次印刷
定价：60.00元

哲人石丛书

当代科普名著系列　　当代科技名家传记系列
当代科学思潮系列　　科学史与科学文化系列

第一辑

第 二 辑

第三辑

第 四 辑